U0190325

长江经济带生态保护与绿色发展研究丛书

熊文　总主编

四川篇

打造生态文明新家园

主编　黎明

副主编　黄涛　吴比

长江出版社
CHANGJIANG PRESS

图书在版编目（CIP）数据

长江经济带生态保护与绿色发展研究丛书. 四川篇：打造生态文明新家园 / 熊文总主编；黄涛，吴比副主编；黎明主编.
—武汉 ： 长江出版社，2022.10
ISBN 978-7-5492-5146-9

Ⅰ．①长… Ⅱ．①熊… ②黄… ③吴… ④黎… Ⅲ．①长江经济带 – 生态环境保护 – 研究 – 四川 Ⅳ．① X321.2

中国版本图书馆 CIP 数据核字 (2022) 第 195987 号

长江经济带生态保护与绿色发展研究丛书. 四川篇：打造生态文明新家园
CHANGJIANGJINGJIDAISHENGTAIBAOHUYULÜSEFAZHANYANJIUCONGSHU
SICHUANPIAN ： DAZAOSHENGTAIWENMINGXINJIAYUAN

总主编 熊文　本书主编 黎明　副主编 黄涛 吴比

责任编辑： 胡箐
装帧设计： 刘斯佳
出版发行： 长江出版社
地　　址： 武汉市江岸区解放大道 1863 号
邮　　编： 430010
网　　址： http://www.cjpress.com.cn
电　　话： 027-82926557（总编室）
　　　　　　027-82926806（市场营销部）
经　　销： 各地新华书店
印　　刷： 武汉市首壹印务有限公司
规　　格： 787mm×1092mm
开　　本： 16
印　　张： 20
彩　　页： 8
字　　数： 300 千字
版　　次： 2022 年 10 月第 1 版
印　　次： 2022 年 10 月第 1 次
书　　号： ISBN 978-7-5492-5146-9
定　　价： 98.00 元

《长江经济带生态保护与绿色发展研究丛书》

编纂委员会

主　任　熊　文

委　员　（按姓氏笔画排序）

丁玉梅　李　阳　杨　倩　吴　比　何　艳　姚祖军

黄　羽　黄　涛　萧　毅　彭贤则　蔡慧萍　裴　琴

廖良美　熊芙蓉　黎　明

《四川篇：打造生态文明新家园》

编纂委员会

主　编　黎　明

副主编　黄　涛　吴　比

编写人员　（按姓氏笔画排序）

丁子沂　王　巍　王林忠　王　焯　朱兴琼　刘　林

杜孝天　李坤鹏　李俊豪　杨庆华　吴　丹　张良涛

陈羽竹　袁文博　黄　羽　梁宝文　彭江南　熊喆慧

前　言

在中国版图上，有这样一片区域，形似巨龙，日夜奔腾，浩浩荡荡，这就是中国第一大河，也是世界第三长河——长江。

长江全长6300余km，滋养了古老的中华文明；流域面积达180万km²，哺育着超1/3的中国人口；两岸风光旖旎，江山如画；历史遗迹绵延千年，熠熠生辉。长江是中华民族的自豪，更是中华民族生生不息的象征。

不仅如此，长江以水为纽带，承东启西、接南济北、通江达海，一条黄金水道，串联起沿江11个省（直辖市），支撑起全国超40%的经济总量，是中国经济社会发展的大动脉。

一直以来，习近平总书记深深牵挂着长江，竭力谋划着让长江永葆生机活力的发展之道。

2016年1月5日，重庆，在推动长江经济带发展座谈会上，习近平总书记发出长江大保护的最强音："当前和今后相当长一个时期，要把修复长江生态环境摆在压倒性位置，共抓大保护、不搞大开发。"从巴山蜀水到江南水乡，生态优先、绿色发展的理念生根发芽。

2018年4月26日，武汉，在深入推动长江经济带发展座谈会上，习近平总书记强调正确把握"五大关系"，以"钉钉子"精神做好生态修复、环境保护、绿色发展"三篇文章"，推动长江经济带科学发展、有序发展、高质量发展，引领全国高质量发展，擘画出新时代中国发展新坐标。

2020年11月14日，南京，在全面推动长江经济带发展座谈会上，习近平总书记指出，要坚定不移地贯彻新发展理念，推动长江经济带高质量发展，谱写生态优先绿色发展新篇章，打造区域协调发展新样板，构筑高水平对外开放新高地，塑造创新驱动发展新优势，绘就山水人城和谐相融新画卷，使长江经济带成为我国生态优先绿色发展主战场、畅通国内国际双循环主动脉、引领经济高质量发展主力军。

伴随着党中央的强力号召，长江经济带的发展从"推动""深入推动"走向"全面推动"，沿长江11省（直辖市）密集出台了一系列推动经济发展的新政策、新举措。短短几年，一个引领中国经济高质量发展的生力军正在崛起。

可是，与长江经济带蓬勃发展形成鲜明反差的是，全面系统研究长江经济带生态保护与绿色发展的专著却鲜见。为推动长江经济带绿色崛起，我们萌生了编纂"长江经济带生态保护与绿色发展研究"系列丛书的想法。通过该系列丛书的梳理，我们希望完成三个"任务"：

第一，系统梳理、深度展现在长江经济带发展大战略中，沿江11省（直辖市）在新时代绿色崛起中发挥的作用和取得的成绩，总结各省（直辖市）经济发展中的经验和启示，充分发挥领先城市经济发展的示范引领作用，为整个经济带的全面发展提供借鉴。

第二，认真总结、深刻剖析在长江经济带发展过程中，沿江11省（直辖市）经济发展存在的问题，系统梳理长江经济带绿色绩效评价体系，期待为破解长江经济带经济发展的资源环境约束难题、探寻长江经济带绿色经济绩效的提升路径、增强长江经济带发展统筹度和整体性、协调性、可持续性提供全新视角。

第三，有针对性地提出长江经济带未来发展的政策建议和战略对策，助力长江经济带形成生态更优美、交通更顺畅、经济更协调、市场更统一、机制更科学的黄金经济带，为中国经济统筹发展提供新的支撑。

这是我们第一次系统梳理长江经济带的发展，也是我们第一次完整地总结长江沿江11省（直辖市）的发展脉络。

我们欣喜地看到，伴随着三次推动长江经济带发展座谈会的召开，长江沿线11省（直辖市）均有针对性地出台了各省（直辖市）长江经济带发展的具体措施和规划。上海提出，要举全市之力坚定不移推进崇明世界级生态岛建设，努力把崇明岛打造成长三角城市群和长江经济带生态环境大保护的重要标志。湖北强调，要正确把握"五大关系"，用好长江经济带发展"辩证法"，做好生态修复、环境保护、绿色发展"三篇大文章"。地处长江上游的重庆表示，要强化"上游意识"，担起"上游责任"，体现"上游水平"，将重庆打造成内陆开放高地和山清水秀美丽之地。诸如此类，沿江各省都努力争当推动长江经济带高质量发展的排头兵。

我们也欣喜地看到，《长江上游地区省际协商合作机制实施细则》《长三角地区一体化发展三年行动计划（2018—2020年）》等覆盖全域的长江经济带省际协商合作机制逐步建立，共抓大保护的合力正在形成。

我们更欣喜地看到，在以城市群为依托的区域发展战略指引下，在长江三角洲城市群、长江中游城市群、成渝城市群、黔中城市群、滇中城市群等区域城市群的强力带动辐射影响之下，一批城市正迅速崛起。在党中央和沿江各省（直辖市）共同努力下，长江经济带正释放出前所未有的巨大经济活力。虽成效显著，但挑战犹存。在该系列丛书的梳理中，我们也发现了长江经济带发展过程中存在的问题：生态环境保护的形势依然严峻、生态环境压力正持续加大、绿色产业转型压力依旧巨大。为此，我们寻找了德国莱茵河治理、澳大利亚猎人河排污权交易、美国饮用水水源保护区生态补偿、美国"双岸"经济带的产业合作等多个国外绿色发展案例，希望为国内长江经济带城市绿色发展提供借鉴。

编　者

长江黄金水道

前 言

　　本书为《长江经济带生态保护与绿色发展研究丛书》之四川篇分册，由湖北工业大学黎明副教授担任主编，湖北工业大学黄涛、长江水资源保护科学研究所吴比担任副主编。本册共分七章，第一章梳理了四川省绿色发展整体框架与绿色发展的政策体系，明确了四川省在长江经济带绿色发展中的战略定位。第二章全面分析了四川省经济社会发展概况、生态环境保护现状及绿色发展整体水平，展示了四川省在绿色发展中取得的成果。第三章从主体功能区空间管控总体要求、主体功能区具体要求、生态保护红线制度等三个方面剖析了四川省绿色发展存在的生态环境约束。第四章系统分析了四川省在绿色发展中的战略举措，从绿色产业主导、宜居环境构建、资源持续发展和高质量发展等四个方面展现了四川作为。第五章针对四川省典型区域绿色规划、绿色工业发展及重点流域生态规划与治理措施进行了分析研究。第六章分析总结了国外绿色发展经验，提出了对四川省绿色发展借鉴作用。第七章为四川省绿色发展提出了政策建议和实施途径。

　　本书在撰写过程中，湖北工业大学长江经济带大保护研究中心、经济与管理学院、流域生态文明研究中心等单位领导精心组织编撰，同时长江经济带高质量发展智库联盟、湖北省长江水生态保护研究院、水环境污染监测先进技术与装备国家工程研究中心、河湖生态修复及藻类利用湖北省重点实验室、长江水资源保护科学研究所、江苏河海环境科学研究院有限公司、无锡德林海环保科技股份有限公司等单位相关专家大力指导与帮助，长江出版社高水平编辑团队为本书出版付出了辛勤劳动，在此一并致谢。

由于水平有限和时间仓促，书中缺点、错误在所难免，敬请专家和读者批评指正。

编　者

目 录

第一章　四川省在长江经济带绿色发展中战略定位

第一节　四川省在长江经济带中的重要地位

2013 年 7 月，习近平总书记在武汉调研时指出，长江流域要加强合作，发挥内河航运作用，把全流域打造成黄金水道。2014 年 12 月，习近平总书记作出重要批示，强调长江通道是我国国土空间开发最重要的东西轴线，在区域发展总体格局中具有重要战略地位，建设长江经济带要坚持一盘棋思想，理顺体制机制，加强统筹协调，更好发挥长江黄金水道作用，为全国统筹发展提供新的支撑。2016 年 1 月，习近平总书记在重庆召开推动长江经济带发展座谈会并发表重要讲话，全面深刻阐述了长江经济带发展战略的重大意义、推进思路和重点任务。此后，习近平总书记又多次发表重要讲话，强调推动长江经济带发展必须走生态优先、绿色发展之路，涉及长江的一切经济活动都要以不破坏生态环境为前提，共抓大保护、不搞大开发，共同努力把长江经济带建成生态更优美、交通更顺畅、经济更协调、市场更统一、机制更科学的黄金经济带。李克强总理多次强调，让长江经济带这条"巨龙"舞得更好，关乎当前和长远发展的全局，要结合规划纲要，依靠改革创新，实现重点突破，保护好生态环境，将生态工程建设与航道建设、产业转移衔接起来，打造绿色生态廊道，下决心解决长江航运瓶颈问题，充分利用黄金水道航运能力，构筑综合立体交通走廊，带动中上游腹地发展，引导产业由东向西梯度转移，形成新的区域增长极，为中国经济持续健康发展提供有力支撑。张高丽多次主持召开推动长江经济带发展工作会议、专题会议，扎实推进长江经济带发展各项工作。

长江经济带覆盖上海、江苏、浙江、安徽、江西、湖北、湖南、重庆、四川、云南、贵州等 11 省市，面积约 205 万平方千米，占全国的 21%，人口和经济总量均超过全国的 40%，生态地位重要、综合实力较强、发展潜力巨大。目前，长江经济带发展面临诸多亟待解决的困难和问题，主要是生态环境状况形势严峻、长江水道存在瓶颈制约、区域发展不平衡问题突出、产业转型升级任务艰巨、区域合作机制尚不健全等。

推动长江经济带发展，有利于走出一条生态优先、绿色发展之路，让中华民族母亲河永葆生机活力，真正使黄金水道产生黄金效益；有利于挖掘中上游广阔腹地蕴含的巨大内需潜力，促进经济增长空间从沿海向沿江内陆拓展，形成上中下游优势互补、协作互动格局，缩小东中西部发展差距；有利于打破行政分割和市场壁垒，推动经济要素有序自由流动、资源高效配置、市场统一融合，促进区域经济协同发展；有利于优化沿江产业结构和城镇化布局，建设陆海双向对外开放新走廊，培育国际经济合作竞争新优势，促进经济提质增效升级，对于实现"两个一百年"奋斗目标和中华民族伟大复兴的中国梦，具有重大现实意义和深远历史意义。为此，2016 年 3 月 25 日，中共中央政治局召开会议，审议通过《长江经济带发展规划纲要》。

一、长江上游区域的经济增长极

空间布局是落实长江经济带功能定位及各项任务的载体，也是长江经济带规划的重点，经反复研究论证，形成了"生态优先、流域互动、集约发展"的思路，提出了"一轴、两翼、三极、多点"的格局。

"一轴"是指以长江黄金水道为依托，发挥上海、武汉、重庆的核心作用，以沿江主要城镇为节点，构建沿江绿色发展轴。突出生态环境保护，统筹推进综合立体交通走廊建设、产业和城镇布局优化、对内对外开放合作，引导人口经济要素向资源环境承载能力较强的地区集聚，推动经济由沿海溯江而上梯度发展，实现上中下游协调发展。

"两翼"是指发挥长江主轴线的辐射带动作用，向南北两侧腹地延伸拓展，提升南北两翼支撑力。南翼以沪瑞运输通道为依托，北翼以沪蓉运输通道为依托，促进交通互联互通，加强长江重要支流保护，增强省会城市、重要节点城市人口和产业集聚能力，夯实长江经济带的发展基础。

"三极"是指以长江三角洲城市群、长江中游城市群、成渝城市群为主体，发挥辐射带动作用，打造长江经济带三大增长极。长江三角洲城市群。充分发挥上海国际大都市龙头作用，提升南京、杭州、合肥都市区国际化水平，以建设世界级城市群为目标，在科技进步、制度创新、产业升级、绿色发展等方面发挥引领作用,加快形成国际竞争新优势。长江中游城市群。增强武汉、长沙、南昌中心城市功能，促进三大城市组团之间的资源优势互补、产业分工协作、城市互动合作，加强湖泊、湿地和耕地保护，提升城市群综合竞争力和对外开放水平。成渝城市群。提升重庆、成都中心城市功能和国际化水平，发挥双引擎带动和支撑作用，推进资源整合与一体发展，推进经济发展与生态环境相协调。

"多点"是指发挥三大城市群以外地级城市的支撑作用，以资源环境承载力为基础，不断完善城市功能，发展优势产业，建设特色城市，加强与中心城市的经济联系与互动，带动地区经济发展。

图 1-1　长江经济带总体布局

二、长江经济带绿色发展的生态屏障

长江拥有独特的生态系统，是我国重要的生态宝库。目前，沿江工业发展各自为政，沿岸重化工业高密度布局，环境污染隐患日趋增多。长江流域生态环境保护和经济发展的矛盾日益严重，发展的可持续性面临严峻挑战，再按照老路走下去必然是"山穷水尽"。习近平总书记对长江经济带发展多次明确指出，推动长江经济带发展，要从中华民族长远利益考虑，牢固树立和贯彻新发展理念，把修复长江生态环境摆在压倒性位置，在保护的前提下发展，实现经济发展与资源环境相适应。长江经济带发展的基本思路就是生态优先、绿色发展，而不是又鼓励新一轮的大干快上。这是长江经济带战略区别于其他战略的最重要的要求，是制定规划的出发点和立足点。

把保护和修复长江生态环境摆在首要位置，共抓大保护，不搞大开发，全面落实主体功能区规划，明确生态功能分区，划定生态保护红线、水资源开发利用红线和水功能区限制纳污红线，强化水质跨界断面考核，推动协同治理，严格保护一江清水，努力建成上中下游相协调、人与自然相和谐的绿色生态廊道。重点要做好四方面工作：一是保护和改善水环境，重点是严格治理工业污染、严格处置城镇污水垃圾、严格控制农业面源污染、严格防控船舶污染。二是保护和修复水生态，重点是妥善处理江河湖泊关系、强化水生生物多样性保护、加强沿江森林保护和生态修复。三是有效保护和合理利用水资源，重点是加强水源地特别是饮用水源地保护、优化水资源配置、建设节水型社会、建立健全防洪减灾体系。四是有序利用长江岸线资源，重点是合理划分岸线功能、有序利用岸线资源。

长江生态环境保护是一项系统工程，涉及面广，必须打破行政区划的界限和壁垒，有效利用市场机制，更好发挥政府作用，加强环境污染联防联控，推动建立地区间、上下游生态补偿机制，加快形成生态环境联防联治、流域管理统筹协调的区域协调发展新机制。一是建立负面清单管理制度。按照全国主体功能区规划要求，建立生态环境硬约束机制，明确各地区环境容量，制定负面清单，强化日常监测和监管，严格落实党政领导干部生态环境损害责任追究问责制度。对不符合要求占用的岸线、河段、土地和布局的产业，必须无条件退出。二是加强环境污染联防联控。完善长江环境污染联防联控机制和预警应急体系，推行环境信息共享，建立健全跨部门、跨区域、跨流域突发环境事件应急响应机制。建立环评会商、联合执法、信息共享、预警应急的区域联动机制，研究建立生态修复、环境保护、绿色发展的指标体系。

三是建立长江生态保护补偿机制。通过生态补偿机制等方式，激发沿江省市保护生态环境的内在动力。依托重点生态功能区开展生态补偿示范区建设，实行分类分级的补偿政策。按照"谁受益谁补偿"的原则，探索上中下游开发地区、受益地区与生态保护地区进行横向生态补偿。四是开展生态文明先行示范区建设。全面贯彻大力推进生态文明建设要求，以制度建设为核心任务、以可复制可推广为基本要求，全面推动资源节约、环境保护和生态治理工作，探索人与自然和谐发展的有效模式。

三、创新驱动产业升级的重要基地

创新驱动是推动长江经济带产业转型升级的重要引擎。要牢牢把握全球新一轮科技革命和产业变革机遇，大力实施创新驱动发展战略，着力加强供给侧结构性改革，在改革创新和发展新动能上做"加法"、在淘汰落后过剩产能上做"减法"，加快推进产业转型升级，形成集聚度高、国际竞争力强的现代产业走廊。为此，《长江经济带发展规划纲要》提出了一系列举措，主要有：

一要增强自主创新能力。一是打造创新示范高地，支持上海加快建设具有全球影响力的科技创新中心，推进全面创新改革试验，形成一批可复制可推广的改革举措和重大政策。二是强化创新基础平台，加强长江经济带现有国家工程实验室、国家重点实验室、国家工程（技术）研究中心、国家级企业技术中心建设，支持建设国家地方联合创新平台，建立和完善一批创新成果转移转化中心、知识产权运营中心和产业专利联盟。三是集聚人才优势，国家各类人才计划结合长江经济带人才需求予以积极支持，吸引高层次人才创新创业。建立高水平人才双向流动机制，鼓励地方或企业对引进急需紧缺的高层次、高技能人才给予一定的薪酬补贴。四是强化企业技术创新能力，深入实施技术创新工程，整合优势创新资源，打造重点领域产业技术创新联盟，构建服务于区域特色优势产业发展的高水平创新链，开展重大产业关键共性技术、装备和标准的研发攻关。五是营造良好创新创业生态，大力推动大众创业、万众创新，为公众尤其是以大学生为主体的创新力量提供低成本、便利化、全要素的创新创业综合服务平台。完善技术成果转让中介服务体系，加强知识产权保护执法。

二要推进产业转型升级。一是推动传统产业整合升级，依托产业基础和龙头企业，整合各类开发区、产业园区，引导生产要素向更具竞争力的地区集聚。积极推动钢铁、石化、有色金属、建材、船舶等产业改造升级，推进去产能、去库存，坚决淘汰落后产能。二是打造产业集群，加快实施"中国制造 2025"，加强重大关键技术攻关、重大技术产业化和应用示范，联合打造电子信息、高端装备、汽车、家电、纺织服装等世界级制造业集群。三是加快推进农业现代化，推动多种形式适度规模经营，提升现代农业和特色农业发展水平，促进农村一、二、三产业融合发展，提高农业质量效益和竞争力。四是积极发展服务业，优先发展生产性服务业，提升研发设计、金融保险、节能环保、检验检测、电子商务、融资租赁、服务外包、商务咨询、售后服务、人力资源等服务业质量和水平。大力发展教育培训、文化体育、健康养老家政等生活性服务业，推动向精细和高品质转变。五是大力发展现代文化产业，支持现代传媒、数字出版、动漫游戏等文化产业加快发展，推动文化业态创新，促进文化与科技、信息、旅游、体育、金融等产业融合发展，打造一批有鲜明特色的长江文化基地。

三要打造核心竞争优势。一是培育和壮大战略性新兴产业，构建制造业创新体系，提升关键系统及装备研制能力，加快发展高端装备制造、新一代信息技术、节能环保、生物技术、新材料、新能源等战略性新兴产业。优化战略性新兴产业布局，加快区域特色产业基地建设。二是推进新一代信息基础设施建设，加快"宽带中国"战略实施，实施沿江城市宽带提速工程，持续推进城镇光纤到户和农村光纤入户，提升宽带用户网络普及水平和接入能力，加快 5G 移动宽带网络建设。三是促进信息化与产业融合发展，实施"互联网 +"行动计划，构建先进高端制造业体系，推进智慧城市建设，开展电子商务进农村综合示范试点。

四要引导产业有序转移。一是突出产业转移重点，下游地区积极引导资源加工型、劳动密集型产业和以内需为主的资金、技术密集型产业加快向中上游地区转移。中上游地区要立足当地资源环境承载能力，因地制宜承接相关产业，促进产业价值链的整体提升。严格禁止污染型产业、企业向中上游地区转移。二是建设承接产业转移平台。推进国家级承接产业转移示范区建设，促进产业集中布局、集聚发展。积极利用扶贫帮扶和对口支援等区域合作机制，建立产业转移合作平台。鼓励社会资本积极参与承接产业转移园区建设和管理。三是创新产业转移方式。积极探索多种形式的产业转移合作模式，鼓励上海、江苏、浙江到中上游地区共建产业园区，发展"飞地经济"，共同拓展市场和发展空间，实现利益共享。

第二节　四川省绿色发展的整体框架

四川地处长江上游地区，96.2% 的幅员面积属于长江流域，是长江上游和西部经济总量最大、人口最多的省份，在全国生态环境中区位特殊，涵养着长江 27% 的水量，生物资源种类列全国第二，大熊猫国家公园 80% 以上的面积在四川。可见，四川生态环境质量的好坏，直接关系着下游沿岸的省市。

一、精准把握绿色发展的总体要求与指导思想

（一）重大意义

绿色是生命的象征、是大自然的底色、是现代社会文明进步的重要标志。推进绿色发展，关系人民福祉，关乎民族未来。党的十八大以来，以习近平同志为核心的党中央站在中华民族永续发展的高度，把生态文明建设摆在更加突出的位置，鲜明提出绿色发展理念，绘就了建设美丽中国的宏伟蓝图。省委、省政府认真贯彻落实中央重大决策部署，坚持建设长江上游生态屏障目标不动摇，坚定促进转型发展，坚决淘汰落后产能，坚决守护绿水青山，在推进绿色发展、改善生态环境上取得了重要成效。但是，四川省生态环境状况仍面临严峻形势，大气、水、土壤等环境污染问题突出，部分地区生态脆弱，自然灾害频发，资源环境约束趋紧，节能减排降碳任务艰巨，生态文明体制机制不够完善，全社会生态、环保、节约意识还不够强，树立和落实绿色发展理念、推动发展方式转变已成为刻不容缓的重大历史任务。

推进绿色发展、建设美丽四川，是落实"五位一体"总体布局和"四个全面"战略布局、践行新发展理念的重大举措，是适应经济发展新常态、加快转型

发展的时代要求，是满足四川省人民对良好生态环境新期待、全面建成小康社会的责任担当，是筑牢长江上游生态屏障、维护国家生态安全的战略使命。必须充分认识推进绿色发展的重要性和紧迫性，牢固树立"保护生态环境就是保护生产力，改善生态环境就是发展生产力"的理念，坚持尊重自然、顺应自然、保护自然，以对脚下这片土地负责、对人民和历史负责的态度，坚定走生态优先、绿色发展之路，努力开创人与自然和谐发展的社会主义生态文明建设新局面。

（二）指导思想

以习近平新时代中国特色社会主义思想为指导，全面贯彻党的十九大和十九届历次全会精神，深入贯彻习近平生态文明思想和习近平总书记对四川工作系列重要指示精神，全面落实省委十一届八次、九次、十次全会精神，立足新发展阶段，完整、准确、全面贯彻新发展理念，积极融入和服务新发展格局，紧密围绕"一干多支"战略部署和建设"一地三区"战略目标，以满足人民日益增长的对优美生态环境的需要为根本目的，以筑牢长江黄河上游重要生态安全屏障为统领，以协同推进经济社会高质量发展和生态环境高水平保护为主线，以"减污降碳协同增效"为总抓手，把碳达峰碳中和纳入经济社会发展和生态文明建设整体布局，加快推动经济社会发展全面绿色转型，积极应对气候变化，深入打好污染防治攻坚战，拓宽生态价值转化路径，加快推进生态环境治理体系及治理能力现代化，奋力谱写美丽中国四川篇章，为开启全面建设社会主义现代化四川新征程奠定坚实基础。

绿色发展理念，核心是重构发展与资源环境的关系、解决人与自然和谐共生的问题，是人与自然和谐相处、共进共荣共发展的生产方式、生活方式、行为规范以及价值观念的总和。创新、协调、绿色、开放、共享发展理念是不可分割、不可相互替代的整体，必须一体坚持、一体贯彻，统筹谋划、同步推进，做到相互贯通、相互促进。推进绿色发展要把握以下基本原则：

——坚持生态优先、保护环境。像保护眼睛一样保护生态环境，像对待生命一样对待生态环境，决不以牺牲生态环境为代价换取一时一地的经济增长，促进经济发展与生态环境相协调。

——坚持创新驱动、转型发展。以科技创新为重点推动全面创新，以绿色发展倒逼产业转型升级，以产业结构优化促进资源利用方式转变，形成节约资源和保护环境的空间格局、产业结构、生产方式。

——坚持发挥优势、做强产业。抓住绿色发展上升为国家战略的重大机遇，把良好的生态优势转化为生态农业、生态工业、生态旅游等产业发展优势，实现绿色富省、绿色惠民。

——坚持深化改革、开放合作。着力建立系统完整的生态文明制度体系，主动顺应和融入绿色发展开放合作大势，加快形成源头严防、过程严管、损害严惩、责任追究的综合治理体系，构建有利于绿色发展的市场化、法治化、制度化环境。

——坚持全民参与、共建共享。培育生态文化，倡导绿色生活方式，让良好生态环境成为人民生活质量的增长点，共同建设生态文明美丽家园。

（三）主要目标

"十四五"时期，绿色低碳生产生活方式基本形成，环境治理效果显著增强，大气、水和土壤环境质量持续好转，进一步筑牢长江黄河上游生态安全屏障，全国绿色发展示范区、高品质生活宜居地基本建成，美丽四川建设取得明显进展。

——绿色转型成效显著。国土空间开发保护格局不断优化，产业结构更加优化，能源资源配置更加合理、利用效率大幅提升，绿色交通格局进一步优化，绿色生产生活方式普遍推行，碳排放强度持续降低。

——生态环境持续改善。主要污染物排放总量持续减少，环境质量稳步改善。到2025年，力争21个市（州）和183个县（市、区）空气质量全面达标，基本消除重污染天气，全省国控断面水质以Ⅱ类为主，长江黄河干流水质稳定达到Ⅱ类。

——生态系统服务功能持续增强。长江黄河上游生态安全屏障更加牢固，国家和省重点保护物种及四川特有物种得到有效保护，山水林田湖草沙冰一体的生态系统实现良性循环，生态系统质量和稳定性不断提升。

——环境安全有效管控。土壤污染得到基本控制，土壤环境质量总体保持稳定，危险废物处置利用能力充分保障，核安全监管持续加强，环境应急体系不断完善，环境应急能力持续提升，环境风险得到有效管控。

——环境治理体系与治理能力现代化水平再上新台阶。生态文明体制机制改革深入推进，生态环境监管数字化、智能化步伐加快，生态环境治理效能显著提升，环境治理体系与治理能力现代化水平处于西部领先水平。

二、构建绿色发展空间体系促进空间格局优化

国土是生态文明建设的空间载体。要按照人口、资源、环境相均衡，经济效益、社会效益、生态效益相统一的原则，整体谋划国土空间开发，落实主体功能区规划，科学合理布局和整治生产空间、生活空间、生态空间。

（一）完善区域发展空间布局

深入实施多点多极支撑发展战略，加快成都平原、川南、川东北、攀西和川西北五大经济区建设，塑造主体功能约束有效、资源环境可承载、发展可持续的国土空间开发格局。推动成都平原经济区特别是成都、天府新区领先发展，突出创新驱动和全方位对外开放，培育高端成长型产业和新兴先导型服务业，加快培育新兴增长极，加快建设国家中心城市，加快打造全面创新改革试验先导区、现代高端产业集聚区和内陆开放前沿区。加快川南经济区一体化发展，大力发展临港经济和通道经济，发展节能环保装备制造、页岩气开发利用、再生资源综合利用等新兴产业，建设长江经济带（上游）绿色发展先行区。加快培育壮大川东北经济区，依托天然气、农产品等优势资源发展特色产业，建设川渝陕甘接合部区域经济中心。推动攀西经济区加强战略资源开发，建设国家级战略资源创新开发试验区。推动川西北生态经济区走依托生态优势实现可持续发展的特色之路，建设国家生态文明先行示范区。

编制四川省落实《长江经济带发展规划纲要》的实施规划，贯彻执行"共抓大保护，不搞大开发"的重要要求，形成生态优美、交通通畅、经济协调、市场统一、机制科学的长江上游沿江经济带。突出生态环境保护优先，规划实施一批沿江重大生态修复项目，推动流域协同治理，建设沿江绿色生态廊道。正确处理江岸水陆关系、干流支流关系和上下游关系，优化沿江城市和产业布局，优先发展低污染、高效益替代产业，构建沿江绿色发展轴。支持嘉陵江流域国家生态文明先行示范区建设。推进建设衔接高效、安全便捷、

绿色低碳的沿江综合立体交通走廊，推动上下游地区互动协调发展。

（二）全面落实主体功能区规划

明确各地主体功能定位，完善开发政策，控制开发强度，规范开发秩序。重点开发区加快新型工业化和新型城镇化进程，农产品主产区以提高农产品生产能力为重点加快推进农业现代化，重点生态功能区突出保护修复生态环境和提供生态产品。各级各类自然文化资源保护区的核心区、缓冲区及其他需要保护的特殊区域，严格依法禁止开发。认真落实主体功能区战略布局，加快形成以"一轴三带、四群一区"为主体的城镇化发展格局，构建以盆地中部平原浅丘区、川南低中山区、盆地东部丘陵低山区、盆地西缘山区和安宁河流域五大农产品主产区为主体的农业发展格局，构建以川西北草原湿地、川滇森林及生物多样性、秦巴生物多样性、大小凉山水土保持和生物多样性四大生态功能区为重点，以长江、金沙江、嘉陵江、岷江—大渡河、沱江及其主要支流雅砻江、涪江、渠江八大流域水土保持带为骨架，以世界遗产地、自然保护区、森林公园和风景名胜区等典型生态系统为重要组成的"四区八带多点"生态安全格局。

（三）实行差别化区域发展政策

根据不同区域主体功能定位，健全差别化的规划引导、财政扶持、产业布局、土地整理、资源配置、环境保护、考核评估等政策措施，推动形成区域发展特色化、资源配置最优化、整体功能最大化的良好态势。全面落实《四川省县域经济发展考核办法》，取消重点生态功能区县和生态脆弱的贫困县地区生产总值及增速、规模以上工业增加值增速、全社会固定资产投资及增速的考核，增加绿色发展相关指标的考核。支持重点生态功能区以"飞地"园区形式在区域外发展工业，加大对重点生态功能区的转移支付力度。大力推进秦巴山区、乌蒙山区、大小凉山彝区和高原藏区生态扶贫，实施生态环境休养和修复工程，合理开发利用生态资源，开展生态脆弱敏感地区移民搬迁，加快脱贫奔康进程。

（四）强化国土空间治理

以市县级行政区为单元，探索建立以空间规划为基础、以"城市开发边界、永久基本农田和生态保护红线"为底线、以用途管制为主要手段的空间治理体系。加强省级空间规划研究，以主体功能区规划为基础统筹各类空间性规划。推动市县"多规合一"，探索统一编制市县空间规划。根据主体功能定位和国土空间分析评价，科学划定生产空间、生活空间、生态空间，逐步形成一个市县一个规划、一张蓝图。建立健全国土空间用途管制制度，将用途管制扩大到所有自然生态空间，强化政府空间管控能力。

（五）严守资源环境生态红线

严守资源消耗上限，实行能源消耗总量和强度双控行动。实行最严格的水资源管理制度，落实用水总量控制、用水效率控制、水功能区限制纳污管理，以水定产、以水定城、以水定地。强化基本农田保护。严守环境质量底线，将环境质量"只能更好、不能变坏"作为政府环保责任红线，实施重点控制区大气污染物和重点流域水污染物排放限值管理，科学合理确定不同地区污染物排放总量。在重点生态功能区、生态环境脆弱区和敏感区等区域划定生态保护红线，严格自然生态空间征（占）用管理，确保生态功能不降低、面积不减少、性质不改变。实行动态评估退出制度，建立不符合生态保护要求的企业有序退出机制。

三、开展绿化全川行动筑牢长江上游生态屏障

四川是长江重要的水源涵养地，必须树立"山水林田湖是一个生命共同体"的理念，把保护修复生态环境摆在压倒性位置，以大规模绿化全川行动为重点，全面增强自然生态系统服务功能，为保护长江母亲河、维护国家生态安全作出更大贡献。

（一）扎实推进造林增绿

以川滇、秦巴、大小凉山等重点生态功能区为主战场，加快实现宜林荒山、荒坡、荒丘、荒滩造林全覆盖。实施环成都平原生态带建设工程，连片营造兼具生态和经济效益的生态景观林、特色经果林、速生丰产林、珍贵用材林。实施长江防护林工程，在干流和重要支流建设一批基干防护林带和林水相依景观带。以88个贫困县为重点，稳步推进新一轮退耕还林。加快盆地中部丘陵区攻坚造林，推进农田林网建设，加强饮用水源地、湖库周边和消落带、河渠沿线绿化。支持利用工矿废弃地、污染土地和其他不适宜耕作土地造林。

积极营造碳汇林、血防林、风景林和国防林。探索建立省级绿化公益基金，支持金融机构依法开展造林信贷担保业务。

大力推进身边增绿。全面绿化高速公路、铁路、国省县道沿线及其可视范围内的裸露土地，重点打造旅游线路、进出通道、互通立交、机场、车站、港口等区域绿化景观，加快建设多彩通道。实施森林进城围城，开展森林城市、园林城市、森林小镇创建活动，建设成都平原、川南、川东北、攀西四大森林城市群。推进城区见缝插绿、立体增绿，新建城区要留足生态用地并同步绿化。县城以上城区或城郊，原则上应建立供市民休闲游憩的森林公园或湿地公园。开展"百万农户种千万棵树"活动，加强村社进出道路、集中居住点、房前屋后、休闲地绿化。坚持适地适树，强化造林绿化种苗保障，大力推广使用良种，严禁"一夜成林""乱引滥繁"和盲目跟风改换树种。

（二）加强森林资源保护和合理利用

深入推进天然林资源保护工程，全面禁止天然林商业性采伐，实现天然林管护全覆盖。严格林地用途管制和定额管理。逐步提高公益林生态补偿标准。建立国有天然林总量管控制度，完善集体林公共管护制度。加强古树名木保护，严禁移植天然大树进城。全面落实保护森林资源任期目标责任制，建立森林面积、森林蓄积"双增长"监测体系。推进森林管理综合执法改革，依法打击破坏森林资源的违法犯罪行为。

实施森林质量提升工程，规范改造低产低效林，有序改造退化防护林，推进林地立体复合经营。加强森林分类管理，严格保护公益林，集约经营商品林，实行总量和强度双控的采伐制度。以乡土大径级材和珍贵用材为主体，加快建设国家木材战略储备基地。加强森林火灾和有害生物防控体系建设，完善森林保险制度。

（三）推进江河湿地修复治理

发挥湿地作为"地球之肾"功能，全面保护所有自然湿地，开发提升人工湿地生态功能。实施湿地保护与恢复工程，重点保护和建设若尔盖湿地、石渠湿地、盐源泸沽湖、西昌邛海、遂宁观音湖、眉山东坡湖、雅安汉源湖、泸州长江湿地公园等一批示范基地。开展退耕还湿、退养还滩、生态补水，稳定和扩大湿地面积。

完善湿地保护网络，依托河流、湖泊、沼泽滩涂、库塘等湿地资源，划建一批湿地自然保护区、湿地公园和湿地保护小区。城镇规划区内湿地纳入城镇绿线保护范围，生态功能突出的典型湿地纳入省重要湿地名录。积极申报国际重要湿地、国家重要湿地。探索开展湿地生态补偿试点。

加强水生态保护，系统实施江河流域整治和生态修复工程，连通江河湖库水系，维持水生态系统结构和功能。加强长江生态系统修复和综合治理。以小流域为单元，工程措施和生物措施相结合，推进水土流失综合治理。原则上禁止新建中小河流引水式水电站，积极修复遭受严重破坏河流的自然生态。实施水库、湖泊"清水工程"。树立生态修复增水意识，强化江河源头、水源涵养区和重要水源地保护，维护江河生态健康。保护都江堰灌区耕地、森林和水质水量。

（四）加强草原生态保护建设

实行基本草原保护制度，加快划定和保护基本草原，健全草原生态保护奖补机制。规范草原征（占）用审核审批，严格控制草原非牧使用，确保基本草原面积不减少、质量不下降、用途不改变。开展若尔盖等国家草原公园建设试点。

实施退牧还草、草原鼠虫害防治等重点工程，加强退化草原、鼠荒地治理，开展休牧、划区轮牧围栏、退化草地改良、人工饲草地、牲畜棚圈等建设，有效遏制草原退化。完善草场承包经营制度。

开展草牧业试验试点，实施南方现代草地畜牧业推进行动，合理发展草食畜牧业。科学推进人工饲草地建设，加强退化草地人工改良，支持有条件的地方发展节水灌溉人工草地。支持高原藏区牧区与农区互动发展畜牧业，提高畜牧业发展水平。

（五）加强脆弱地区生态治理

实施川西藏区沙化土地治理工程，加强科技攻关和治理模式创新，有效遏制川西藏区土地沙化趋势。建立沙化土地封禁保护制度，转变沙区生产生活方式，合理发展生态产业。加强凉山、宜宾、泸州等岩溶地区石漠化综合治理，有效提升林草植被盖度。以金沙江、岷江—大渡河、赤水河干热干旱河谷为重点，开展干旱半干旱地区植被恢复试点。

完善"谁破坏谁治理、谁受益谁补偿"责任机制，同步推进道路、水电、建筑等工程创面植被恢复，加强矿区废弃地、尾矿坝生态治理。增强灾害预警能力，加强对地质灾害高发易发区域的综合治理、对生态脆弱区重大地质灾害点的工程治理，有序推进灾区生态修复。

（六）加强生物多样性保护

实施野生动物保护工程，推进濒危动物栖息地、基因交流走廊带保护修复和野化放归基地建设。加强珍稀植物拯救性保护，建立极小种群植物园和物种基因保存库。

强化重点保护野生动植物及其制品的进出口管理，规范野生动植物繁育利用，有效防范物种资源丧失和外来有害物种入侵，严禁异地放生。加强典型生态系统和景观多样性保护，开展生物多样性资源本底调查和评估，完善监测预警体系。

稳定和增加自然保护地面积，在长江干流、金沙江及长江一级支流等重要生态区域划建一批自然保护小区。加快推进大熊猫国家公园体制试点工作，以保护大熊猫野生种群和栖息地为核心，以创新生态保护管理体制机制为突破口，促进跨地区、跨部门管护资源有效整合，努力把大熊猫国家公园建成全球最为著名、最具影响的保护特有珍稀濒危物种及其栖息地生态系统的国家公园。推进自然保护区建设标准化、管理信息化、经营规范化。

四、推进污染防治"三大战役"以提升环境质量

良好的生态环境是最公平的公共产品，是最普惠的民生福祉。要以保障人民健康为目的，重拳出击、铁腕治污，集中打好大气、水、土壤污染防治攻坚战，用五年时间基本解决突出环境污染问题，让人民群众呼吸上新鲜空气、喝上干净水、吃上放心食品，在优美的环境中工作生活。

（一）打好大气污染防治攻坚战

建立健全"协同治污、联合执法、应急联动、公众参与"的区域大气污染联防联控机制，实行空气环境质量改善财政激励机制，以成都平原、川南、川东北城市群为重点，持续开展大气污染防治攻坚，确保尚未达标的地级城市空气质量逐年改善，已达标的地级城市空气质量持续优化。

实施减少工业污染物排放工程。加快火力发电、钢铁、有色、化工、水泥、建材等重点行业污染治理，推进燃煤电厂超低排放改造，推进城市主城区重污染企业环保搬迁、改造，大幅度削减二氧化硫、氮氧化物、烟粉尘、挥发性有机物排放总量。

实施抑制城市扬尘工程。全面推行绿色施工，严格施工工地扬尘环境监管，强化城市道路扬尘防治措施，加强城市堆场扬尘综合治理，推行建筑垃圾密闭运输，综合整治餐饮油烟污染。

实施压减煤炭消费总量工程。大力推进煤炭清洁高效利用，发展和鼓励使用清洁能源，稳步推进"气化全川、电能替代、清洁替代"，在县级以上城市建成区推行煤改气、煤改电工程，淘汰城市建成区10蒸吨以下燃煤锅炉。

实施治理机动车船污染工程。实行"路、油、车"协同管理，加强对重污染车辆的路面通行管控，提升燃油品质，加速淘汰黄标车和重污染老旧车船，严格实行机动车绿标管理。

实施控制秸秆焚烧工程。划定并严格监管秸秆禁烧区，完善市、县、乡、村四级秸秆禁烧责任体系，大力提高秸秆肥料化、饲料化、燃料化等资源化利用水平。

（二）打好水污染防治攻坚战

以强力控制和削减总磷、氨氮、化学需氧量污染物为主攻方向，以岷江、沱江和嘉陵江流域为重点整治区域，全面改善水环境质量。到2020年，城乡生活污水处理规模达到1000万吨每日，岷江、沱江、嘉陵江干流及其一级支流基本消除劣V类水体，县级以上饮用水源水质全面达标，市（州）政府所在地城市建成区全部消除黑臭水体。

实施严重污染水体整治工程。加强水质超标控制单元的流域污染防治，制定水环境质量限期达标方案并向社会公布。实施最严格水环境监管制度，制定岷江、沱江等流域水污染物特别排放限值标准，对府河、南河、釜溪河、思蒙河等严重污染水体实行挂牌整治。对安宁河流域等矿冶资源集中开发地区实施水体重金属污染治理。开展城市黑臭水体排查，建立整治清单。加强严重污染水体江河湖库调度管理，保障下游河流生态用水需求。

实施良好水体保护工程。加强达标水质的流域生态环境建设与水环境管理，重点保护嘉陵江、青衣江、紫坪铺水库、泸沽湖等重点生态功能水体，在江河源头区、水资源涵养区、水环境敏感区全面清理拆除排污工矿企业，严格控制开发建设活动，保持流域自然生态环境，确保水质稳中趋好。

实施水污染防治设施建设工程。加快城市和重点乡镇生活污水处理设施及配套管网建设，推进设施提标升级改造，实现污水处理厂污泥的无害化、资源化处置。推进工业集聚区污水集中处理设施建设，实施重点行业"双有""双超"企业强制清洁生产审核和达标行动。加强规模化畜禽养殖污染治理设施建设。

实施饮用水环境安全保障工程。清理整治饮用水水源保护区内违法排污口和设施，加强市（州）集中式饮用水备用水源、应急水源建设，提高农村饮水安全保障程度和质量，实行饮用水水源安全评估公布制度。

（三）打好土壤污染防治攻坚战

认真落实土壤污染防治行动计划，严控新增污染，逐步减少存量污染。到 2020 年，重点区域土壤污染加重趋势得到有效遏制，土壤环境质量总体保持稳定。

实施土壤环境监测预警基础工程。加强土壤环境质量监测，建立统一的土壤环境质量监测网络，动态监控土壤环境质量。以农用地和重点行业企业用地为重点，开展土壤污染状况详查，建立土壤环境基础数据库。

实施土壤污染分类管控工程。按照"优先保护、安全利用、严格管控"三个类别，对农用地分别采取相应管控措施，保障土壤环境安全。加强建设用地准入管理，将土壤环境质量作为用地和供地的必要条件，防范人居环境风险。对重金属污染重点防控区企业实行污染物特别排放限值管理，严防矿产资源开发、涉重金属行业、工业废物处理和企业拆除活动污染土壤。

实施土壤污染治理与修复工程。深入开展地力培肥及退化耕地治理，控制农业用水总量，实施化肥和农药使用减量行动，提高秸秆、粪污、地膜等农业废弃物循环利用水平，有效解决耕地"亚健康"问题。制定实施土壤污染治理与修复规划，全面整治历史遗留尾矿库、重金属污染土地、危险固体废物堆场、非正规垃圾填埋场。推进生活垃圾分类和减量，加快城乡生活垃圾处理及转运设施建设。

（四）加强环境风险防控

建立环境风险防控责任制，健全四川省、市、县和企业环境风险防控体系。加快建立环境风险预警机制，建设四川省统一的涵盖大气、水、土壤、噪声、辐射、自然生态等要素的生态环境质量监测网络，开展重污染天气预警预报。

加强环境风险隐患排查，定期评估沿江河湖库工业企业、工业集聚区环境和健康风险，强化危险废物、危险化学品、持久性有机污染物和其他有毒有害物质等重点领域环境风险管控。加强核与辐射环境管理，强化高危放射源安全管控及放射性废物收贮和运输监管，确保辐射安全万无一失。加强环境应急能力建设，妥善处置突发环境事件。健全污染物违法排放者对受害者进行赔偿机制，逐步实现以赔代罚。

建立四川省环保数据监测网络，建设环保数据库。加快建立"监管统一、执法严明、多方参与"的现代环境治理体系，着力解决环境监管职能交叉、权责不一致、污染防治能力薄弱等问题。严格落实环境保护党政主体责任制度，落实省级环境保护督察制度，建立统一监管所有污染物排放的环保管理体制，建立科学公正的生态环境损害评估制度，构建政府、企业、社会多元共治的环境治理格局。强化规划环评，统筹环境保护建设绩效评估。推进环保机构监测监察执法垂直管理改革，整合环保机构队伍，确保环境监管的统一性、权威性和有效性。加强环保行政执法和刑事执法力量建设，提升专业化、规范化水平。

五、构建绿色低碳产业体系全面促进产业升级

围绕推进绿色、循环、低碳发展，深入实施创新驱动发展战略，大力推进供给侧结构性改革，着力做好增强新动能加法和淘汰落后产能减法，建设先进制造业强省、清洁能源示范省和绿色经济强省。

（一）加快产业优化升级

加快推动生产方式绿色化，构建科技含量高、资源消耗低、环境污染少的产业结构，不断提高生产过程与环境相容程度，有效降低发展的资源环境代价，走出一条经济发展与生态环境改善共赢之路。

促进工业提质增效。实施《中国制造 2025 四川行动计划》，以高端成长

型产业、战略性新兴产业为引领，加快发展新一代信息技术、航空航天、先进电力装备、智能制造装备、先进轨道交通装备、节能环保、油气钻采及海洋工程装备、新能源汽车、新材料、医药和高性能医疗设备等先进制造业。开展以智能制造、绿色制造和"四基"能力提升为重点的技术改造，推动七大优势产业迈上中高端。开展质量品牌提升行动和质量对标提升行动，严格执行生产、包装、储藏、运输、销售等环节的国家强制标准，加快"四川产品"向"四川品牌"转变。构建绿色制造体系，推行"源头减量、过程控制、纵向延伸、横向耦合、末端再生"的绿色生产方式，建设绿色工厂，发展绿色园区，打造绿色供应链，探索开展绿色评价，实现生产低碳化、循环化和集约化。推动产能过剩行业企业实施兼并重组、产能转移、转产升级，遏制低端产能盲目扩张和低水平重复建设。强化工业安全生产，防范重特大事故发生。

提高服务业绿色低碳发展水平。优先发展电子商务、现代物流、现代金融、科技服务、养老健康等新兴先导型服务业。加快发展研发设计、技术孵化、检验检测、商务咨询、软件外包等生产性服务业，促进服务型制造业发展。实施"互联网＋服务"，发展生态环境修复、碳资产管理、环境污染责任保险等新兴服务业。加大传统服务业改造提升力度，推进零售批发、物流、餐饮住宿等传统服务业主体生态化、服务过程清洁化、消费模式绿色化。

加快转变农业发展方式。着力转变农业经营方式、生产方式、资源利用方式和管理方式，大力发展产出高效、产品安全、资源节约、环境友好的现代农业，增加绿色、有机、安全农产品供给。积极发展现代农业示范区，调整优化农业产业结构、品种结构、品质结构和产品层次，提高农业发展质量。发展特色效益农业，做大果蔬、茶叶、木竹、中药材、草食牲畜、淡水养殖等产业。大力推行无公害农产品、绿色食品、有机食品认证和国家地理标志产品保护，培育特色农产品品牌。切实保障食品安全，建设安全环境、清洁生产、生态储运全覆盖的食品安全体系，推广农业面源污染、重金属污染防治的低成本技术和模式，发展全产业链食品安全保障技术、质量安全控制技术和安全溯源技术，加大执法监管力度，让人民群众吃得放心。

（二）做强做大绿色低碳产业

加快发展清洁能源产业，积极创建国家清洁能源示范省。坚持科学开发与保护生态相结合，推进国家规划的"三江"水电开发，加快川东北、川中、川西等特大型、大型气田勘探开发，有序推进长宁—威远、富顺—永川等重点区块页岩气勘探开发。支持攀西、川西北等地区科学有序发展风电、太阳能光伏发电等新能源。因地制宜发展生物质能源。创新清洁能源建设管理机制，加强流域水电综合管理，积极推进电力、油气等体制改革，扩大直购电、直供气等试点范围，有效消纳富余水电和留存电量，促进就地就近转化利用。

加快发展节能环保装备产业。实施节能环保重大技术装备产业化工程，加快在高效节能、工业固废综合利用、余能循环利用、超低排放燃煤发电等领域突破关键技术，形成成套解决方案和装备保障能力。加快发展能源装备产业，推进先进核电、大容量高参数煤电、大型水电和新能源发电设备、重油电站、燃气发电机组等能源装备领域技术攻关、试验示范和应用推广。支持成都、德阳、绵阳、自贡、宜宾等地建设节能环保、清洁能源装备研制基地。推行能效标识制度和节能低碳产品认证，打造绿色低碳产品知名品牌。

实施"绿色四川"旅游行动计划。坚持在保护中开发、在开发中保护，明确旅游控制开发和严格生态保护的区域范围。完善九环线、成乐环线、大熊猫生态文化、蜀道三国文化、茶马古道文化、川江水上旅游、攀西康养旅游、"长征丰碑"红色旅游、光雾山—诺水河、地震灾区重建新貌等精品旅游线路，提升大成都、大九寨、大峨眉、大香格里拉、川藏线、攀西、大巴山、蜀道、川南等旅游目的地国际化水平，做响大熊猫、森林、湿地、乡村、阳光康养、户外体育等生态旅游品牌，完善旅游基础设施和公共服务设施，打造世界重要旅游目的地。抓住成都天府国际机场建设机遇，规划建设"两湖一山"国际旅游度假区。实施藏区、彝区全域旅游战略。推进川滇藏、川陕甘、川渝黔等区域旅游合作发展。积极推进蜀道申报世界自然文化遗产工作。培育旅游新业态，建设绿色酒店、绿色景区，发展绿色旅游商品。

把文化产业培育成为重要支柱产业。推动传统文化产业转型升级，加快发展新兴文化产业，促进文化与旅游、科技、生态、体育等深度融合，培育新型文化业态。做强做大骨干文化企业，支持民营和小微文化企业发展。实施巴蜀文化品牌工程、巴蜀文化名家培养工程、巴蜀优秀传统文化传承工程。建好藏羌彝文化产业走廊等重点文化产业带。健全现代文化市场体系，加强文化市场监管。

（三）加强资源综合循环利用

实施循环发展引领行动计划，推行企业循环式生产、园区循环式发展、产业循环式组合，加强企业微循环、园区中循环、社会大循环的联通互动，提高全社会资源产出率。推进工业园区循环化改造，加大尾矿、工业废渣、矿井水等大宗工业"三废"和余热、余压综合利用，推进冷、热、电三联供的分布式能源建设。推动农业生产资源利用节约化、生产过程清洁化、废物处理资源化和无害化、产业链接循环化，形成多业共生的循环型农业生产方式。加强生产和生活系统循环链接，实施生活垃圾强制分类，加快"城市矿产"、生活垃圾、餐厨废弃物、建筑废弃物、污泥等资源开发利用。发展再制造和再生利用产品。

（四）推进节能减排降碳

开展能效领跑者引领行动，推进重大节能环保、资源综合利用、再制造、低碳技术应用示范和大规模技术改造，实施工业节能节水、清洁生产、循环利用、城镇化节能示范、煤炭消费减量替代等重点节能减排工程。深入实施万家企业节能低碳行动，推进低碳城市、低碳园区、低碳企业、低碳产品试点示范。探索开展绿色评价。加强公共机构节约能源资源工作，开展节约型公共机构示范创建活动。

（五）构建新型城乡体系，创造美好生活环境

树立"以人为本、尊重自然、绿色低碳、传承历史"理念，把创造优良人居环境作为中心目标，把绿色发展要求贯穿于城乡规划建设管理全过程，使城镇再现绿水青山、农村展现田园风光，建设和谐宜居、各具特色的现代化城镇和乡村，让人民群众生活得更方便、更舒心、更美好。

1. 优化城镇规划设计

尊重城市发展规律，更新城市规划建设理念，以"创新、绿色、智慧、人文"为方向，统筹空间、规模、产业三大结构，统筹生产、生活、生态三大布局，统筹规划、建设、管理三大环节，大力提高城市发展的宜居性、持续性。依托现有山体水系、森林与湿地、气象条件等，科学布局各类空间，合理确定城市形态，保持各具特色的城市风貌，尽量减少对自然环境的干扰和损害。

根据资源环境承载能力，准确定位城市功能，科学确定城市终极规模，划定城市开发边界。优化建设用地结构，增加生活与生态用地比例。

落实《四川省新型城镇化规划（2014—2020年）》，以城市群为主体形态，加快发展成都平原、川南、川东北、攀西四大城市群，促进大中小城市和小城镇协调发展，构建区域联动、结构合理、集约高效、绿色低碳的新型城镇化格局。认真落实国家《成渝城市群发展规划》，促进川渝毗邻地区合作发展，共同打造引领西部开发开放的国家级城市群。

2. 建设美丽城镇

推动城镇内涵提升式发展，科学确定开发强度，提高城镇土地利用效率，适度增加建成区人口密度，提升城镇发展质量。

建设生态城镇。依托四川省多数城镇依山傍水的地貌和环境特征，统筹城镇与山水林湖布局，合理规划城镇绿地系统，推动湿地公园、山体公园、绿廊绿道等具有地域景观文化特色的山水园林建设，划定并强化城镇绿线管制，使城镇成为山清水秀美丽之地。突出小城镇的鲜明特征，打造具有地理、生态、产业特色的小城镇。重视解决城镇噪音、光污染等问题，创造宁静生活空间。开展美化绿化行动，建设一批美丽社区、美丽校园、美丽企业等，增加城镇"绿色细胞"。

推广绿色建筑。贯彻"适用、经济、绿色、美观"的建筑方针，突出建筑使用功能，防止片面追求建筑外观形象，防止贪大、媚洋、求怪。推广绿色建材应用，提高建筑节能标准。推广装配式建筑，推进建筑产业现代化。

发展绿色交通。统筹铁路、公路、航空、水运、管道建设，着力构建绿色、低碳、便捷和网络化、标准化、智能化的综合立体交通系统。优先发展公共交通，因地制宜发展轨道交通，推广使用新能源汽车，鼓励自行车等绿色出行。

完善市政设施。严格按照国家标准，提高城镇供排水、防涝、雨水收集与利用、供气、综合管廊、市容环卫等设施建设水平，合理布局建设消防、人防设施和防灾避险场所。支持开展海绵城市建设试点和地下综合管廊建设试点。配套完善中小学、幼儿园、超市、菜市、停车场、公共厕所及养老、医疗、文化、体育等服务设施，加快农产品批发市场、物流配送网点建设，形成便捷的社区生活服务圈。

传承历史文脉。科学实施城市修补和有机更新，加强历史文化街区、历史建筑、历史文化景观的保护利用。做好风景名胜区、绿地湿地、自然与文化遗产地规划与城镇规划的衔接，实现景城协调发展。

3. 建设美丽乡村

遵循乡村自身发展规律，对新村聚居点、旧村落和传统村落进行整体规划和统筹布局。坚持新建、改造、保护相结合，重视旧村改造和传统村落保护利用，保留乡土味道。加强村庄规划与设计，严格控制农村建设用地，慎砍树、禁挖山、不填湖、少拆房，形成依山就势、错落有致的村落格局，留得住青山绿水，记得住乡愁。严格村镇规划管控，规范农村建房行为，推行农村住房建设标准。

按照"小规模、组团式、微田园、生态化"要求，突出地域特色和民族风格，建设彝家新寨、藏区新居、巴山新居、乌蒙新村，建设"业兴、家富、人和、村美"的幸福美丽新村。同步推进山水田林路综合治理，推进建庭院、建入户路、建沼气池和改水、改厨、改厕、改圈"三建四改"，推进农村能源清洁化，整治河渠沟塘，改善农村人居环境。深化文明村镇创建，让群众住上好房子、过上好日子、养成好习惯、形成好风气。

六、完善绿色发展制度体系推进绿色发展保障

加快生态文明体制改革，创新和完善绿色发展制度机制，引导、规范和约束各类开发、利用、保护自然资源的行为。

（一）加强依法治理

全面落实土地管理法、环境保护法、大气污染防治法、水污染防治法、节约能源法、循环经济促进法、矿产资源法、森林法、草原法、野生动物保护法等相关法律。完善地方性法规、单行条例和政府规章，加快自然资源资产产权、应对气候变化、环境污染防治、资源有偿使用、土壤保护、生态环境损害赔偿等地方立法，全面清理现行地方性法规和政府规章中与推进绿色发展不相适应的内容，有序推进地方性法规和政府规章"立改废"。严格依法行政，严禁不符合生态环境法规政策的开发活动。针对违规排污、破坏生态环境等突出问题，深入开展"清水蓝天"行动，加强联合执法、综合执法，

形成执法合力。充分发挥司法保障作用，健全行政执法与刑事司法的衔接机制，强化案件移送和立案监督，依法严厉惩处污染环境、破坏生态等违法犯罪活动。

（二）发挥市场决定性作用

鼓励各类投资进入绿色产业市场，创新政府和社会资本合作开展环境治理与生态保护项目的机制。积极培育污染治理、生态保护服务业等市场主体，支持开展环境污染第三方治理，放宽市政公用行业特许经营。建立健全环境资源初始分配制度和交易市场，加强环境资源交易平台建设。开展用能权有偿使用和交易制度试点，推广合同能源管理。推动建立碳汇经营交易市场，加快建设西部碳排放权交易中心和全国碳市场能力建设（成都）中心，开展碳排放权配额和自愿减排项目交易。支持市（州）、县（市、区）推出减排项目，参与碳汇交易。完善排污权核定制度，加强排污权交易平台建设，建立以企业为单元进行总量控制和排污权交易的机制。探索流域上下游、地区间、行业间、用户间的水权交易。加强企业环境诚信体系建设，建立多部门、多领域、跨区域环境保护失信联合惩戒机制，有效提高企业环境诚信意识。

（三）建立自然资源资产产权制度

创新自然资源全民所有权和集体所有权的实现形式，推动所有权和使用权相分离，依法适度扩大使用权的出让、转让、出租、抵押、担保、入股等权能。深化产权和定价方式改革，加快建立灵活反映市场供求关系、资源稀缺程度和环境损害成本的资源性产品价格形成机制。建立自然资源有偿使用制度，提高资源价格形成市场化程度。深化集体林权制度改革，转换国有林场和林区经营机制。

（四）完善生态补偿机制

建立生态补偿标准体系，逐步在森林、草原、湿地、水资源、矿产资源、渔业资源和重点流域、重点生态功能区等开展试点探索，形成生态损害者赔偿、受益者付费、保护者得到合理补偿的运行机制。归并和规范现有生态保护补偿方式，争取水电、油气资源开发按比例留存进行补偿。加大对重点生态功能区县转移支付力度，完善生态保护成效与资金分配挂钩的激励约束机制。探索建立以政府、社会、国际合作为主的生态补偿体系。探索建立地区间横向生态保护补偿机制，引导生态受益地区与保护地区之间、流域上下游地区之间，通过资金补助、对口协作、产业转移、人才培训、共建园区等方式实施补偿。探索实行耕地、草原、河湖休养生息制度。

（五）健全监督考核及责任追究制度

完善绿色发展评价指标体系，增加资源消耗、环境损害、生态效益等考核权重。建立地方党委、政府领导班子成员生态文明建设"一岗双责"制度。开展领导干部自然资源资产和环境责任离任审计。完善生态环境损害责任追究制度，对违背科学发展要求、造成资源环境生态严重破坏的，要记录在案、严肃问责，已经调离的也要追责。

七、强化组织实施确保绿色发展决策部署推进

推进绿色发展、建设美丽四川，功在当代、利在千秋。各级党委、政府必须统一思想，加强统筹协调，增进全社会践行绿色发展理念的思想共识和行动自觉，共同建设生态文明美丽家园。

（一）加强组织领导

各级党委、政府要对本地区推进绿色发展负总责，健全领导体制和工作推进机制，统筹谋划，系统部署，扎实推进中央和省委决策部署落实。职能部门要强化大局意识、责任意识，认真研究制定实施方案，加强协同配合，形成工作合力。各级领导干部要牢固树立正确的生态观、发展观、政绩观，带头落实绿色发展理念，彻底摒弃对传统粗放增长方式的思维惯性和路径依赖，把绿色发展理念转化为作决策、抓工作、促发展的具体行动。加强干部人才培训，把推进绿色发展作为党校、行政院校、社会主义学院的重要教学培训内容，组织开展专题培训，大力提高各级干部推进绿色发展专业化能力。

（二）完善政策支持

推进激励和约束并举的制度创新，建立健全财税、金融、产业等政策，形成促进绿色发展的利益导向机制。完善财税政策，对资源节约和循环利用、新能源和可再生能源开发利用、环境基础设施建设、生态修复与建设、绿色科技创新等给予支持。探索构建绿色金融体系，完善绿色信贷制度，设立绿色发展基金，扩大绿色金融业务，支持企业发行绿色债券。扩大环境污染责任保险试

点。实施促进绿色发展的产业政策，推行产业准入负面清单管理。

（三）强化科技支撑

系统推进全面创新改革试验，突出军民深度融合发展特色，着力打通科技成果转化和产业化通道，实现创新驱动转型发展。优化支撑绿色产业体系的科技创新环境，建立符合绿色发展领域科研活动特点的管理制度和运行机制。支持企业开展绿色科技创新，发展壮大一批创新型企业。加强创新载体建设，建设一批国家级、省级绿色制造技术、节能环保工程技术、制造业创新中心（研究中心）、重点实验室、工程技术中心和实验基地。开展关键技术攻关，加强新一代信息网络技术、智能绿色制造技术、生态绿色高效安全现代农业技术、安全清洁高效的现代能源技术、资源高效利用和生态环保技术、智慧城市和数字社会技术、先进有效和安全便捷的健康技术及支撑商业模式创新的现代服务技术等研发推广。加强关键人才、领军人才培养和使用，充分发挥高等学校、科研院所的作用，完善激励机制，建设适应绿色发展需要的创新人才队伍。

（四）扩大开放合作

加强国际合作，积极引进资金、先进技术装备、专业人才、先进理念和管理经验。融入国家"一带一路"建设，重点在节能环保、先进制造、航空与燃机、新能源汽车、新材料等领域促进合作交流。落实四川省、清华大学与华盛顿州、华盛顿大学"2+2"合作备忘录，推动气候智慧型/低碳城市建设和清洁能源产业发展。推动区域合作，建立横向联系机制，着力加强与沿长江省（市）协同协作，共同研究解决生态环境保护、基础设施互联互通、绿色产业协同发展等问题，推动区域性生态环保规划等落实，促进上下游协同发展、东中西互动发展。加强省级统筹协调，促进地区联动合作，共同解决跨行政区域的流域治理、污染防治、生态建设等问题。

（五）培育生态文化

重视从娃娃和青少年抓起，从家庭学校教育抓起，增强全民节约意识、环保意识、生态意识。把绿色文化作为国民素质教育和现代公共文化服务体系建设的重要内容，推进绿色发展理念进机关、进学校、进企业、进社区、进农村。建设一批绿色生态教育基地，加强资源环境国情和省情宣传，普及生态文明法律法规和科学知识。组织开展世界地球日、世界环境日和全国节能宣传周、全国低碳日等主题宣传活动。

推动生活方式绿色化。把节约文化、环境道德纳入社会运行的公序良俗，倡导文明、理性、节约的消费观和生活理念，推动全民在衣食住行娱等方面加快向勤俭节约、绿色低碳、文明健康的方式转变，抵制和反对各种形式的奢侈浪费。鼓励购买节能环保产品，减少一次性用品使用，限制过度包装。党政机关、国有企事业单位带头厉行节约，在餐饮企业、单位食堂、家庭全方位开展反食品浪费行动。

（六）动员全民参与

完善公众参与决策制度，保障群众知情权、监督权。支持各民主党派、工商联、无党派人士参与推动绿色发展，积极开展建言献策，充分发挥民主监督作用。加强生态环保热点问题舆论引导，重视发挥新闻媒体的监督和促进作用。鼓励、引导民间环保组织有序参与，注重发挥生态文明志愿者的积极作用。坚持党政军民义务植树，创新认捐认养等自愿尽责形式。构建全民参与的社会行动体系，推动形成绿色发展人人有责、人人参与、人人共享的良好社会风尚，让建设美丽四川成为四川省各族人民的自觉行动。

第三节　四川省绿色发展的政策体系

一、政策及制度建设

在中央政策的导向下，2016 年 7 月，四川省委十届八次全会通过《中共四川省委关于推进绿色发展建设美丽四川的决定》，进一步明确时间表、路线图，着力把生态文明建设和环境保护融入治蜀兴川各领域全过程。2017 年 12 月，四川省委十一届全会通过的《中共四川省委关于全面深入贯彻落实党的十九大精神，推动治蜀兴川再上新台阶，加快建设美丽繁荣和谐四川的决定》和《中共四川省委关于推进九寨沟地震灾区科学重建绿色发展，加快建设美丽新九寨的决定》强调，要深化生态文明体制改革，加快建设美丽四川；持续用力打好污染防治"三大战役"，突出大气污染联防联控，全面落实河

（湖）长制，持续改善环境质量；加强生态系统保护，开展大规模绿化全川行动，推进荒漠化、石漠化、水土流失综合治理，维护好"四区八带多点"生态安全格局；发展绿色低碳循环经济，建成国家清洁能源示范省；健全生态环境监管机制，建立四川省统一的生态环境质量监测网络，严格环境准入制度，完善省级环保督察机制，抓好督察问题整改，不断提高生态文明制度化、法治化水平。2021年四川推动出台《四川省赤水河流域保护条例》和《四川省嘉陵江流域生态环境保护条例》，印发《四川省泡菜工业水污染物排放标准》等文件，全省水环境保护工作力度持续加强。2022年3月，四川省政府印发实施《四川省"十四五"环境保护规划》，明确了到2025年，四川省生态环境质量明显改善、绿色发展方式基本形成、突出环境污染问题基本解决的目标。2022年5月，发布《四川省"十四五"农业农村生态环境保护规划》。据悉，该《规划》是四川省首部关于农业农村生态环境保护的五年规划，有针对性的细化农村生活污水治理和农业面源污染治理与监督指导工作。2022年5月，四川省发改委印发《四川省"十四五"循环经济发展规划》，分别从工业、农业和社会三个方面，部署了推动工业领域循环经济发展、推行生态循环农业发展模式、构建废旧物资循环利用体系三大主要任务。

自2017年国家开展生态文明示范创建以来，全国共命名了四批262个国家生态文明建设示范市县和87个"两山"实践创新基地，四川省先后建成14个国家生态文明建设示范县和4个"绿水青山就是金山银山"实践创新基地，命名数量和创建成效位居中西部前列。

表1-1   2013—2022年四川生态文明政策、制度建设

时间	四川生态文明政策、制度建设
2013年4月	《四川省主体功能区规划》印发，这是一个里程碑式的重要文件，为四川经济社会发展划出"大轮廓""大框架"，从总体上将四川省划分为重点开发、限制开发和禁止开发三大类功能区域
2013年5月	省委十届三次全会明确实施创新驱动发展战略，并专门用一个篇章对加强生态文明建设进行系统部署
2014年2月	省委十届四次全会提出深化六大改革，生态文明体制改革位列其间
2015年5月	《四川省灰霾污染防治办法》施行，这是四川省在全国率先制定的治理灰霾的专门规章

续表

时间	四川生态文明政策、制度建设
2016 年 6 月	省委、省政府印发《四川省生态文明体制改革方案》。这份纲领性文件，成为四川省建设长江上游生态屏障和美丽四川的完整制度支撑和动力源泉
2016 年 7 月	省委十届八次全会通过《中共四川省委关于推进绿色发展建设美丽四川的决定》。进一步明确时间表、路线图，着力把生态文明建设和环境保护融入治蜀兴川各领域全过程
2016 年 9 月	省政府办公厅正式印发《大规模绿化全川行动方案》
2017 年 3 月	省政府印发实施《四川省"十三五"环境保护规划》。规划明确，到 2020 年，四川省生态环境质量明显改善、绿色发展方式基本形成、突出环境污染问题基本解决的目标
2017 年 5 月	省第十一次党代会进一步强调生态优先绿色发展、加快建设美丽四川，明确了生态文明建设再上新台阶的目标任务
2018 年 7 月	制定《四川省打赢蓝天保卫战实施方案》《四川省大气污染防治考核暂行办法》
2019 年 3 月	首次为单独流域立法以推进污染治理的条例《四川省沱江流域水环境保护条例》，颁布《2019 年四川省生态环境监测方案》
2020 年 4 月	《深化川渝两地大气污染联合防治协议》，将突出移动源污染和 $PM_{2.5}$、臭氧污染协同防控
2020 年 6 月	《四川省生态文明体制改革方案》，增强生态文明体制改革的系统性、整体性、协同性
2021 年 12 月	省委十一届十次全会审议通过《中共四川省委关于以实现碳达峰碳中和目标为引领推动绿色低碳优势产业高质量发展的决定》

二、法律法规

2015 年 12 月，四川省政府印发《〈水污染防治行动计划〉四川省行动计划》，提出以五大流域水环境整治和保护为重点，兼顾重污染水体治理和良好水体保护，主攻控磷，并提出了四川省水环境质量改善的短期、中期与长期目标。2016 年，四川省先后出台了《四川省大气污染防治行动计划实施细则 2016 年度实施计划》《关于进一步加强天然林保护的通知》《四川省生态保护红线实施意见》《大规模绿化全川行动方案》，此外，《四川省水土保持规划（2015—2030 年）（征求意见稿）》处于公示阶段。在工作机制上，四川成立了四川省大气、水、土壤污染防治"三大战役"领导小组，一系列政策文件明确了水、大气、森林以及生态安全的目标要求、工作重心和具体举措，呼应了绿色发展的理念，强有力地促进了资源的集约利用、环境的改善和生态系统的保护。2018 年以来，四川生态环境保护法制不断健全。坚持用法律武器治理污染，用法治力量保护环境。先后出台四川省环境保护条例、饮用水源保护条例、地质环境管理条例等法规规章，基本形成了以环境保护条例为龙头，覆盖大气、水、地质、自然保护区等主要环境要素的法规体系。2019年1月，四川省《中华人民共和国大气污染防治法》实施办法正式实施，推动建立大气防止污染体系。2021年11月，四川省政府通过了《四川省嘉陵江流域生态环境保护条例》，落实嘉陵江流域生态环境保护措施。2022年3月31日，《四川省水资源条例》经省十三届人大常委会第三十四次会议表决通过，将于7月1日正式施行。这是四川省首部水资源管理方面的地方性法规，为强化水资源保障和推进水资源刚性约束提供了法律保障。

第二章　四川省生态环境保护与绿色发展现状

2021年，面对复杂严峻的外部环境和疫情灾情的冲击影响，全省上下坚定以习近平新时代中国特色社会主义思想为指导，全面落实习近平总书记对四川工作系列重要指示精神和党中央、国务院决策部署，统筹疫情防控和经济社会发展，扎实做好"六稳""六保"工作，按照"稳农业、强工业、促消费、扩内需、抓项目、重创新、畅循环、提质量"工作思路，埋头苦干、拼搏实干，经济发展稳中加固、稳中提质，社会大局保持稳定，实现"十四五"良好开局。

第一节　四川省经济社会发展概况

四川，简称"川"或"蜀"，是中华人民共和国省级行政区。省会成都，位于中国西南地区内陆，界于北纬26°03′~34°19′，东经97°21′~108°12′之间，东连重庆，南邻云南、贵州，西接西藏，北接陕西、甘肃、青海。

四川省总面积48.6万平方千米，辖21个地级行政区，其中18个地级市、3个自治州。共55个市辖区、19个县级市，105个县，4个自治县，合计183个县级区划。街道459个、镇2016个、乡626个，合计3101个乡级区划。

一、经济增长情况

（一）综合

根据地区生产总值统一核算初步结果，2021年四川省地区生产总值（GDP）53850.8亿元，按可比价格计算，比上年增长8.2%。其中，第一产业增加值 5661.9 亿元,增长 7.0%;第二产业增加值 19901.4 亿元,增长 7.4%;第三产业增加值 28287.5 亿元,增长 8.9%。三次产业对经济增长的贡献率分别为 9.8%、33.0% 和 57.2%。三次产业结构由上年的 11.5∶36.1∶52.4 调整为 10.5∶37.0∶52.5。

分区域看,成都平原经济区地区生产总值 32927.8 亿元,比上年增长 8.5%,其中,环成都经济圈地区生产总值 13010.8 亿元,增长 8.4%;川南经济区地区生产总值 8761.0 亿元,增长 8.6%;川东北经济区地区生产总值 8230.2 亿元,增长 7.6%;攀西经济区地区生产总值 3035.1 亿元,增长 7.6%;川西北生态示范区地区生产总值 896.7 亿元,增长 7.2%。

全年居民消费价格(CPI)比上年上涨 0.3%,其中医疗保健类上涨 1.9%,居住类上涨 0.3%,教育文化和娱乐类上涨 0.9%,食品烟酒类下跌 2.0%。商品零售价格比上年上涨 1.4%。工业生产者出厂价格(PPI)比上年上涨 5.9%,其中生产资料价格上涨 7.3%,生活资料价格上涨 2.3%;工业生产者购进价格(IPI)比上年上涨 7.5%。

表 2-1　　　　　　　2021 年居民消费价格比上年涨跌幅度(%)

指标	全省	城市	农村
居民消费价格	0.3	0.3	0.3
食品烟酒	−2.0	−1.6	−2.8
粮食	1.6	1.6	1.7
鲜菜	3.2	3.6	2.3
畜肉	−20.9	−19.8	−22.8
水产品	10.5	10.7	10.2
蛋	2.5	2.2	3.2
鲜果	2.1	1.7	3.1
衣着	−0.2	−0.4	0.2
居住	0.3	0.1	0.7
生活用品及服务	0.6	0.8	0.4
交通和通信	4.1	3.9	4.4
教育文化和娱乐	0.9	0.6	1.6
医疗保健	1.9	1.6	2.6
其他用品和服务	0.1	0.1	0.2

资料来源:《2021 年四川省国民经济和社会发展统计公报》

（二）民营经济

全年民营经济增加值 29375.1 亿元，比上年增长 8.0%，占 GDP 的比重为 54.5%。其中，第一产业增加值 1387.4 亿元，增长 6.5%；第二产业增加值 12883.4 亿元，增长 5.9%；第三产业增加值 15104.3 亿元，增长 9.9%。民营经济三次产业结构由上年的 5.1∶43.7∶51.2 调整为 4.7∶43.9∶51.4。

年末全省民营经济主体达到 751.6 万户，比上年增长 11.0%，占市场主体总量的 97.4%，其中私营企业实有数量达到 192.0 万户，增长 18.9%。

（三）农业

全年粮食作物播种面积 635.8 万公顷，比上年增长 0.7%；油料作物播种面积 165.2 万公顷，增长 4.3%；中草药材播种面积 15.0 万公顷，增长 4.0%；蔬菜及食用菌播种面积 148.1 万公顷，增长 2.5%。

全年粮食产量 3582.1 万吨，比上年增长 1.6%；其中小春粮食产量增长 0.7%，大春粮食产量增长 1.7%。经济作物中，油料产量 416.6 万吨，增长 6.0%；蔬菜及食用菌产量 5050.4 万吨，增长 4.9%；茶叶产量 37.5 万吨，增长 8.9%；园林水果产量 1154.2 万吨，增长 6.5%；中草药材产量 57.6 万吨，增长 9.3%。

全年肉猪出栏 6314.8 万头，比上年增长 12.5%；牛出栏 293.1 万头，减少 1.1%；羊出栏 1766.2 万只，减少 1.4%；家禽出栏 77467.3 万只，与上年基本持平。猪肉产量增长 16.6%，牛肉产量减少 0.5%，羊肉产量减少 0.8%，禽蛋产量增长 0.8%，牛奶产量增长 0.5%。

全年水产养殖面积 19.3 万公顷，与上年持平；水产品产量 166.5 万吨，增长 3.8%。

年末全省共有湿地公园 55 个，其中国家湿地公园（含试点）29 个。年末森林覆盖率达到 40.2%，比上年末提高 0.2 个百分点。

全年新增有效灌溉面积 2.5 万公顷，年末有效灌溉面积 300.8 万公顷。全年新增综合治理水土流失面积 52.7 万公顷，累计 1146.7 万公顷。年末农业机械总动力 4833.9 万千瓦，比上年增长 1.7%。全年农村用电量 214.5 亿千瓦小时，增长 4.2%。

（四）工业和建筑业

全年工业增加值 15428.2 亿元，比上年增长 9.5%，对经济增长的贡献率为32.3%。年末规模以上工业企业15611户，全年规模以上工业增加值增长9.8%。

在规模以上工业中，分轻重工业看，轻工业增加值比上年增长7.4%，重工业增加值增长11.1%，轻重工业增加值之比为3：7。分经济类型看，国有企业增长22.9%，集体企业下降27.5%，股份制企业增长9.7%，外商及港澳台商投资企业增长13.1%。

分行业看，规模以上工业41个行业大类中有31个行业增加值增长。其中，计算机、通信和其他电子设备制造业增加值比上年增长22.5%，石油和天然气开采业增长21.4%，电力、热力生产和供应业增长14.7%，金属制品业增长12.0%，非金属矿物制品业增长10.8%，酒、饮料和精制茶制造业增长10.5%，医药制造业增长10.3%，化学原料和化学制品制造业增长8.3%，汽车制造业增长8.2%。高技术制造业增加值增长19.4%，占规模以上工业增加值比重为15.6%；五大现代产业增加值增长10.9%；六大高耗能行业增加值增长9.5%。

从主要产品产量看，原煤产量比上年下降10.2%，汽油增长12.2%，发电量增长6.5%，天然气增长14.6%，铁矿石原矿量增长3.9%，电力电缆增长145.6%，电子计算机整机增长29.0%，啤酒增长14.7%，汽车增长11.3%，白酒增长3.7%，成品钢材增长2.2%。全年规模以上工业企业产销率为97.6%。

表2-2 2021年规模以上工业企业主要产品产量及增长速度

产品名称	单位	绝对数	比上年增长（%）
原煤	万吨	1907.2	-10.2
汽油	万吨	260.7	12.2
天然气	亿立方米	522.2	14.6
发电量	亿千瓦小时	4329.5	6.5
铁矿石原矿量	万吨	11258.1	3.9
生铁	万吨	2092.0	-2.3
钢	万吨	2787.2	-0.2
成品钢材	万吨	3496.2	2.2
十种有色金属	万吨	149.3	23.9

产品名称	单位	绝对数	比上年增长（%）
农用氮磷钾化肥	万吨	335.7	-0.5
饲料	万吨	1863.1	11.1
食用植物油	万吨	215.2	5.6
白酒	万千升	364.1	3.7
啤酒	万千升	249.9	14.7
卷烟	亿支	910.8	1.7
纱	万吨	73.5	20.7
布	亿米	13.7	-4.2
化学纤维	万吨	77.4	-2.0
彩色电视机	万台	1286.6	27.2
家用冰箱	万台	124.2	11.8
房间空气调节器	万台	229.0	8.6
水泥	万吨	14117.1	-2.7
平板玻璃	万重量箱	6040.6	1.7
中成药	万吨	33.6	21.3
汽车	万辆	72.7	11.3
电力电缆	万千米	871.7	145.6
电子计算机整机	万台	9817.6	27.0
手机	万台	13137.2	-3.5

资料来源：《2021年四川省国民经济和社会发展统计公报》

全年规模以上工业企业实现营业收入52583.4亿元，比上年增长15.0%。盈亏相抵后实现利润总额4359.2亿元，增长34.3%。其中，国有控股工业企业实现利润1368.7亿元，增长27.5%；股份制企业3876.1亿元，增长37.5%；外商及港澳台商投资企业408.8亿元，增长17.3%。全年规模以上工业企业每百元营业收入中的成本为82.1元，比上年下降0.9元。年末规模以上工业企业资产负债率为55.1%，比上年末下降0.4个百分点。

全年建筑业增加值4662.4亿元，比上年增长1.7%。年末具有资质等级的施工总承包和专业承包建筑业企业8451个，实现利润总额502.5亿元，增长0.9%。房屋建筑施工面积72351.8万平方米，增长6.9%；房屋建筑竣工面积23250.8万平方米，增长3.0%，其中住宅竣工面积16532.9万平方米，增长0.7%。

（五）固定资产投资

全年全社会固定资产投资比上年增长 10.1%。

分产业看，第一产业投资比上年增长 20.6%；第二产业投资增长 9.9%，其中工业投资增长 9.7%；第三产业投资增长 9.6%。全年制造业高技术产业投资增长 8.9%。

分经济区看，成都平原经济区全社会固定资产投资比上年增长 10.6%，其中环成都经济圈增长 11.4%；川南经济区增长 11.4%；川东北经济区增长 7.3%；攀西经济区增长 12.2%；川西北生态示范区增长 10.7%。

全年房地产开发投资比上年增长 7.1%。商品房施工面积 54248.7 万平方米，增长 6.9%；商品房销售面积 13692.9 万平方米，增长 3.3%；商品房竣工面积 4379.3 万平方米，下降 3.7%。

（六）国内贸易

全年社会消费品零售总额 24133.2 亿元，比上年增长 15.9%。

按经营地分，城镇消费品零售额 19816.2 亿元，比上年增长 15.6%；乡村消费品零售额 4317.1 亿元，增长 17.1%。按消费类型分，商品零售额 20783.6 亿元，增长 13.3%；餐饮收入 3349.6 亿元，增长 34.9%。全年通过互联网实现的实物商品零售额 2503.9 亿元，比上年增长 11.6%，占社会消费品零售总额的比重为 10.4%。

从限额以上企业（单位）主要商品零售额看，粮油、食品、饮料、烟酒类比上年增长 18.6%，服装、鞋帽、针纺织品类增长 16.4%，日用品类增长 6.0%，化妆品类增长 16.4%，家用电器和音像器材类增长 15.3%，中西药品类增长 16.6%，建筑及装潢材料类增长 33.0%，汽车类增长 10.0%，石油及制品类增长 22.8%。

（七）对外经济

全省新设外商投资企业（机构）882 家，比上年增长 4.8%；累计设立 14708 家；全年实际利用外资 115.4 亿美元，比上年增长 14.7%，其中外商直接投资 33.6 亿美元，增长 32.0%。

截至 2021 年，在川落户世界 500 强达到 377 家。其中，境外世界 500 强累计达到 256 家。已获批准在川设立领事机构的国家已达 21 个。

全年对外承包工程新签合同金额 90.4 亿美元，比上年增长 45.0%；完成营业额 64.7 亿美元，增长 25.0%。新增境外投资企业 80 家，境外投资企业累计 1299 家。

全年实际到位国内省外资金 1.2 万亿元，增长 7.9%。

全年进出口总额 9513.6 亿元，比上年增长 17.6%。其中，出口额 5708.7 亿元，增长 22.7%；进口额 3804.9 亿元，增长 10.8%。

以美元计价，全年实现货物贸易进出口总额 1473.2 亿美元，增长 26.0%。其中，出口额 884.1 亿美元，增长 31.5%；进口额 589.1 亿美元，增长 18.6%。

全年以加工贸易方式进出口 5107.5 亿元，比上年下降 0.4%，占全省进出口总额的 53.7%；以一般贸易方式进出口 2366.0 亿元，增长 40.6%，占全省进出口总额的 24.9%。

（八）交通、通信和邮电

全年通过公路、铁路、民航和水路等运输方式完成货物周转量 2940.8 亿吨千米，比上年增长 7.5%；完成旅客周转量 1303.3 亿人千米，增长 8.3%。年末高速公路建成里程 8608 千米；内河港口年集装箱吞吐能力 250 万标箱。

表 2-3　　　　　2021 年公路、铁路、航空和水路运输方式完成运输量

指标	单位	绝对数	比上年增长（%）
货物周转量	亿吨千米	2940.8	7.5
公路	亿吨千米	1789.8	10.6
铁路	亿吨千米	871.8	7.5
民航	亿吨千米	14.5	13.0
水路	亿吨千米	264.2	−9.3
旅客周转量	亿人千米	1303.3	8.6
公路	亿人千米	270.3	−6.7
铁路	亿人千米	310.2	22.2
民航	亿人千米	721.7	9.7
水路	亿人千米	1.0	−6.1

资料来源：《2021 年四川省国民经济和社会发展统计公报》

年末民用汽车拥有量 1382 万辆，比上年末增长 7.0%。其中私人汽车 1218 万辆，增长 6.8%。

全年邮政业务总量 374.2 亿元（按 2020 年不变单价），增长 19.2%；电信业务总量 936.8 亿元（按 2020 年不变单价），增长 30.1%。年末固定电话用户 1918.6 万户，移动电话用户 9338.9 万户。固定电话普及率 22.9 部 / 百人，移动电话普及率 111.6 部 / 百人。固定互联网用户 3220.9 万户，移动互联网用户 7990.8 万户，长途光缆线路长度 12.6 万千米，本地网中继光缆线路长度 151.3 万千米。

（九）财政和金融

全年地方一般公共预算收入 4773.3 亿元，比上年增长 12.0%，其中税收收入 3334.8 亿元，增长 12.4%。一般公共预算支出 11215.6 亿元，增长 9.0%。

年末金融机构人民币各项存款余额 98645.1 亿元，比上年末增长 9.2%。其中，住户存款余额 54849.2 亿元，增长 11.3%。人民币各项贷款余额 78963.9 亿元，增长 13.6%。其中，住户贷款余额 26772.6 亿元，增长 13.8%。

年末共有保险公司 102 家，按业务性质分，有产险公司 44 家、寿险公司 48 家、养老险公司 5 家和健康险公司 5 家；按资本国别属性分，有中资公司 73 家，外资公司 29 家。全年原保险保费收入 2204.9 亿元，比上年增长 3.1%。其中，财产险公司原保险保费收入 654.0 亿元，人身险公司原保险保费收入 1550.9 亿元。全年支付各项赔款和给付 793.0 亿元，增长 17.4%。其中，财产险（公司）赔款支出 422.6 亿元，增长 15.9%；人身险（公司）赔付支出 370.4 亿元，增长 19.2%。

年末有证券公司 4 家、期货公司 3 家、证券公司分公司 70 家、基金公司 1 家（筹建中），基金公司分公司 14 家、证券投资咨询公司 3 家、证券公司营业部 415 家、期货公司营业部 30 家，证券开户数 3286.9 万户，比上年末增长 22.6%。全年证券交易额 213860.6 亿元，比上年增长 18.1%。

（十）教育和科学技术

年末共有各级各类学校 2.4 万所，在校生 1627.1 万人（不含非学历教育注册学生及电大开放教育学生），教职工 123.4 万人，其中专任教师 99.2 万人。

年末共有普通小学 5443 所，招生 89.6 万人，在校生 549.0 万人。普通初中 3522 所，招生 93.2 万人，在校生 279.8 万人。普通高中 806 所，招生

49.0 万人，在校生 143.8 万人。特殊教育学校 135 所，招生 0.3 万人，在校生（含附设特教班）1.7 万人。中等职业教育学校（含技工学校）482 所，招生 42.2 万人，在校生 102.7 万人。职业技术培训机构 2986 个，职业技术培训注册学员 105.0 万人次。

年末共有普通高校 134 所。全年普通本（专）科招生 60.4 万人，增长 2.4%；在校生 192.1 万人，增长 6.7%；毕业生 45.2 万人，增长 4.3%。研究生培养单位 36 个，招收研究生 5.1 万人，在校生 14.7 万人，毕业生 3.6 万人。成人高等学校 13 所，成人本（专）科在校生 38.14 万人；参加学历教育自学考试 55.9 万人次。

全年高新技术产业实现营业收入 2.4 万亿元，比上年增长 19.4%。年末省级工程技术研究中心 375 个。PCT 专利申请 640 件；专利授权 146937 件，其中发明专利授权 19337 件；拥有有效发明专利 87186 件，商标申请 353261 件，商标注册 282109 件；行政机关立案处理专利案件 5534 件，审理结案 5477 件，结案率 99.0%；专利新增实施项目 13718 项，新增产值 2387.1 亿元；专利质押融资金额 38.7 亿元。

年末有高新技术企业 10210 家，国家级高新技术产业开发区 8 个，省级高新技术产业园区 19 个；国家级农业科技园区 11 个；国家级科技企业孵化器 40 个、省级科技企业孵化器 135 个；国家级大学科技园 7 个，省级大学科技园 12 个；国家级众创空间 75 个（其中专业化示范众创空间 2 个），省级众创空间 163 个；国家级星创天地 96 个；国家级国际科技合作基地 22 个，省级国际科技合作基地 64 个。全年共登记技术合同 18497 项，技术合同认定登记额 1396.7 亿元。完成省级科技成果登记 2338 项。

（十一）文化、卫生和体育

年末全省文化系统内艺术表演团体 49 个，艺术表演场所 35 个，公共图书馆 207 个，文化馆 206 个，美术馆 58 个，综合文化站 4089 个。国家级文化产业示范（试验）园区 1 个，国家级文化和科技融合示范基地 2 个，国家文化消费试点城市 5 个，国家级动漫游戏基地 1 个，国家级文化产业示范基地 15 个，省级文化产业示范园区 11 个，省级文化产业试验园区 5 个，省级文化产业示范基地 59 个。

年末共有博物馆 263 个，文物保护管理机构 175 个，全国重点文物保护单位 262 处，省级文物保护单位 1215 处；世界文化遗产 1 处，世界文化和自然遗产 1 处，列入中国传统村落名录的传统村落 333 个，公布为四川省级传统村落的有 1046 个。国家级非物质文化遗产名录 153 项，省级非物质文化遗产名录 611 项。

年末广播电视台 172 座，中短波转播发射台 51 座，广播综合人口覆盖率 99.2%，电视综合人口覆盖率 99.6%，有线广播电视实际用户 968.9 万户。

全年出版地方报纸 78 种，出版量 98318 万份；出版期刊 354 种，出版量 5084.5 万册；出版图书 14680 种，出版量 39721 万册；录像制品 88 种，电子出版物 658 种。

年末全省医疗卫生机构 80249 个，其中医院 2481 个（民营医院 1797 个），基层医疗卫生机构 76875 个；医疗卫生机构床位 66.1 万张，卫生技术人员 67.4 万人，其中执业医师 21.0 万人，执业助理医师 4.1 万人，注册护士 30.7 万人。妇幼保健机构 202 个，执业医师和执业助理医师 0.9 万人，注册护士 1.3 万人；乡镇卫生院 3661 个，执业医师和执业助理医师 3.8 万人，注册护士 3.4 万人。

全年医疗机构总诊疗人次 54647.2 万人次，其中医院 23356.3 万人次（民营医院 3899.8 万人次），基层医疗机构 29211.8 万人次；出院 1856.7 万人，其中医院 1352.8 万人（民营医院 322.7 万人），基层医疗机构 447.9 万人；县域内住院率 95.9%。

孕产妇死亡率、婴儿死亡率和 5 岁以下儿童死亡率持续下降，分别降至 13.65/10 万、4.70‰、6.96‰。

全年新增省级卫生城市（县城）3 个，农村卫生厕所普及率 87.0%。

全年体育彩票销售额 124.2 亿元，共筹集公益金 31.7 亿元。年末国家级高水平后备人才基地 18 个，省级高水平后备人才基地 27 个；四川省幼儿体育基地 50 个；国家级青少年体育俱乐部 264 个。实施体育"十项惠民行动"，新建农民体育健身工程 1273 个。

（十二）环境保护和应急管理

2021 年，全省优良天数比例为 89.5%，比上年降低 1.2 个百分点，重点

城市 $PM_{2.5}$ 平均浓度 35.9 微克／米^3，比上年上升 2.3%。全省 203 个国家考核断面中水质优良断面 195 个，占比 96.1%，无 V 类和劣 V 类水质断面。32 个出川断面中有 31 个断面水质达到优良标准。全省地级及以上集中式饮用水水源地水质优良率为 100%。

全省统筹财政资金 2.5 亿元开展生态环保项目财政贴息，筹备首届全省节能环保产业和环保基础设施招商会，预计签约投资项目 698 亿元，融资项目 803 亿元。协调农行、农发行新增审批绿色信贷 318 亿元，落实第一批专项债券、一般债券 87 亿元投入用于环保基础设施建设。全省共办理环境违法案件 4644 件，办结 5948 个第二轮中央督察信访举报件；完成 6717 个建设项目环评审批，涉及投资额 1.5 万亿元；纳入固定污染源排污许可管理 12.6 万余家，审批危险废物经营许可 44 家，危险废物利用处置能力 380.3 万吨／年。全年组织综合性环境应急演练 1700 余次，妥善处置突发环境事件 9 起。

全省推进 6 个钢铁行业超低排放改造项目有序实施，指导 19 家水泥企业 22 条水泥生产线、14 家砖瓦企业完成超低排放改造。累计淘汰县级城市燃煤小锅炉 700 余台，动态清理整治"散乱污"企业 1200 余家。全省实施大气重点减排项目 286 个，新增燃煤机组超低排放改造 210 万千瓦，累计完成水泥行业深度治理 56 家。实施 1000 个农村生活污水治理"千村示范工程"建设，完成 1040 个行政村农村环境整治。实施四川省全域地下水环境调查评估与能力建设项目，建立地下水"双源"清单 16701 个，建成地下水环境监测井 2864 口。纳入全省强制性清洁生产企业 366 家，对 19 条重点小流域实施挂牌整治，完成 14 座磷石膏库整治。年末全省自然保护区 165 个，面积 8.03 万平方千米，占全省土地面积的 16.5%。全省共建成国家生态文明建设示范县 22 个，"绿水青山就是金山银山"实践创新基地 6 个。

全年全省启动应急响应 16 次。其中，Ⅱ级地震应急响应 1 次，Ⅱ级救助应急响应 1 次，Ⅲ级救助应急响应 1 次，Ⅲ级防汛应急响应 3 次，Ⅳ级防汛应急响应 10 次。

全年农作物受灾面积 26.6 万公顷，其中绝收面积 4.2 万公顷。因洪涝和地质灾害造成直接经济损失 217.5 亿元，因地震灾害造成直接经济损失 25.2 亿元，因干旱和风雹灾害造成直接经济损失 5.7 亿元。

全年发生各类生产安全事故 1160 起、死亡 1142 人，受伤人数 610 人，事故起数、死亡人数、受伤人数分别比上年下降 11.2%、9.0% 和 6.3%，没有发生重特大生产安全事故。全年亿元地区生产总值生产安全事故死亡人数 0.0212 人，下降 18.5%；工矿商贸十万从业人员生产安全事故死亡人数 1.926 人，上升 13.6%；道路交通万车死亡人数 0.3287 人，下降 1.7%；煤炭生产百万吨死亡人数 0.299 人，下降 18.5%。

（十三）人口

年末常住人口 8372 万人，比上年末增加 1 万人，其中城镇人口 4840.7 万人，乡村人口 3531.3 万人。常住人口城镇化率 57.8%，比上年末提高 1.1 个百分点。年末全省户籍人口 9094.5 万人，比上年末增加 12.9 万人。

（十四）人民生活和社会保障

全年全体居民人均可支配收入 29080 元，比上年增长 9.6%。

按常住地分，城镇居民人均可支配收入 41444 元，比上年增加 3191 元，比上年增长 8.3%。其中，工资性收入 23934 元，增长 9.0%；经营净收入 4799 元，增长 10.7%；财产净收入 3322 元，增长 8.6%；转移净收入 9389 元，增长 5.4%。城镇居民人均消费支出 26971 元，比上年增长 7.3%。其中，食品烟酒支出增长 5.8%，衣着支出增长 9.4%，交通通信支出增长 15.7%，教育文化娱乐增长 13.5%。城镇居民恩格尔系数 34.3%。

农村居民人均可支配收入 17575 元，比上年增加 1646 元，比上年增长 10.3%。其中，工资性收入 5514 元，增长 10.8%；经营净收入 6651 元，增长 8.1%；财产净收入 587 元，增长 15.0%；转移净收入 4823 元，增长 12.5%。农村居民人均消费支出 16444 元，比上年增长 10.0%。其中，食品烟酒支出增长 9.0%，生活用品和服务支出增长 18.7%，教育文化娱乐支出增长 15.0%，医疗保健消费支出增长 13.8%。农村居民恩格尔系数 36.3%。

年末参加城镇职工基本养老保险人数 3178.5 万人，参加城乡居民基本养老保险人数 3181.1 万人，参加基本医疗保险人数 8586.2 万人，参加失业保险人数（不含失地农民）1128.9 万人，参加工伤保险人数 1472.1 万人，参加生育保险人数 1201.7 万人。

全年纳入城市低保人数 58.9 万人，农村低保人数 359.6 万人，城乡最低生活保障标准低限分别为 695 元 / 月、514 元 / 月，比上年分别提高 82 元 / 月、80 元 / 月。城乡特困人员 45.5 万人。年末社区服务机构和设施 14067 个。

（十五）民族自治地方经济

2021 年，民族自治地方（包括阿坝藏族羌族自治州、甘孜藏族自治州、凉山彝族自治州和北川羌族自治县、峨边彝族自治县、马边彝族自治县）全年实现地区生产总值 3006.8 亿元，比上年增长 7.3%。其中，第一产业增加值 636.4 亿元，增长 6.7%；第二产业增加值 950.2 亿元，增长 8.1%；第三产业增加值 1420.2 亿元，增长 7.0%。三次产业结构调整为 21.2 ：31.6 ：47.2。

全年实现工业增加值 795.1 亿元，比上年增长 9.2%；全社会固定资产投资比上年增长 12.2%；社会消费品零售总额 1089.3 亿元，比上年增长 12.7%。全年农村居民人均可支配收入 16541 元，比上年增长 10.3%；城镇居民人均可支配收入 38090 元，比上年增长 8.2%。

第二节　四川省生态环境保护现状

2020 年，面对新冠肺炎疫情的严重冲击，在省委省政府的坚强领导下，各地各部门深入学习贯彻习近平生态文明思想，全面落实党中央国务院和省委省政府各项决策部署，统筹推进疫情防控、社会经济发展和生态环境保护，全力打好污染防治攻坚战，切实解决生态环境突出问题，全省生态环境质量持续改善，生态环境保护取得新进展。全面完成"十三五"生态环境考核 8 项约束性指标、单位地区生产总值二氧化碳排放强度指标，四川省荣获中央 2019 年度污染防治攻坚战成效考核优秀等次。

一、概况

（一）认真学习两山理论，推进美丽四川建设

深入学习贯彻习近平生态文明思想，坚决扛起新时代生态文明建设政治责任。省委、省政府坚持把生态文明建设和生态环境保护摆在重要位置，严格执行依法决策制度，持续加大推进工作力度，切实肩负起维护国家生态安全的重大责任。省委十一届七次、八次全会研究推动成渝地区双城经济圈建设、四川省"十四五"规划和 2035 年远景目标时，对加强生态环境保护、深化生态文明建设作出系统安排部署。多次召开省委常委会、省政府常务会，传达学习习近平总书记关于生态文明建设重要指示批示精神，研究部署全省生态文明建设和生态环境保护工作。成立由省委、省政府主要负责同志任双主任的省生态环境保护委员会，加强对全省生态文明建设和生态环境保护的组织领导，设立绿色发展、生态保护与修复、污染防治、农业农村污染防治4 个专项工作委员会，协调解决实际工作中存在的问题和困难。省委主要负责同志主持召开省生态环境保护委员会全体会议、省总河长全体会议研究相关工作，多次对中央生态环境保护督察和长江经济带生态环境问题整改作出安排部署、提出明确要求，撰写署名文章《筑牢长江上游生态屏障、谱写美丽中国四川篇章》在《学习时报》发表；省政府主要负责同志组织研究长江流域禁捕退捕、长江经济带生态环境警示片披露问题整改和节能减排应对气候变化等工作，具体协调推进落实。印发《关于构建现代环境治理体系的实施意见》，有力提升全省生态环境治理能力水平。将生态环境保护工作纳入省委、省政府综合目标绩效考核并赋予较高权重，同时纳入党政同责考核，严格考核结果运用，连续 3 年对党政同责考核排名靠后的 3 个市（州）进行约谈，进一步压紧压实地方责任，确保生态文明建设决策部署落地落实。

（二）加强大气污染防治，坚决打赢蓝天保卫战

强化城乡面源污染防治。开展臭氧污染防控攻坚，严控城市"五烧"（烧落叶、烧垃圾、烧秸秆、熏腊肉、燃放烟花爆竹），强化工地扬尘管控，城市建成区机械化清扫率超 72%。修订重污染天气应急预案，完善应急减排清单，纳入管控企业 1.9 万家，编制"一厂一策"方案 1168 家。推动降碳减污协同增效，全省二氧化碳排放总量（含土地利用变化和利用）总体稳定在 3 亿吨左右，人均碳排放量为 3.2 吨。推动川渝地区大气污染联防联控，开展毗邻地区交叉执法检查。

加快产业结构调整和能源结构优化。加快推动燃煤小锅炉淘汰，除阿坝州等不具备煤改电、煤改气条件的民族地区外，其余市（州）全部完成县级及以上建成区燃煤小锅炉淘汰。累积完成火电超低排放改造 690 万千瓦、水泥行业深度治理 33 家 45 条生产线，淘汰燃煤小锅炉 547 台，累积压减粗钢产能 497 万吨、炼铁产能 227 万吨，淘汰退出水泥产能 186 万吨，开展挥发性有机物重点治理项目 230 个，清洁能源消费占比达 53.7%，煤炭消费总量减少到 6000 万吨，煤炭消费占一次能源消费比重下降到 28.3%。

加快交通运输结构调整。实施运输结构调整三年行动计划，重点引导中长距离货物运输向公铁、公水和公铁空等联运方式转变，实施新车国Ⅵ排放标准，累计核查柴油车和非道路移动机械 1600 余辆（台），全面落实机动车排放检验与维护（I/M）制度，完成非道路移动机械编码登记 10.2 万余台。推广新能源公交车 759 辆、新能源出租车 2637 辆。深入实施公交优先战略，在营运公交车辆总数达 3.4 万辆，居全国前列，其中新能源汽车占比达 35%。

（三）加强重点流域防治，着力打好碧水保卫战

狠抓重点流域攻坚。大力实施沱江、岷江、涪江、渠江流域水生态环境综合治理，划定省级以上水功能区 559 个，划定县级河流水功能区 137 条，完成 134 家省级以上工业园区污水处理设施建设和 105 个地级及以上城市建成区黑臭水体整治，23 条重点小流域挂牌整治全部达到年度工作目标；清理整改小水电 5131 座。推进长江"三磷"专项排查整治，完成 92 家企业存在的 99 个问题整治。推进建立完善赤水河、沱江、岷江和嘉陵江等流域横向生态保护补偿机制。加强城镇集中式饮用水水源地水质监管，完成农村集中式饮用水水源保护区划定，农村饮水安全受益人口达 2766 万人。

全面落实河湖长制。省委、省政府主要领导担任总河长，24 名省领导担任主要河（湖）的河（湖）长，带头巡河巡湖。设立省、市、县、乡、村五级河湖长 5 万余人，全省 7415 条河流、7817 座水库、2458 条常年流水渠道和 12 个湿地、29 个重要天然湖泊全部纳入河湖长制管理，全省 5 万余名河湖长巡河巡湖 50 万余次。

积极创建"绿色港口"，坚决打击偷排直排行为。全省 17 个市（州）全部完成港口和船舶污染物接收、转运、处置设施建设方案评估修订及建设任务，完成长江主要支流 380 座非法码头整治，全省 32 个经营性码头环保手续齐备，环保设施全面建成并投入使用，建成岸电系统 48 套。加强船舶污染防治，加快淘汰更新老旧高排放港作机械和老旧船舶、排放不达标船舶，全省 697 艘 400 总吨及以上船舶生活污水收集处理装置完成并投入使用。

（四）加强固体废物监管，妥善处置疫情医废

制定疫情医废应急保障措施，解决部分市（州）医废处置高负荷和超负荷问题；开展医疗废物专项排查整治，系统排查医疗卫生机构 16825 家，全年累计处置医废 6.45 万吨，其中涉疫情医废 0.39 万吨，未发生二次污染。

强化"一废一库一品"监管。开展全省危险废物专项整治三年行动，共排查化工园区和企业 1324 家，排查发现问题 1208 个；完成"清废行动"第八批 97 个疑似问题点位核查和 68 个问题点位整改，16 个长江经济带固废领域环境问题完成整改销号 15 个；集中抽查排查，抽查重点化工企业 27 家，发现隐患问题 126 个；开展 7 大重点行业 655 家企业化学物质环境信息调查试点，审核上报企业数据 484 家。

（五）加强农村环境整治，推进土壤污染防治

加强农村环境整治。完成 1845 个行政村环境整治和非正规垃圾堆放点整治 1618 处，排查整治农村黑臭水体 298 条、铁路沿线环境安全隐患问题 12819 个，全省 58.37% 的行政村（含涉农社区）生活污水得到有效治理，建制镇污水处理率 51.6%，91.9% 的行政村生活垃圾得到治理，农村卫生厕所普及率 86%、农膜回收率 80%、秸秆综合利用率 91%。畜禽粪污综合利用率 75% 以上，规模以上养殖场粪污处理设施装备配套率 95% 以上。全年投入生态扶贫专项资金约 4.43 亿元，以实地考核和集中考核均为满分的成绩通过年度脱贫攻坚成效考核。

多措并举推进水土保持监管。全年检查生产建设项目 7852 个，其中省级 116 个、市级 939 个、县级 6797 个；查处违法案件 171 起，罚款 490 万元，依法依规认定"重点关注名单"28 个，征收补偿费 8.13 亿元。

（六）加强生态保护，促进人与自然和谐共生

创新川西北生态示范区建设水平评价考核工作。按照"一干多支、五区协同"要求，制定了《川西北生态示范区建设水平评价指标体系》和《川西北生态示范区建设水平评价考核办法》，启动了阿坝州、甘孜州及所辖 31 个县（市）生态示范区建设水平评价考核，考评结果纳入省委、省政府对市（州）

生态环境保护党政同责目标考核。

高质量推进生态文明示范创建。35 个县（市、区）编制了国家生态文明建设示范县规划，邛崃市、盐亭县、仪陇县、九寨沟县和峨眉山市被命名为第四批国家生态文明建设示范县，平昌县被命名为第四批"绿水青山就是金山银山"实践创新基地。全省已累计建成国家生态文明建设示范县 14 个、"绿水青山就是金山银山"实践创新基地 4 个。

严格依法监督推进生态环境问题整改。按照生态优先、应划尽划、应保尽保原则，对全省生态保护红线和自然保护地进行充分论证和评估调整。上一轮中央生态环保督察发现的自然保护区内 1252 个问题全部完成整改，其中整治矿业权 334 宗，全部关闭退出；整治水电站 309 座，退出 162 座。组织开展"绿盾 2020"专项行动，对卫星遥感发现的问题加强调度和整改，整改完成率 94‰组织开展 25 个自然保护区保护成效评估试点。全面启动长江流域重点水域"十年禁渔"。

二、大气环境

（一）城市空气

全省 21 个市（州）政府所在地城市环境空气质量按《环境空气质量标准》（GB3095—2012）评价，平均优良天数率为 90.8%，同比提高 1.7 个百分点，较"十三五"初期提高 5.6 个百分点。重污染天数平均为 0.6 天，同比减少 0.2 天。

全省环境空气质量达标城市新增 3 个，总数达到 14 个，分别是攀枝花市、绵阳市、广元市、遂宁市、内江市、乐山市、广安市、巴中市、雅安市、眉山市、资阳市、阿坝州、甘孜州、凉山州。

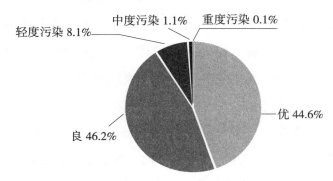

图 2-1　2020 年城市环境 AQI 占比

二氧化硫（SO_2）

全省 21 个市（州）政府所在地城市二氧化硫（SO_2）年均浓度为 8 微克 / 米 ^{3}，同比下降 11.1%。21 个城市均达到二级标准，其中年均浓度达到一级标准的城市占 95.2%；达到二级标准的城市占 4.8%。

二氧化氮（NO_2）

全省 21 个市（州）政府所在地城市二氧化氮（NO_2）年均浓度为 25 微克 / 米 ^{3}，同比下降 10.7%，21 个城市均达标。

可吸入颗粒物（PM_{10}）

全省 21 个市（州）政府所在地城市可吸入颗粒物（PM_{10}）年均浓度为 49 微克 / 米 ^{3}，同比下降 7.5%，21 个城市均达标。

细颗粒物（$PM_{2.5}$）

全省 21 个市（州）政府所在地城市细颗粒物（$PM_{2.5}$）年均浓度为 31 微克 / 米 ^{3}，同比下降 8.8%。14 个城市均达标，占 66.7%，成都市、自贡市、泸州市、德阳市、南充市、宜宾市、达州市 7 个城市超标，占 33.3%，超标倍数为 0.06~0.23 倍。

一氧化碳（CO）

全省 21 个市（州）政府所在地城市一氧化碳（CO）日均值第 95 百分位浓度为 1.1 毫克 / 米 ^{3}，同比持平。21 个城市均达标。

臭氧（O_3）

全省 21 个市（州）政府所在地城市臭氧（O_3）日最大 8 小时值第 90 百分位浓度为 135 微克 / 米 ^{3}，同比上升 0.7%。仅成都市超标，占 4.8%，超标倍数为 0.06；其余 20 个城市均达标。

成都平原地区。8 个市环境空气质量总优良率为 87.5% 其中优为 38.2%、良为 49.3% 二氧化硫、二氧化氮、可吸入颗粒物、细颗粒物、一氧化碳（第 95 百分位数）、臭氧（第 90 百分位数）年平均浓度分别为 7 微克 / 米 ^{3}、27 微克 / 米 ^{3}、53 微克 / 米 ^{3}、33 微克 / 米 ^{3}、1.0 毫克 / 米 ^{3}、149 微克 / 米 ^{3}，同比，二氧化硫年平均浓度无变化，工氧化氮、一氧化碳、可吸入颗粒物、细颗粒物年平均浓度分别降低了 10%、9.1%、7%、10.8%，臭氧年平均浓度上升 4.9%。

川南地区。川南 4 个市环境空气质量总优良率为 85.7% 其中优为

32.7%、良为 53% 二氧化硫、二氧化氮、可吸入颗粒物、细颗粒物、一氧化碳（第 95 百分位数）、臭氧（第 90 百分位数）年平均浓度分别为 8 微克 / 米^3、26 微克 / 米^3、54 微克 / 米^3、39 微克 / 米^3、1.0 毫克 / 米^3、147 微克 / 米^3，同比，臭氧年平均浓度无变化，二氧化硫、二氧化氮、一氧化碳、可吸入颗粒物、细颗粒物年平均浓度分别降低了 11.1%、7.1%、9.1%、6.9%、7.1%。

川东北地区。川东北 5 个市环境空气质量总优良率为 93.5% 其中优为 46%、良为 47.5%；二氧化硫、二氧化氮、可吸入颗粒物、细颗粒物、一氧化碳（第 95 百分位数）、臭氧（第 90 百分位数）年平均浓度分别为 7 微克 / 米^3、26 微克 / 米^3、51 微克 / 米^3、32 微克 / 米^3、1.0 毫克 / 米^3、121 微克 / 米^3；同比，二氧化硫年平均浓度无变化，二氧化氮、一氧化碳、可吸入颗粒物、细颗粒物年平均浓度分别降低了 13.3%、23.19%、13.6%、11.1%，臭氧年平均浓度上升 0.8%。

（二）农村空气

全省 10 个农村区域空气自动站分布于成都平原、川东北区域，反映了成都、德阳、绵阳、广元、南充、雅安、遂宁 7 个市的农村区域环境空气质量状况，监测项目为二氧化硫、二氧化氮、可吸入颗粒物、细颗粒物、一氧化碳、臭氧。

7 个市农村区域环境空气质量较好，全省总优良率为 93.2%，其中优为 54.2%、良为 39.0%。三氧化硫、二氧化氮、可吸入颗粒物、细颗粒物、一氧化碳（第 95 百分位数）、臭氧（第 90 百分位数）年平均浓度分别为 7 微克 / 米^3、14 微克 / 米^3、40 微克 / 米^3、23 微克 / 米^3、0.9 毫克 / 米^3、123 微克 / 米^3，同比，二氧化硫年平均浓度无变化，二氧化氮、一氧化碳、可吸入颗粒物、细颗粒物年平均浓度分别降低了 12.5%、10%、11.1%、11.5%，臭氧年平均浓度升高 11.8%。

（三）酸雨

2020 年，全省酸雨状况保持不变。21 个市（州）城市的降水 pH 年均值范围为 5.36（绵阳）7.53（遂宁）。降水 pH 均值为 6.06，酸雨 pH 均值为 5.140 同比降水 pH 年均值、酸雨 pH 年均值分别上升 0.09、0.12，降水酸度和酸雨酸度基本持平。酸雨发生频率为 6.9%，同比下降 0.3 个百分点。酸雨量占总雨量比例为 7.12，同比上升 0.25 个百分点。酸雨城市比例为 9.5%，同比不变。

酸雨主要集中在川南经济区的泸州，成都经济区的绵阳；川东北经济区、攀西经济区、川西北生态示范区未受到酸雨污染。

三、水环境

（一）江河水质

1. 六大水系

长江干流（四川段）、黄河干流（四川段）、金沙江、嘉陵江水系优良比例 100%，岷江和沱江水系优良水质断面占比分别为 94.9%、86.1%。

153 个国省控监测断面中，优良水质断面 146 个，占 95.4%；Ⅳ类水质断面 7 个，占 4.6%；无Ⅴ类、劣Ⅴ类水质断面。主要污染指标为化学需氧量、总磷、高锰酸盐指数。

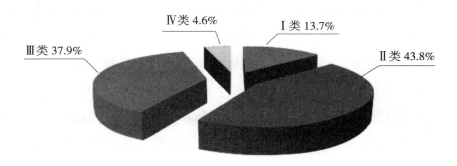

图 2-2　2020 年四川省河流水质类别比例

2. 入川断面

14 个入川断面水质均为优良。金沙江的龙洞（云南入川）、嘉陵江的八庙沟（陕西入川）为Ⅰ类水质；金沙江的葫芦口（云南入川）和兰块石（云南入川）、横江的横江桥（云南入川）、南广河的洛亥（云南入川）、赤水河的鲢鱼溪（贵州入川）、习水河的长沙（贵州入川）、白龙江的姚渡（甘肃入川）、前河的土壁寨（重庆入川）、任河的水寨子（重庆入川）为Ⅱ类水质；濑溪河的高洞电站（重庆入川）、任市河的联盟桥（重庆入川）、铜钵河的上河坝（重庆入川）为Ⅲ类水质。

3. 出川断面

13 个出川断面水质均为优良。泸沽湖湖心（凉山入云南）为Ⅰ类水质；金沙江的岗托桥（甘孜入西藏）、贺龙桥（甘孜入云南）、大湾子（攀枝花入云南）、蒙姑（凉山入云南）、长江的朱沱（泸州入重庆）、御临河的幺滩（广安入重庆）、嘉陵江的金子（广安入重庆）、渠江的码头（广安入重庆）、浩江的玉溪（遂宁入重庆）、黄河的玛曲（阿坝、青海、甘肃交界）为Ⅱ类水质；大洪河的黎家乡崔家岩（广安入重庆）、琼江的光辉（遂宁入重庆）为Ⅲ类水质。

（二）主要水系

1. 长江干流（四川段）

总体水质优。干流 5 个断面（4 个国考断面）均为Ⅱ类水质，支流 7 个断面（5 个国考断面）均为Ⅱ~Ⅲ类水质。

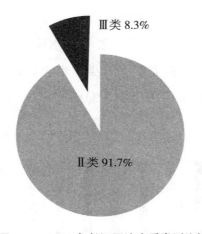

图 2-3　2020 年长江干流水质类别比例

2. 黄河干流（四川段）

总体水质优。2 个断面（1 个国考断面）均为Ⅱ类水质。

3. 金沙江水系

总体水质优。干流 10 个断面（6 个国考断面）、支流 6 个断面（4 个国考断面）均为Ⅰ~Ⅱ类水质。

4. 岷江水系

总体水质优。干流水质优，13 个断面（7 个国考断面）均为Ⅰ~Ⅲ

类，优良水质断面占 100%。支流水质优，26 个断面中，优良水质断面占 92.3%；17 条支流中茫溪河、体泉河受到轻度污染，其余河流水质优良；主要污染指标为总磷。

5. 沱江水系

总体水质良好。干流水质优，14 个断面（有 7 个国考断面）均为Ⅲ类，占 100%。支流水质为良好，22 个断面中，优良水质断面占 77.3%，15 条支流中，阳化河、旭水河、釜溪河受到轻度污染，其余河流水质优良；主要污染指标为化学需氧量、总磷、高锰酸盐指数。

6. 嘉陵江水系

总体水质优。干流水质优，9 个断面（有 5 个国考断面）均Ⅰ～Ⅱ类水质。支流水质优，39 个断面均为Ⅰ～Ⅲ类；21 条支流水质优良。

（三）湖库水质

13 个湖库中，泸沽湖（1 个国考断面）为Ⅰ类，邛海（1 个国考断面）、二滩水库、黑龙滩水库、瀑布沟、紫坪铺水库、双溪水库、鲁班水库（1 个国考断面）、升钟水库、白龙湖为Ⅱ类，水质优；老鹰水库、三岔湖为Ⅲ类，水质良好；大洪湖为Ⅳ类，污染物为总磷。

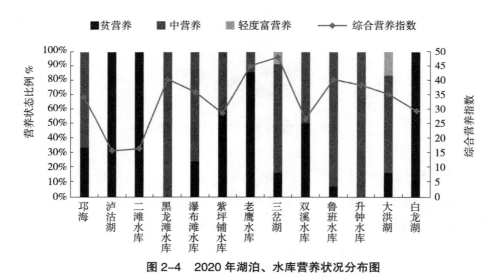

图 2-4 2020 年湖泊、水库营养状况分布图

13 个湖库中，12 个湖库粪大肠菌群均达到或好于Ⅲ类，泸沽湖未监测该指标。9 个湖库总氮达到或好于Ⅲ类水质标准，老鹰水库、双溪水库、升

钟水库受到总氮的轻度污染；大洪湖受到总氮的中度污染。

泸沽湖、工滩水库、紫坪铺水库、双溪水库、白龙湖为贫营养，邛海、黑龙滩水库、瀑布沟、老鹰水库、兰岔湖、鲁班水库、升钟水库、大洪湖为中营养。

（四）集中式饮用水水源地水质

1. 市级集中式饮用水水源地

全省21个市（州）政府所在地46个在用集中式饮用水水源地46个断面（点位）所测项目全部达标（达到或优于Ⅲ类标准），达标率100%。全年取水总量208841.7万吨，达标水量208841.7万吨，水质达标率100%。

2. 县级集中式饮用水水源地

21个市（州）145个县的217个县级集中式地表饮用水水源地开展了监测，总计监测断面（点位）220个（地表水型185个，地下水型35个），所有断面（点位）所测项目全部达标（达到或优于Ⅲ类标准），达标断面所占比例100.0%，取水总量140938.58万吨，达标水量140938.58万吨，水质达标100.0%。

3. 乡镇集中式饮用水水源地

全省21个市（州）169个县开展了乡镇集中式饮用水水源地水质监测，共监测2778个断面（点位），其中地表水型1884个（包括河流型1347个、湖库型537个），地下水894个。按实际开展的监测项目评价，全省乡镇集中式饮用水水源地断面达标率为93.6%。

4. 城市和农村饮水

全省监测的4485份城市水样合格率为92.37%，较2019年（91.25%）有所提升，其中，市政供水水样的总体合格率高于自建设施供水。

除南充市和兰州外，其他17市的合格率均达90%以上，其中成都市、攀枝花市、内江市、眉山市、巴中市、资阳市合格率达100%。南充市、阿坝州、甘孜州和凉山州合格率分别为83.24%、56.62%、68.17%和73.63%。

全省监测的18648份农村水样合格率为68.01%，较2019年（65.69%）有较大提升，其中，大型集中式供水水样的总体合格率高于小型集中式供水和分散式供水。

成都市合格率达 90% 以上，6 个市（德阳市、泸州市、宜宾市、乐山市、眉山市、广安市）合格率在 80%~90% 之间，11 个市（州）合格率在 60%~80% 之间，合格率低于 60% 的有南充市（50.80%）、阿坝州（35.57%）和凉山州（35.62%）。

四、声环境

全省 21 个市（州）城市区域和道路交通声环境昼间质量状况总体较好；城市功能区声环境质量昼间、夜间达标率有所上升。

（一）城市区域声环境

全省 21 个市（州）城市区域声环境昼间质量状况总体较好，昼间平均等效声级为 54.6dB（A），同比上升 0.5dB（A）。21 个城市中，昼间区域声环境质量状况属于较好的有 15 个，占 71.4%，属于一般的有 6 个，占 28.6%。

（二）城市道路交通声环境

全省 21 个市（州）城市道路交通声环境昼间质量状况总体较好。昼间长度加权平均等效声级为 68.4dB（A），同比上升 0.3dB（A），监测路段总长度为 1146.3 千米，达标路段占 72.9%。21 个城市中，昼间道路交通声环境质量状况属于好的城市有 12 个，占 57.19 问属于较好的有 4 个，占 19.0%；属于一般的有 5 个，占 23.8%。

（三）功能区声环境

2020 年全省各类功能区共监测 1328 点次，其中昼、夜间各 664 点次。各类功能区昼间达标 633 点次，达标率为 95.3%，同比上升 1 个百分点；夜间达标 532 点次，达标率为 80.1%，同比上升 1 个百分点。

五、土壤环境

（一）主要地块数据

根据四川省第二次全国土地调查主要数据成果公报，全省主要地类数据：全省耕地 672.0 万公顷、园地 76.7 万公顷、林地 2220.2 万公顷、草地 1223.2 万公顷、城镇村及工矿用地 142.3 万公顷、交通运输用地 31.3 万公顷、水域及水利设施用地 103.1 万公顷、其他土地 392.5 万公顷。

（二）土壤环境质量

2020 年，全省对 21 个饮用水源地周边的 61 个土壤监测点和 14 个畜禽养殖场周边 73 个风险监测点位进行监测，饮用水源地周边 36 个点综合评价结果 I 类点占 86.11%，II 类点占比 13.89%，畜禽养殖场周边 66 个点综合评价结果 I 类点占比 74.24%，II 类点占比 25.76%；全省 102 个土壤点综合评价结果 I 类点占比 78.43%，II 类点占 21.57%。

（三）耕地质量

截至 2020 年底，全省共布设耕地质量调查点 10000 个，耕地质量长期定位监测点 1010 个 02020 年全省国家级耕地质量监测点的有效监测结果表明：监测点耕地土壤有机质、全氮、有效磷含量处于 3 级（中）水平，分别为 24.7 克 / 千克、1.46 克 / 千克、17.3 毫克 / 千克，较 2018 年分别上升 0.4 克 / 千克、0.05 克 / 千克、-1.3 毫克 / 千克，升幅分别为 1.39%、3.9%、6.9%；土壤钾素含量处于 2 级（较高）水平，其中速效钾平均含量为 103 毫克 / 千克，缓效钾平均含量 314 毫克 / 千克，较 2018 年分别下降 16 毫克 / 千克、74 毫克 / 千克，降幅分别为 13.7%、19.2%。

2020 年，全省完成新增水土流失综合治理面积 5110 平方千米，减少水土流失量约 1100 万吨。其中水土保持重点工程投资 58149 万元，治理水土流失面积 843 平方千米，坡耕地改造 4326 公顷。

六、自然生态

2020 年全省生态环境状况为"良"，生态环境状况指数为 71.3，同比下降 0.6。生态环境状况二级指标中，生物丰度指数、植被覆盖指数、水网密度指数、土地胁迫指数和污染负荷指数分别为 63.7、86.7、32.6、83.2 和 99.8，同比上升 -0.1、-1.2、-1.7、0.1 和 0。

（一）市域生态环境状况

21 个市（州）的生态环境质量为"优"和"良"，生态环境状况指数值（EI 值）介于 60.6~83.6 之间。其中，广元市、乐山市、雅安市和凉山州的生态环境状况为"优"，占全省面积的 21.5%，占市域数量的 19.0%；其余

17 个市（州）的生态环境状况为"良"，占全省面积的 78.59%，占市域数量的 81.0%。

与上年相比，成都市、攀枝花市、德阳市、绵阳市、雅安市和眉山市的生态环境状况"略微变差"；其余 15 个市（州）生态环境状况"无明显变化"。

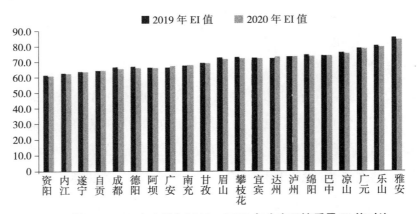

图 2-5　21 市（州）2019—2020 年生态环境质量 EI 值对比

（二）县域生态环境状况

183 个县（市、区）生态环境状况以"优"和"良"为主，占全省总面积的 99.9%，占县域数量的 96.7%。其中，生态环境状况为"优"的县有 41 个，生态环境状况指数值介于 75.0~90.4，占全省面积的 23.4%，占县域数量的 22.4%；生态环境状况为"良"的县有 136 个，生态环境状况指数值介于 55.2~74.8，占全省面积的 76.5%，占县域数量的 74.3%；生态环境状况为"一般"的县有 6 个，生态环境状况指数值介于 39.5~50.7 之间，占全省总面积的 0.1%，占县域数量的 3.3%。

与上年相比，全省 183 个县（市、区）的生态环境状况变化范围在 -3.0~1.3 之间。其中，生态环境状况"略微变好"的县（市、区）有 2 个，"略微变差"的县（市、区）有 59 个，"无明显变化"的县（市、区）有 121 个，"明显变差"的（市、区）有 1 个。

（三）生态空间格局

根据最新评估结果，优化调整后自然保护地 265 个（不含 93 个风景名胜区、4 个世界自然遗产和自然与文化遗产、3 个世界地质公园），面积

10.02 万平方千米。

（四）生物多样性

全省有高等植物 1 万余种，占全国总数的 1/3，仅次于云南。其中：苔藓植物 500 余种，维管束植物 230 余科、1620 余属，藏类植物 708 种，裸子植物 100 余种（含变种），被子植物 8500 余种，松、杉、柏类植物 87 种居全国之首。被列入国家珍稀濒危保护植物的有 84 种，占全国的 21.6%。野生菌类 1291 种，占全国的 95%。全省有脊椎动物近 1300 种，约占全国总数的 45% 以上，兽类和鸟类约占全国的 53%，其中兽类 217 种、鸟类 625 种、爬行类 84 种、两栖类 90 种、鱼类 230 种。国家重点保护野生动物 145 种，占全国的 39.6%，居全国第一位。据第四次全国大熊猫调查，四川省野生大熊猫种群数量达 1387 只，占全国野生大熊猫总数的 74.4%，其种群数量居全国第一位。

野生高等动植物区域分布差异明显，四川东部盆地低海拔平原丘陵区生物多样性相对较低；盆周中海拔山地区和川西高山高原区的生物多样性相对较高。大体上，由北至南纵贯川西高山高原区，即由岷山—邛崃山—大雪山—大凉山—沙鲁里山区域是四川省野生动植物最为丰富的区域，亦是生物多样性保护的关键区。全省 21 个市（州）中，野生脊椎动物种类排名前三的分别是凉山州、阿坝州和甘孜州。野生维管束植物种类排名前兰的分别是凉山州、阿坝州和宜宾市。

七、辐射

2020 年，全省环境电离辐射水平处于本底涨落范围内。环境介质中与企业活动相关的放射性核素活度浓度未见异常。

四川省辐射环境质量总体良好，环境电离辐射水平处于本底涨落范围内，环境电磁辐射水平低于《电磁环境控制限值》（GB8702—2014）规定的公众暴露控制限值。

全省 29 个电离辐射环境监测自动站测得的辐射空气吸收剂量率（小时均值）范围为 76.8~163nGy/h，21 个市（州）累积剂量率范围为 54.5~131nGy/h，二者均处于当地天然本底涨落范围内。

成都市空气气溶胶中，天然放射性核素铍–7、钍–232、钍–234、镭–226、镭–228、钾–40、铅–210、钋–210 等活度浓度为环境本底水平；人工放射性核素铯–137、铯–134、锶–90 活度浓度未见异常；成都市空气中氡浓度、空气和降水中氚活度浓度为环境本底水平，空气中气态碘放射性同位素未检出；绵阳、宜宾、攀枝花、广元、南充、遂宁、德阳、达州、西昌、泸州、资阳、眉山、雅安、康定、马尔康 15 个城市空气气溶胶中，铍–7、钍–232、钍–234、镭–226、镭–228 和钾–40 等天壤放射性核素活度浓度为当地环境本底水平；铯–137、铯–134 和碘–131 等人工放射性核素活度浓度未见异常；广安、乐山、自贡、内江、巴中 5 个城市空气气溶胶中总 α 和总 β 放射性活度浓度未见异常，为当地环境本底水平。

金沙江、嘉陵江、涪江、青衣江、白龙江、岷江、沱江、大渡河等全省长江水系主要干支流地表水中，天然放射性核素铀、钍浓度，镭–226 活度浓度与人工放射性核素锶–90、铯–137 活度浓度均未见异常，处于当地本底水平。其中天然放射性核素浓度与 1983—1990 年"全国天然环境放射性水平调查"结果在同一水平。地下水中，铀、钍浓度、总 α 活度浓度和天然放射性核素镭–226 活度浓度未见异常，均为当地本底水平。

全省 21 个市（州）政府所在地和 14 个重点县的集中式饮用水水源地中，总 α 和总 β 活度浓度均满足《生活饮用水卫生标准》（GB5749—2006）规定的放射性指标指导值。

全省 21 个市（州）政府所在地土壤中，铀–238、钍–232、镭–226 和钾–40 等天然放射性核素活度浓度与人工放射性核素锶–90 和铯–137 活度浓度未见异常，处于当地本底水平；其中天然放射性核素活度浓度与 1983—1990 年"全国天然环境放射性水平调查"所得结果在同一水平。

中核建中核燃料元件有限公司周围环境 γ 辐射空气吸收剂量率处于当地天然本底涨落范围内，环境介质中与企业活动相关的放射性核素活度浓度未见异常。

龙江铀矿周围辐射环境质量总体稳定。环境 γ 辐射空气吸收剂量率、空气中氡活度浓度、气溶胶中总铀和总 α 浓度、地表水及土壤中总铀和镭226 浓度处于历年涨落范围内，地表水中总铀、铅210 和镭226 浓度低于《铀矿冶辐射防护和环境保护规定》（GB 23727—2009）的相应限值。

八、自然灾害

（一）碳强度

2019 年，全省单位地区生产总值二氧化碳排放比 2018 年降低 3.84%，完成年度目标。

（二）气象灾害

151 站发生了暴雨天气，其中 70 站发生了大暴雨，6 站发生了特大暴雨。全省共计发生暴雨 552 站次，其中大暴雨 123 站次，特大暴雨 6 站次，暴雨站次数位列历史第 1 多位。总体为中旱年，春旱和夏旱范围广，局地旱情偏重，伏旱不明显。118 站出现高温天气（日最高气温 ≥ 35℃），有 40 站日最高气温大于等于 38℃。2020 年四川省累计遭受大风和冰雹灾害约 40 余次，部分地区造成较大灾情损失，为近年来偏重发生年份。

（三）地震灾害

2020 年，全省发生破坏较大地震两次，为青白江 5.1 级、石渠 5.6 级地震。

2 月 3 日青白江 5.1 级发震最高烈度为Ⅵ度（6 度），等震线长轴呈北东走向，长轴 26 千米，短轴 15 千米，主要涉及到成都市青白江区、金堂县、龙泉驿区，共计 3 个区县。

4 月 1 日石渠 5.6 级地震最高烈度为Ⅶ度（7 度），等震线长轴呈北西走向，长轴 80 千米，短轴 54 千米，主要涉及到甘孜州石渠县、德格县、甘孜县和青海达日县，共计 4 个县。

第三节　四川省绿色发展整体水平测评

生态环境已经成为经济发展的内生变量，绿色发展已经成为我国解决新时代社会主要矛盾、实现高质量发展的重要途径。浙江省生态环境治理和保护、践行绿色发展理念走在全国的前列。

一、中国绿色 GDP 绩效评估报告

2017 年，由华中科技大学国家治理研究院院长欧阳康领衔的"绿色 GDP 绩效评估课题组"与中国社会科学出版社、《中国社会科学》杂志社 11 日联合发布了《中国绿色 GDP 绩效评估报告（2017 年全国卷）》（简称报告）。报告指出，部分省市自治区的绿色发展绩效指数、绿色 GDP、人均绿色 GDP 三项指标，均开始超越该省市自治区的 GDP、人均 GDP 传统评价指标，相比 2014 年，2015 年 31 个省市自治区绿色 GDP 增幅超越 GDP 增幅的平均值为 2.62%，人均绿色 GDP 增幅超越 GDP 增幅的平均值为 2.31%，这意味着绝大部分省份已开始从根本上转变经济发展方式。

中国省际绿色发展指数（2017/2018）指标体系由经济增长绿化度、资源环境承载潜力和政府政策支持度 3 个一级指标、9 个二级指标以及 62 个三级指标构成，具体指标如表 2-4 所示。

表 2-4　　　　　　　　　　中国省际绿色发展指数指标体系

一级指标	二级指标	三级指标	
经济增长绿化度		1. 人均地区生产总值 2. 单位地区生产总值能耗 3. 非化石能源消费量占能源消费的比重 4. 单位地区生产总值二氧化碳排量 5. 单位地区生产总值二氧化硫排量 6. 单位地区生产总值化学需氧量排放量	7. 单位地区生产总值狐氧化物排放量 8. 单位地区生产总值氨氮排放量绿色增长 9. 技术市场成交额占 GDP 的比重 效率指标比重 10. 人均城镇生活消费用电
	第一产业指标	11. 第一产业劳动生产率 12. 土地产出率	13. 节灌率 14. 有效灌溉面积占耕地面积比重
	第二产业指标	15. 第二产业劳动生产率 16. 单位工业增加值水耗 17. 规模以上工业增加值能耗	18. 工业固体废物综合利用率 19. 工业用水重复利用率 20. 六大高载能行业产值占工业总产值比重
	第三产业指标	21. 第三产业劳动生产率 22. 第三产业增加值比重	23. 第三产业从业人员比重

一级指标	二级指标	三级指标	
资源环境承载潜力	资源丰裕与生态保护指标	24. 人均水资源量 25. 人均森林面积 26. 森林覆盖率	27. 自然保护区面积占辖区面积比重 28. 湿地面积占国土面积比重 29. 人均活立木总蓄积量
	环境压力与气候变化指标	30. 单位土地面积二氧化碳排放量 31. 人均二氧化碳排放量 32. 单位土地面积二氧化硫排放量 33. 人均二氧化硫排放量 34. 单位土地面积化学需氧量排放量 35. 人均化学需氧量排放量 36. 单位土地面积氮氧化物排放量	37. 人均氮氧化物排放量 38. 单位土地面积氨氮排放量 39. 人均氨氮排放量 40. 单位耕地面积化肥施用量 41. 单位耕地面积农药使用量 42. 人均公路交通氮氧化物排放量
政府政策支持度	绿色投资指标	43. 环境保护支出占财政支出比重 44. 环境污染治理投资占地区生产总值比重	45. 农村人均改厕的政府投资 46. 单位耕地面积退耕还林投资完成额 47. 科教文卫支出占财政支出比重
	基础设施指标	48. 城市人均绿地面积 49. 城市用水普及率 50. 城市污水处理率 51. 城市生活垃圾无害化处理率 52. 城市每万人拥有公交车辆	53. 人均城市公共交通运营线路网长度 54. 农村累计已改水受益人口占农村人口比重 55. 人均互联网宽带接入端口 56. 建成区绿化覆盖率
	环境治理指标	57. 人均当年新增造林面积 58. 工业二氧化硫去除率 59. 工业废水化学需氧量去除率	60. 工业氮氧化物去除率 61. 工业废水氨氮去除率 62. 突发环境事件次数

中国 30 个省（区、市）2017 和 2018 绿色发展指数及排名分别如表 2–5、表 2–6 所示。

表 2–5 　　　　　2017 中国 30 个省（区、市）绿色发展指数及排名

地区	绿色发展指数		一级指标					
			经济增长绿化度		资源环境承载潜力		政府政策支持度	
	指数值	排名	指数值	排名	指数值	排名	指数值	排名
北京	0.541	1	0.204	1	0.133	8	0.204	1
上海	0.444	2	0.166	2	0.103	19	0.176	5
内蒙古	0.423	3	0.089	9	0.158	2	0.176	6

地区	绿色发展指数		一级指标					
			经济增长绿化度		资源环境承载潜力		政府政策支持度	
	指数值	排名	指数值	排名	指数值	排名	指数值	排名
浙江	0.414	4	0.116	5	0.113	15	0.185	2
江苏	0.396	5	0.130	4	0.086	25	0.180	4
福建	0.393	6	0.107	6	0.125	11	0.161	9
海南	0.378	7	0.083	13	0.138	6	0.157	13
广东	0.375	8	0.104	7	0.106	17	0.165	8
天津	0.375	9	0.154	3	0.085	26	0.136	20
山东	0.366	10	0.102	8	0.079	29	0.184	3
广西	0.353	11	0.063	27	0.140	5	0.149	14
云南	0.350	12	0.075	19	0.145	3	0.130	21
黑龙江	0.348	13	0.064	26	0.161	1	0.123	27
安徽	0.377	14	0.077	17	0.099	21	0.161	10
河北	0.355	15	0.079	16	0.084	27	0.172	7
陕西	0.334	16	0.088	10	0.118	13	0.128	23
重庆	0.333	17	0.082	14	0.103	18	0.148	16
贵州	0.332	18	0.068	23	0.137	7	0.127	24
辽宁	0.327	19	0.086	11	0.093	22	0.147	17
湖北	0.325	20	0.085	12	0.102	20	0.138	19
四川	0.322	21	0.068	25	0.131	10	0.123	26
吉林	0.320	22	0.082	15	0.119	12	0.119	28
江西	0.318	23	0.062	28	0.116	14	0.141	18
湖南	0.317	24	0.077	18	0.113	16	0.127	25
宁夏	0.315	25	0.068	24	0.089	24	0.158	12
山西	0.308	26	0.071	22	0.089	23	0.148	15
新疆	0.302	27	0.071	21	0.073	30	0.159	11
青海	0.286	28	0.054	29	0.142	4	0.090	30
河南	0.284	29	0.074	20	0.081	28	0.129	22
甘肃	0.281	30	0.045	30	0.131	9	0.106	29

表2-6　　　　　　　　　　2018中国30个省（区、市）绿色发展指数及排名

地区	绿色发展指数		一级指标					
			经济增长绿化度		资源环境承载潜力		政府政策支持度	
	指数值	排名	指数值	排名	指数值	排名	指数值	排名
北京	0.570	1	0.219	1	0.143	4	0.209	1
上海	0.423	2	0.151	3	0.099	20	0.174	5
内蒙古	0.420	3	0.085	11	0.165	1	0.170	8
浙江	0.402	4	0.113	5	0.109	16	0.180	3
福建	0.389	5	0.105	6	0.127	11	0.158	10
江苏	0.379	6	0.124	4	0.078	27	0.177	4
广东	0.377	7	0.103	8	0.105	17	0.170	7
山东	0.376	8	0.103	7	0.077	28	0.197	2
天津	0.373	9	0.155	2	0.088	25	0.130	22
海南	0.363	10	0.086	10	0.129	8	0.149	12
广西	0.343	11	0.063	21	0.138	5	0.142	16
陕西	0.339	12	0.096	9	0.123	12	0.120	25
安徽	0.335	13	0.076	18	0.096	22	0.163	9
黑龙江	0.332	14	0.062	22	0.156	2	0.115	27
河北	0.328	15	0.082	14	0.077	29	0.170	6
重庆	0.326	16	0.079	15	0.101	19	0.146	14
吉林	0.322	17	0.084	12	0.128	10	0.111	28
湖北	0.321	18	0.083	13	0.104	18	0.133	18
云南	0.317	19	0.057	25	0.128	9	0.132	20
四川	0.315	20	0.066	20	0.130	7	0.119	26
湖南	0.313	21	0.078	16	0.114	15	0.121	24
江西	0.312	22	0.057	27	0.114	14	0.141	17
贵州	0.306	23	0.060	23	0.119	13	0.126	23
辽宁	0.301	24	0.072	19	0.097	21	0.132	19
宁夏	0.298	25	0.057	26	0.089	23	0.153	11
河南	0.296	26	0.077	17	0.088	24	0.131	21
青海	0.293	27	0.047	29	0.147	3	0.098	30
甘肃	0.282	28	0.044	30	0.132	6	0.105	29
山西	0.281	29	0.055	28	0.082	26	0.144	15
新疆	0.279	30	0.060	24	0.072	30	0.147	13

从 2017 中国省际绿色发展指数排名比较来看，在参与测算的 30 个省（区、市）中，有 11 个省（区、市）绿色发展水平高于全国平均水平，按指数值高低排序依次是：北京、上海、内蒙古、浙江、江苏、福建、海南、广东、天津、山东和广西；其他 19 个省（区、市）的绿色发展水平低于全国平均水平。与前期报告对比，排在前 10 位的省（区、市）排名总体修位于前列，只是个别地区排名位次有所变动。2017 排名全国前 10 位的省（区、市），在上一年排名中有 9 个省（区、市）排名仍在前 10 位，只有黑龙江排名位次稍有变动，位列第 13 位：而 2017 排名全国后 10 位的省（区、市），则有 6 个同样出现在上一年排名后 10 位之中，只有安徽、河北、贵州和四川稍有变动，而青海、新疆、吉林和四川则在该年取代上述四个省（区、市），排名落入全国后 10 位。

从 2018 中国省际绿色发展指数排名比较结果来看，在参与测算的 30 个省（区、市）中，有 10 个省（区、市）的绿色发展水平高于全国平均水平，按指数值高低排序依次是：北京、上海、内蒙古、浙江、福建、江苏、广东、山东、天津和海南；其他 20 个省（区、市）的绿色发展水平低于全国平均水平。与前期报告对比，2018 排名全国前 10 位的省（区、市），在上一年排名中同样全部居于前 10 位，只是在个别排名位次上稍有变动；而 2018 排名全国后 10 位的省（区、市），同样有多达 8 个在上一年排名中位列后 10 位，仅吉林和四川稍有好转，而辽宁和贵州则在该年取代上述两个省（区、市），排名双双落入全国后 10 位。

二、中国绿色发展指数报告——区域比较

2019 年由关成华、韩晶著的《2017/2018 中国绿色发展指数报告——区域比较》一书，对 2015 年和 2016 年中国省际绿色发展指数进行了测算。

按照评价体系表，基于 2011—2015 年统计数据对四川省绿色发展水平进行了测评，结果如表 2-7 所示。

表 2-7 　　　　　　　　　　　　　四川绿色发展"体检"表

序号	指标名称	单位	指标属性	2016年测评均值	2016年四川数值	2015年四川数值	2016年四川排名	2015年四川排名	2016年	数据来源	进退标识
1	人均地区生产总值	元/人	正	57485.453	40003.100	36775.698	24	23	-1	中国统计	L
2	单位地区生产总值能耗	吨标准煤/万元	逆	0.740	0.618	0.662	18	19	1	中国统计	J
3	非化石能源消费量占能源消费量的比重		正	NA	NA	NA	NA	NA			
4	单位地区生产总值二氧化碳排放量		逆	NA	NA	NA	NA	NA			
5	单位地区生产总值二氧化硫排放量	吨/万元	逆	0.002	0.001	0.002	15	12	-3	中国统计	L
6	单位地区生产总值化学需氧量排放量	吨/万元	逆	0.002	0.002	0.004	22	16	-6	中国统计	L
7	单位地区生产总值氮氧化物排放量	吨/万元	逆	0.002	0.001	0.002	11	10	-1	中国统计	L
8	单位地区生产总值氨氮排放量	吨/万元	逆	2.104	2.432	4.372	18	21	3	中国统计	J
9	技术市场成交额占GDP的比重	%	正	0.015	0.009	0.020	10	24	14	中国统计	J

续表

序号	指标名称	单位	指标属性	2016年测评均值	2016年四川数值	2015年四川数值	2016年四川排名	2015年四川排名	2016年	数据来源	进退标识
10	人均城镇生活消费用电	千瓦时/人	逆	402.867	251.212	184.292	14	10	-4	城市	L
11	第一产业劳动生产率	万元/人	正	2.554	2.125	1.946	21	21	0	省（市、区）统计年鉴；统计公报等	
12	土地产出率	亿元/千公顷	正	0.416	0.381	0.658	14	14	0	中国统计	
13	节灌率	%	正	0.545	0.583	0.573	17	16	-1	中国统计；环境年鉴	L
14	有效灌溉面积耕地面积比重	%	正	53.480	41.789	40.632	16	16	0	中国统计；环境年鉴	
15	第二产业劳动生产率	万元/人	正	16.202	10.378	10.329	25	24	-1	省（市、区）统计年鉴；统计公报等	L
16	单位工业增加值水耗	米³/元	逆	0.005	0.005	0.005	17	17	0	中国统计	
17	规模以上单位工业增加值能耗		逆	NA	NA	NA	NA	NA			
18	工业固体废物综合利用率	%	正	58.314	30.048	36.565	28	28	0	中国统计	
19	工业用水重复利用率	%	正	88.956	87.211	87.211	21	21	0	环境年鉴	

序号	指标名称	单位	指标属性	2016年测评均值	2016年四川数值	2015年四川数值	2016年四川排名	2015年四川排名	2016年	数据来源	进退标识
20	六大高载能行业产值占工业总产值比重	%	逆	36.669	27.914	28.126	10	9	−1	工业经济	L
21	第三产业劳动生产率	万元/人	正	11.692	9.106	7.873	21	24	3	省（市、区）统计年鉴；统计公报等	J
22	第三产业增加值比重	%	正	48.684	47.234	43.682	13	19	6	中国统计	J
23	第三产业就业人员比重	%	正	41.335	35.599	34.801	23	24	1	省（市、区）统计年鉴；统计公报等	J
24	人均水资源量	米³/人	正	2349.437	2843.300	2717.200	10	9	−1	中国统计	L
25	人均森林面积	公顷/人	正	0.199	0.206	0.208	11	11	0	中国统计	
26	森林覆盖率	%	正	33.061	32.220	35.220	17	17	0	中国统计	
27	自然保护区面积占辖区面积比重	%	正	8.763	17.100	17.114	3	6	3	中国统计；环境年鉴	J
28	湿地面积占国土面积的比重	%	正	9.228	3.610	3.610	22	22	0	中国统计	
29	人均活立木总蓄积量	米³/人	正	11.719	21.493	21.645	5	5	0	中国统计	
30	单位土地面积二氧化碳排放量		逆	NA	NA	NA	NA	NA			

续表

序号	指标名称	单位	指标属性	2016年测评均值	2016年四川数值	2015年四川数值	2016年四川排名	2015年四川排名	2016年	数据来源	进退标识
31	人均二氧化碳排放量		逆	NA	NA	NA	NA	NA			
32	单位土地面积二氧化硫排放量	吨/平方千米	逆	3.837	2.528	3.715	16	16	−3	中国统计	L
33	人均二氧化硫排放量	吨/人	逆	0.010	0.006	0.009	13	6	−7	中国统计	L
34	单位土地面积化学需氧量排放量	吨/平方千米	逆	4.152	3.504	6.142	21	16	−5	中国统计	L
35	人均化学需氧量排放量	吨/人	逆	0.003	0.002	0.003	18	18	−3	中国统计	L
36	单位土地面积氮氧化物排放量	吨/平方千米	逆	5.474	2.335	2.723	10	7	−3	中国统计	L
37	人均氮氧化物排放量	吨/人	逆	0.005	0.001	0.001	14	14	0	中国统计	
38	单位土地面积氨氮排放量	吨/平方千米	逆	0.642	0.415	0.680	18	16	−2	中国统计	L
39	人均氨氮排放量	吨/人	逆	0.001	0.001	0.002	14	13	−1	中国统计	L
40	单位耕地面积化肥施用量	万吨/千公顷	逆	0.048	0.037	0.037	10	10	0	中国统计	

序号	指标名称	单位	指标属性	2016年测评均值	2016年四川数值	2015年四川数值	2016年四川排名	2015年四川排名	2016年	数据来源	进退标识
41	单位耕地面积农药使用量	吨/千公顷	逆	15.779	8.620	8.752	12	11	−1	中国统计；环境年鉴	L
42	人均公路交通氮氧化物排放量	吨/万人	逆	49.949	24.893	25.079	1	1	0	中国统计	
43	环境保护支出占财政支出比重	%	正	2.859	2.077	0.023	23	27	2	中国统计	J
44	环境污染治理投资总额占地区生产总值比重	%	正	1.423	0.880	0.720	21	28	7	环境年鉴	L
45	农村人均改厕的政府投资	元/人	正	24.661	28.741	24.717	9	7	−2	中国统计；环境年鉴	J
46	单位耕地面积退耕还林投资完成额	万元/千公顷	正	68.032	39.818	33.574	9	11	2	环境年鉴	J
47	科教文卫支出占财政支出比重	%	正	28.123	28.973	29.008	16	15	−1	环境年鉴	L
48	城市人均绿地面积	公顷/人	正	0.003	0.003	0.002	21	22	1	环境年鉴	J
49	城市用水普及率	%	正	97.847	93.100	93.100	30	29	−1	中国统计	L

序号	指标名称	单位	指标属性	2016年测评均值	2016年四川数值	2015年四川数值	2016年四川排名	2015年四川排名	2016年	数据来源	进退标识
50	城市污水处理率	%	正	92.033	89.700	88.500	26	24	-2	环境年鉴	L
51	城市生活垃圾无害化处理率	%	正	95.460	98.600	96.800	13	14	1	中国统计	J
52	城市每万人拥有公交车辆	标台	正	6.766	5.800	5.622	19	19	0	中国统计	
53	人均城市公共交通运营线路网长度	千米/人	正	0.001	0.000	0.000	22	23	1	中国统计	J
54	农村累计已改水受益人口占农村总人口比重	%	正	96.117	95.414	95.414	19	19	0	环境年鉴	
55	人均互联网宽带接入端口	个/人	正	0.237	0.371	0.312	7	6	-1	中国统计	L
56	建成区绿化覆盖率	%	正	39.390	39.900	38.700	16	16	0	中国统计	
57	人均当年新增造林面积	公顷/万人	正	68.366	69.055	50.042	13	15	2	中国统计	J
58	工业二氧化硫去除率	%	正	71.764	62.218	62.218	27	27	0	环境年鉴	
59	工业废水化学需氧量去除率	%	正	80.808	85.094	85.0945	13	13	0	环境年鉴	

序号	指标名称	单位	指标属性	2016年测评均值	2016年四川数值	2015年四川数值	2016年四川排名	2015年四川排名	2016年	数据来源	进退标识
60	工业氮氧化物去除率	%	正	36.601	19.965	19.965	29	29	0	环境年鉴	
61	工业废水氨氮去除率	%									
62	突发环境事件次数	次	逆	10	20	14	27	23	−4	中国统计	L

年鉴说明：中国统计—《中国统计年鉴2017》；城市—《中国城市统计年鉴2017》；环境年鉴—《中国环境统计年鉴2017》；工业经济—《中国工业经济统计年鉴2017》。

2011—2015 年，四川省绿色发展总水平指数呈现稳步上升态势，从 2011 年的 46.17 增至 2015 年的 51.70，增幅为 5.53，年均增长 2.86%，其中，2011—2014 年增长速度较快，2014—2015 年增速放缓，2011—2015 年绝对值均低于西部区域绿色发展总指数。从一级指标来看，绿色增长度和绿色承载力指数是总指数增长的主要因素，2015 年相比 2011 年分别增加了 7.04 和 4.93，绿色保障力也提升了 3.01。与其他省（市）的比较来看，2015 年四川绿色发展总指数在 11 个省（市）中排名第七位，在西部区域中位居第三位，高于云南、湖南、安徽和江西，除 2015 年被湖北反超外，其他年份指数值均高于中部区域省份。

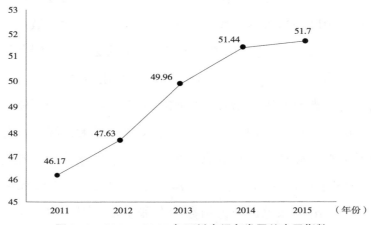

图 2-6 2011—2015 年四川省绿色发展总水平指数

2011—2015 年，四川省绿色发展一级指标总体呈逐步提升态势，除
2015 年绿色承载力和绿色保障力指数分别比 2014 年下滑了 1.21 和 0.20 外，
其他年份相比上年均有一定幅度增长，其中绿色增长度指数从 2011 年的
41.35 增至 2015 年的 48.40，年均增长 4.01%，在 3 项指标中增速最快，绿色
承载力指数从 2011 年的 49.97 增长至 2015 年的 54.90，年均增长 2.38%，绿
色保障力指数从 2011 年的 49.78 增至 2015 年的 52.79，年均增长 1.48%。

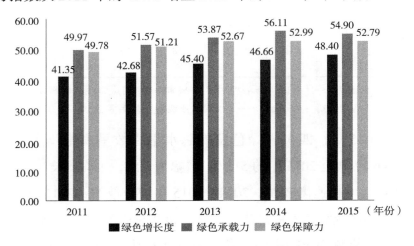

图 2-7　2011—2015 年四川省绿色发展一级指标变化

从西部区域四省（市）比较来看，2015 年，四川绿色增长度指数位居第二，
分别比贵州和云南高 5.47 和 5.94，绿色承载力指数略高于云南位居第三，绿
色保障力指数位居第四且差距较为明显。从 3 项指标之间的比较来看，绿色
承载力指数表现最好，绿色保障力指数次之，绿色增长度指数排名第三，提
升空间较大；2011—2015 年，绿色承载力与绿色保障力指数之间的差距总体
呈扩大趋势，从 2011 年的 0.19 扩大至 2015 年的 2.11，与绿色增长度指数差
距总体呈缩小趋势，从 2011 年的 8.62 缩小至 2015 年的 6.51。从二级指标来
看，绿色增长度指数的逐年增长主要归因于结构优化、创新驱动和开放协调
指数的逐年递增，其中结构优化指数的增长幅度最大；绿色承载力指数的上
涨主要归因于水资源利用指数的高位增长以及水生态治理指数的逐年上涨，
但 2014—2015 年水资源利用指数从 74.77 降至 69.43，导致绿色承载力指数
出现一定幅度下滑；绿色保障力指数的上涨主要归因于绿色生活指数的高位
增长以及绿色投入指数的逐年上涨。

表 2-8　　　　　　　　　　2011—2015 年四川省绿色发展二级指标变化

二级指标	2011 年	2012 年	2013 年	2014 年	2015 年
结构优化	43.98	46.41	50.44	52.58	55.48
创新驱动	38.38	39.13	40.73	41.13	42.28
开放协调	43.77	43.59	46.16	47.66	47.74
水资源利用	65.14	67.22	70.92	74.77	69.43
水生态治理	42.07	43.42	44.99	46.38	47.34
绿色投入	41.56	42.55	44.29	43.96	43.73
绿色生活	62.65	64.73	65.81	67.14	67.00

2011—2015 年，四川省绿色发展二级指标总体呈增长态势，其中，结构优化、创新指数呈波动上升态势，2015 年水资源利用指数相比上年有较为明显下滑。2011—2015 年，四川省结构优化指数从 43.98 增至 55.48，年均增长 5.98%，在 7 项指标中增长最快；创新驱动指数从 38.38 增至 42.28，年均增长 2.45%；开放协调指数从 43.77 增至 47.74，年均增长 2.2%；水资源利用指数从 65.14 增至 69.43，年均增长 1.61%；水生态治理指数从 42.07 增至 47.34，年均增长 2.99%；绿色投入指数和绿色生活指数年均分别增长 1.28% 和 1.69%。从指标的比较看，水资源利用和绿色生活指数表现最好，其他指标中，结构优化和开放协调指数表现也较好，2011—2015 年，水资源利用指数均在 65 以上，2014 年高达 74.77，绿色生活指数均高于 60，2015 年高达 67.00。

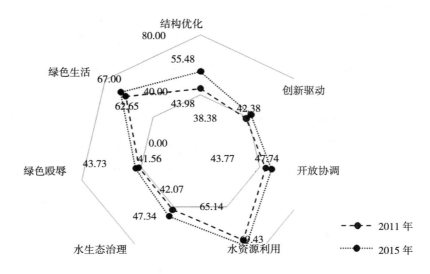

图 2-8　2011 年和 2015 年四川省绿色发展二级指标对比

相比于 2011 年，2015 年四川省绿色发展二级指标均有了不同幅度提升，结构优化、创新驱动、开放协调、水资源利用、水生态治理、绿色投入、绿色生活指数分别比 2011 年增加了 11.5、3.9、3.97、4.29、5.27、2.17、4.35，分别增长了 26.14%、10.17%、9.08%、6.58%、12.52%、5.21% 和 6.94%。从三级指标看，2011—2015 年，结构优化指数中的 4 项指标均有不同幅度优化，人均 GDP 和第三产业增加值占 GDP 比重实现较快增长，2015 年分别比 2011 年增加了 40.72% 和 30.95%，加之万元 GDP 能耗下降了 26.87%，共同拉动了结构优化指数的快速增加。2015 年，创新驱动指数中的六项指标相比 2011 年均有不同幅度增加，万人拥有科技人员数和万人发明专利授权量分别比 2011 年增加了 41% 和 124.05%，技术市场成交额相比 2011 年增长了 316.22%，信息产业占 GDP 比重和新产品销售收入增速分别提升了 1.02 个和 8.63 个百分点。2015 年，开放协调指数中的出口交货值相对规模、直接利用外资额和地方财政住房保障支出比重相比 2011 年均出现下滑，但由于降幅较小，加之城镇化率比 2011 年提升了 14.01%，城乡居民收入比下降了 12.44%，使得开放协调指数总体实现了一定幅度增长。2015 年，水资源利用指数中的人均生活用水量相比 2011 年增长了 23.9%，但万元 GDP 水耗、万元农业和工业增加值用水量分别比 2011 年降低了 20.44%、1.02% 和 26.22%，共同拉动水资源利用指数的抬升；2015 年，水资源利用指数中的 4 项耗水指标尤其是万元工业增加值用水量相比 2014 年均出现不同幅度增加，使得总指数出现较大幅度下滑。2015 年，水生态治理中的 6 项指标均优于 2011 年，湿地面积占比和人均城市污水处理能力均有了明显提升，分别比 2011 年增加了 82.32% 和 24.57%，化学需氧量排放强度和氨氮排放强度分别比 2011 年下降了 36.26% 和 36.02%，使得水生态治理指数实现了明显增长。2015 年，绿色生活指数中城市空气质量优良率相比 2011 年下滑了 34.47%，但公共交通覆盖率和生活垃圾无害化处理率分别增长了 7.3% 和 9.5%，加之突发环境事件次数大幅下降了 48.57%，使得绿色生活指数也实现了较大幅度增长。

第三章 四川省绿色发展生态环境约束

四川素有"天府之国"美誉，历史悠久，人口众多，幅员广阔，资源丰富，生态地位重要。这里有山川秀美的巴蜀大地，这里是勤劳勇敢的四川人民世世代代繁衍生息的地方，这里创造了辉煌灿烂的巴蜀文化，这里是我们赖以生存和发展的家园。为了我们的家园更美好、经济更发达、区域更协调、人民更富裕、社会更和谐，为了给自然留下更多修复空间，给农业留下更多良田，给子孙后代留下天蓝、地绿、水净的美好家园，必须推进形成主体功能区，科学开发我们的家园。

四川是我国重要的经济大省、人口大省、农业大省、资源大省和科教大省。在全国经济社会发展与国土空间格局中，四川历来具有重要的战略地位。准确把握四川在全国大局和时代大势中的发展方位，明确全省国土空间保护开发的战略任务，对于构建科学合理的省域国土空间格局具有重大意义。

第一节 主体功能区划空间管控

一、指导思想

坚持以习近平新时代中国特色社会主义思想为指导，全面贯彻党的十九大和十九届二中、三中、四中、五中全会精神，统筹推进"五位一体"总体布局，协调推进"四个全面"战略布局，把握新发展阶段，贯彻新发展理念，融入新发展格局，确保习近平总书记对四川工作系列重要指示精神在巴蜀大地落地生根、开花结果。坚持以成渝地区双城经济圈建设为战略牵引，认真落实省委十一届三次全会以来的系列战略部署，大力实施"一干多支"发展战略，推动四川经济社会高质量发展。紧扣省情特征和主要矛盾，科学判识省域各类空间，基于资源环境承载能力和国土空间开发适宜性评价，严守国土空间安全底线，合理布局生态空间、农业空间和城镇空间，科学配置各类资源要素，健全规划实施与传导体系，提升国土空间治理现代化水平，为推动治蜀兴川再上新台阶、全面建设社会主义现代化四川提供有力支撑和坚实保障。

二、主体功能区划

2013 年 4 月 16 日四川省发布主体功能区划，规划将四川省国土空间分为以下主体功能区：按开发方式，分为重点开发区域、限制开发区域和禁止开发区域。国家原则要求划分为优化、重点、限制和禁止开发四类功能区，鉴于国家规划已将成渝地区确定为国家层面的重点开发区域，四川省不再划分优化开发区域。重点开发和限制开发区域原则上以县级行政区为基本单元，禁止开发区域以自然或法定边界为基本单元，分布在其他类型主体功能区域之中；按开发内容，分为城市化地区、农产品主产区和重点生态功能区；按层级，分为国家和省级两个层面。

重点开发区域、限制开发区域和禁止开发区域，是基于不同区域的资源环境承载能力、现有开发强度和未来发展潜力，以是否适宜或如何进行大规模高强度工业化城镇化开发为基准划分的。

城市化地区、农产品主产区和重点生态功能区，是以提供主体产品的类型为基准划分的。城市化地区是以提供工业品和服务产品为主体功能的地区；农产品主产区是以提供农产品为主体功能的地区；重点生态功能区是以提供生态产品为主体功能的地区。

重点开发区域是有一定经济基础、资源环境承载能力较强、发展潜力较大、集聚人口和经济的条件较好，应该重点进行工业化城镇化开发的城市化地区。

限制开发区域分为两类：一类是农产品主产区，即耕地较多、农业发展条件较好，尽管也适宜工业化城镇化开发，但从保障国家农产品安全以及中华民族永续发展的需要出发，必须把增强农业综合生产能力作为发展的首要任务，从而应该限制进行大规模高强度工业化城镇化开发的地区；一类是重点生态功能区，即生态系统脆弱或生态功能重要，资源环境承载能力较低，不具备大规模高强度工业化城镇化开发的条件，必须把增强生态产品生产能力作为首要任务，从而应该限制进行大规模高强度工业化城镇化开发的地区。

禁止开发区域是依法设立的各级各类自然文化资源保护区域，以及其他禁止进行工业化城镇化开发、需要特殊保护的重点生态功能区。国家层面禁止开发区域，包括国家级自然保护区、世界文化自然遗产、国家森林公园、国家地质公园、国家级风景名胜区、国家重要湿地和国家湿地公园等。省级层面的禁止开发区域，包括省级及以下各级各类自然文化资源保护区域、重要水源地以及其他省级人民政府根据需要确定的禁止开发区域。

本规划的重点开发、限制开发、禁止开发中的"开发"，特指大规模高强度的工业化城镇化开发。限制开发，并不是限制所有的开发活动。对农产品主产区，仍要鼓励农业开发；对重点生态功能区，仍允许一定程度的能源和矿产资源开发。将一些区域确定为限制开发区域，并不是限制发展，而是为了更好地保护这类区域的农业生产力和生态产品生产力，实现科学发展。

各类主体功能区，在经济社会发展中具有同等重要的地位，只是主体功能不同，开发方式不同，保护内容不同，发展首要任务不同，政府支持重点不同。对城市化地区主要支持其集聚人口和经济，对农产品主产区主要支持其增强农业综合生产能力，对重点生态功能区主要支持其保护和修复生态环境。

三、开发原则

推进形成主体功能区，要坚持以人为本，把提高全体人民的生活质量、增强可持续发展能力作为基本原则。各类主体功能区都要推动科学发展，但不同主体功能区在推动科学发展中的主体内容和主要任务不同。

——优化结构。将国土空间开发从占用土地的外延扩张为主，转向调整优化空间结构为主。按照生产发展、生活富裕、生态良好的要求调整空间结构。保证生活空间，扩大绿色生态空间，严格保护耕地尤其是基本农田，保持农业生产空间，增加农村公共设施空间。适度扩大交通设施空间，扩大和优化重点开发区域的城市和产业发展空间，严格控制限制开发区域城市建设空间和工矿建设空间。

——协调开发。按照人口、经济、资源环境相协调以及统筹城乡发展、统筹区域发展的要求进行开发，促进人口、经济、资源环境相协调。重点开发区域在集聚经济的同时要集聚相应规模的人口，引导限制开发和禁止开发区域人口有序转移到重点开发区域。城市化地区要充分考虑土地、水资源承载能力，构建科学的城镇体系，强化区域性中心城市功能，带动四川省区域协调发展。推进城乡经济社会一体化发展，逐步完善城乡基础设施和公共服务配套设施建设。统筹上下游开发，重要江河上游地区的开发要充分考虑对下游地区生态环境的影响。

——集约高效。把提高空间利用效率作为国土空间开发的重要任务，引导人口相对集中分布、产业集中布局，严格控制开发强度，优化国土空间开发结构，使绝大部分国土空间成为保障生态安全和农产品供给安全的空间。推进国土集约开发，实现国土高效开发利用。资源环境承载能力较强、人口密度较高的城市化地区，要把城市群作为推进城镇化的主体形态。农产品主产区的城镇建设和产业项目要依托县城和重点镇，集约建设农村基础设施和公共服务设施。工业项目建设要按照发展循环经济和有利于污染集中治理的原则集中布局。

——保护自然。按照建设资源节约型、环境友好型社会的要求，以保护自然生态为前提、以资源承载能力和环境容量为基础进行有度有序开发。工业化城镇化开发必须建立在对所在区域资源环境承载能力综合评价的基础上，严格控制在水资源短缺、生态脆弱、环境容量小、自然灾害危险性大的地区进行工业化城镇化开发。能源和矿产资源开发，要尽可能不损害生态环境并应最大限度地修复原有生态环境。交通、输电等基础设施建设要尽量避免对重要自然景观和生态系统的分割，以资源环境承载能力综合评价为基础，划定生态红线并制定相应的环境标准和环境政策，加强森林、草地、湿地、冰川等生态空间的保护。

四、重大关系

推进形成主体功能区，应处理好以下重大关系：

——主体功能与其他功能的关系。主体功能不等于唯一功能。明确一定区域的主要功能及其开发的主体内容和发展的主要任务，并不排斥该区域发挥其他功能。优化开发区域和重点开发区域作为城市化地区，主体功能是提供工业品和服务产品，集聚人口和经济，但也必须保护好区域内的基本农田等农业空间，保护好森林、草原、湿地等生态空间，也要提供一定数量的农产品和生态产品。限制开发区域作为农产品主产区和重点生态功能区，主体功能是提供农产品和生态产品，保障国家农产品供给安全和生态系统稳定，但也允许适度开发能源和矿产资源，允许发展不影响主体功能定位、当地资源环境可承载的产业，允许进行必要的城镇建设。政府从履行职能的角度，对各类主体功能区都要提供公共服务和加强社会管理。

——主体功能区与农业发展的关系。把农产品主产区作为限制进行大规模高强度工业化城镇化开发的区域，是为了切实保护这类农业发展条件较好区域的耕地，使之能集中各种资源发展现代农业，不断提高农业综合生产能力。同时，也可以使国家强农惠农的政策更集中地落实到这类区域，确保农民收入不断增长，农村面貌不断改善。此外，通过集中布局、点状开发，在县城适度发展非农产业，可以避免过度分散发展工业带来的对耕地过度占用等问题。

——主体功能区与能源和矿产资源开发的关系。能源和矿产资源富集的地区，往往生态系统比较脆弱或生态功能比较重要，并不适宜大规模高强度的工业化城镇化开发。能源和矿产资源开发，往往只是"点"的开发，主体功能区中的工业化城镇化开发，更多的是"片"的开发。将一些能源和矿产资源富集的区域确定为限制开发区域，并不是要限制能源和矿产资源的开发，而是应该按照该区域的主体功能定位实行"点上开发、面上保护"。

——主体功能区与区域发展总体战略的关系。推进形成主体功能区是为了落实好区域发展总体战略，深化细化区域政策，更有力地支持区域协调发展。把成都平原、川南、攀西、川东北地区内一些资源环境承载能力较强、集聚人口和经济条件较好的区域确定为重点开发区域，是为了引导生产要素向这类区域集中，促进工业化城镇化，加快经济发展。把一些不具备大规模高强度进行工业化城镇化的区域确定为限制开发的重点生态功能区，并不是不支持这些地区发展，而是为了更好地保护这类区域的生态产品生产力，为了使国家和四川省保护生态环境的支持政策能更集中地用到这类区域，尽快改善当地公共服务和人民生活条件，使当地人民与其他区域人民共同过上全面小康的生活。

——政府与市场的关系。推进形成主体功能区，是政府对国土空间开发的战略设计和总体谋划。主体功能区的划定，是按照自然规律和经济规律，根据资源环境承载能力综合评价，在各地、各部门多方沟通协调基础上确定的。促进主体功能区的形成，要正确处理好政府与市场的关系，既要发挥政府的科学引导作用，更要发挥市场配置资源的基础性作用。政府在推进形成主体功能区中的主要职责是，明确主体功能定位并据此配置公共资源，完善法律法规和区域政策，综合运用各种手段，引导市场主体根据相关区域主体功能定位，有序进行开发，促进经济社会全面协调可持续发展。优化开发和重点开发区域主体功能定位的形成，主要依靠市场机制发挥作用，政府主要是通过编制规划和制定政策，引导生产要素向这类区域集聚。限制开发和禁止开发区域主体功能定位的形成，要通过健全法律法规和规划体系来约束不符合主体功能定位的开发行为，通过建立补偿机制引导地方人民政府和市场主体自觉推进主体功能建设。

五、主要目标

根据中央对全国主体功能区建设的总体要求和《全国主体功能区规划》的具体要求，到 2020 年，四川省推进形成主体功能区的主要目标是：

——空间开发格局清晰。"一核、四群、五带"为主体的城镇化战略格局、五大农产品主产区为主体的农业战略格局、四类重点生态功能区为主体的生态安全战略格局基本形成。工业化城镇化得到快速推进，农业安全得到有效保障，生态环境得到有效保护。

——空间结构得到优化。四川省陆地国土空间的开发强度是指一个区域建设空间占该区域总面积的比例。建设空间包括城镇建设、独立工矿、农村居民点、交通、水利设施、其他建设用地等空间。控制在 3.75% 左右。重点开发、限制开发、禁止开发三类主体功能区生态空间分别大于 60%、70% 和 95%，绿色生态空间大幅提高。城镇工矿用地面积控制在 0.47 万平方千米以内，农村居民点占地面积控制在 1.01 万平方千米以内，四川省耕地保有量不低于 5.89 万平方千米，其中基本农田不低于 5.14 万平方千米。

——空间利用效率提高。城镇空间单位面积创造的生产总值显著提高，提高土地集约节约利用水平。各类工业园区单位建设用地的要素投入和生产能力显著提高，环境污染得到严格控制和集中治理。单位面积耕地粮食与主要经济作物产量和产值提高，粮食产量达到 750 亿斤以上。单位绿色生态空间林木蓄积量、产草量和涵养水量明显增加。

——人民生活水平差距缩小。不同主体功能区以及同类主体功能区各区域之间城镇居民人均可支配收入和生活条件、农村居民人均纯收入和生活条件的差距缩小。扣除成本因素后的人均财政支出能力大体相当，基本公共服务均等化取得重大进展。城乡和区域发展差距不断缩小。

——生态屏障建设成效显著。生态系统稳定性增强，生态退化面积减少，水土流失得到有效防治，环境质量明显改善，生物多样性得到有效保护，森林覆盖率达到 37%，森林蓄积量达到 17.2 亿立方米以上。主要污染物排放总量和排放强度明显下降，大中城市空气质量基本达到 Ⅱ 级标准，长江出川断面水质达到 Ⅲ 类以上，防灾减灾能力进一步提升，应对气候变化能力显著增强。

表 3-1　　　　　　　　　　　四川省国土空间开发规划指标

指标	2010 年	2020 年
国土开发强度（%）	3.41	3.75
耕地保有量（万平方千米）	5.95	5.89
基本农田保护面积（万平方千米）	5.14	5.14
园地面积（万平方千米）	0.81	0.96
城镇工矿用地规模（万平方千米）	0.35	0.47
农村居民点用地规模（万平方千米）	1.03	1.01
交通、水利及其他用地规模（万平方千米）	0.28	0.33
林地面积（万平方千米）	23.20	23.58
牧草地面积（万平方千米）	13.76	13.79
建设用地总规模（万平方千米）	1.65	1.81
城乡建设用地规模（万平方千米）	1.37	1.49
森林覆盖率（%）	34.8237	36.5781

资料来源：《四川省主体功能区规划》，川府发 [2013]16 号

六、战略任务

按照国家构建城市化、农业、生态安全三大战略格局的要求，结合全面建成小康社会的战略目标，推进形成四川省主体功能区三大战略格局。

——构建"一核、四群、五带"为主体的城镇化战略格局。依托区域性中心城市和长江黄金水道、主要陆路交通干线，形成成都都市圈发展极核，成都、川南、川东北、攀西四大城市群，成德绵广（元）、成眉乐宜泸、成资内（自）、成遂南广（安）达与成雅西攀五条各具特色的城镇发展带。重点推进成都平原、川南、川东北和攀西地区工业化城镇化基础较好、经济和人口集聚条件较好、环境容量和发展潜力较大的部分县（市、区）加快发展，使之成为四川省产业、人口和城镇的主要集聚地。

——构建五大农产品主产区为主体的农业战略格局。以基本农田为基础，构建以盆地中部平原浅丘区、川南低中山区、盆地东部丘陵低山区、盆地西缘山区和安宁河流农产品主产区为主体，以其他农业地区为重要组成的农业战略格局。推进五大农产品主产区内耕地面积较多、农业条件较好的县（市、区）大力发展现代农业。以保障粮食安全和提高农业综合生产能力、抗风险能力、市场竞争能力为目标，加快农业科技创新，优化农业结构，提高农业产业化经营。大力发展粮油、畜禽、水产、果蔬、林竹、茶叶等特色效益农业，培育一批现代畜牧业重点县、现代农业产业基地强县和林业产业重点县，建成全国重要的优质特色农产品供给基地。

——构建四类重点生态功能区为主体的生态安全战略格局。构建以若尔盖草原湿地、川滇森林及生物多样性、秦巴生物多样性、大小凉山水土保持和生物多样性生态功能区等为主体，以长江干流、金沙江、嘉陵江、沱江、岷江等主要江河水系为骨架，以山地、森林、草原、湿地等生态系统为重点，以点状分布的世界遗产地、自然保护区、森林公园、湿地公园和风景名胜区等为重要组成的生态安全战略格局。实施生态保护和建设重点工程，加强防灾减灾工程建设，强化开发建设中的生态保护和污染治理，全面推进长江上游生态屏障建设。

第二节　主体功能区

推进四川省形成主体功能区，必须明确国家级和省级层面的重点开发、限制开发（农产品主产区和重点生态功能区）、禁止开发区域的功能定位、发展目标、发展方向和开发原则。根据四川实际情况，有 89 个县作为重点开发区，并将与重点开发区相连的农产品主产区以及省级重点生态功能区 50 个县的县城镇及重点镇纳入重点开发区域范围（点状开发城镇面积共 0.22 万平方千米），重点开发区面积占四川省总面积的 21.2%。有 35 个县作为农产品主产区，占四川省总面积的 13.4%。有 57 个县作为重点生态功能区，占四川省总面积的 65.4%。禁止开发区域分散于上述三类主体功能区内。

一、重点开发区域

重点开发区域是四川省加快推进新型工业化、新型城镇化发展的主要承载区域，对带动四川省经济社会加快发展，促进区域协调发展意义重大。

（一）重点开发区域范围

四川省重点开发区域包括成都平原、川南、川东北和攀西地区 19 市（州）中的 89 个县（市、区），以及与之相连的 50 个点状开发城镇，该区域面积 10.3 万平方千米，占四川省幅员面积 21.2%。

——国家层面重点开发区域。包括成都平原地区 45 个县（市、区），以及与之相连的 14 个点状开发城镇（0.06 万平方千米），该区域面积 4.0 万平方千米，占四川省幅员面积 8.3%。

——省级层面重点开发区域。包括川南、川东北和攀西地区的 44 个县（市、区），以及与之相连的 36 个点状开发城镇（0.16 万平方千米），该区域面积 6.3 万平方千米，占四川省幅员面积 12.9%。

（二）功能定位和发展方向

四川省重点开发区域的主体功能定位：支撑四川省经济增长的重要支撑区，实施加快推进新型工业化新型城镇化的主要承载区，是四川省经济和人口密集区。

重点开发区域应在保护生态环境、降低能源资源消耗、控制污染物排放总量、提高经济效益的前提下，坚持走新型工业化道路，推进产业结构优化升级，提高自主创新能力，增强产业竞争能力，大力发展战略性新兴产业和先进制造业，壮大发展特色优势产业，加快发展现代服务业和现代农业，推动经济持续快速发展；坚持走新型城镇化发展道路，完善城镇体系，优化空间布局，增强城镇集聚产业、承载人口、辐射带动区域发展的能力，提升城镇化质量和水平，大力发展区域性中心城市，促进大中小城市和小城镇协调发展。发展方向和开发原则是：

——统筹规划国土空间。适当扩大制造业空间，扩大服务业、交通和城市居住等空间，扩大绿色生态空间，合理利用农村居住空间，减少城市核心区工矿建设空间，控制开发区过度分散。

——健全城市规模结构。优化特大城市空间布局，合理控制城市规模，扩大大中城市规模，形成辐射带动力强的区域性中心城市，发展壮大其他城市，推动形成分工协作、优势互补、各具特色、体系完善、联系紧密、集约高效的网络化城市群。

——促进人口加快集聚。加快推进城镇化进程，促进农业富余人口就地就近迁移，将符合落户条件的农业转移人口逐步转为城镇居民，引导区域内人口向区域性中心城市、县城、中心镇集聚。农村居民点适度集中布局。

——构建现代产业体系。发展优质、高效、安全、生态的现代农业，大力发展战略性新兴产业和先进制造业，壮大优势特色产业，加快服务业发展，推动产业集中集约集群发展，开发利用优势资源，促进资源加工转化，增强产业竞争能力。

——提高经济发展质量。推进经济发展方式转变，加强科技创新，提高产品附加价值，提高经济发展质量和效益，促进循环经济和绿色经济发展，提高资源利用效率，降低污染物排放强度。

——完善基础设施体系。进一步加强交通、能源、水利、通信、环保、防灾、农业等基础设施建设，完善基础设施体系，增强基础设施功能，构建高效、统一、城乡统筹的基础设施网络。

——保护生态环境。保护基本农田和生态环境，禁止发展不符合国家产业政策和达不到环保要求的产业，尽量减少工业化城镇化对生态环境的不利影响，合理利用土地、水资源，避免过度开发，减少环境压力，提高环境质量。

——把握开发时序。区分近期、中期和远期，实施有序开发，近期重点建设好国家和省级各类开发区和工业集中区，目前尚不需要或不具备开发条件的区域，要作为预留发展空间予以保护。

（三）成都平原地区

该区域是国家层面的重点开发区域，是全国"两横三纵"城市化战略格局中重要组成部分，是成渝地区的核心区域之一。该区域位于四川盆地西部，龙泉山和龙门山—邛崃山之间。自然条件优越，人口、经济、城镇密集，产业基础雄厚，基础设施完备，科技和人才集聚，辐射带动能力较强，对外开放程度高，发展条件好，是四川省经济核心区和带动西部经济社会发展的重要增长极。

该区域主体功能定位：西部地区重要的经济中心，全国重要的综合交通枢纽、商贸物流中心和金融中心，以及先进制造业基地、科技创新产业化基地和农产品加工基地。

——构建以成都为核心，以成德绵乐为主轴，以周边其他节点城市为支撑的空间开发格局。

——强化成都中心城市功能，提升综合服务能力，建设成为全国重要的综合交通、通信枢纽和商贸物流、金融、文化教育中心。推进四川成都天府新区建设，形成以现代制造业为主、高端服务业集聚，宜业、宜商、宜居的国际化现代新城区。

——壮大成德绵乐发展带，增强电子信息、先进装备制造、生物医药、石化、农产品加工、新能源等产业的集聚功能，加强产业互补和城市功能对接，推进一体化进程。

——壮大其他节点城市人口和经济规模，增强先进制造业和现代服务业的集聚功能，加强产业互补和城市功能对接，形成本区域新的增长点。

——提高标准化农产品精深加工和现代农业物流水平，发展农业循环经济和农村新能源。

——加强水资源的合理开发、优化配置、高效利用和有效保护，提高水源保障能力；加强岷江、沱江、涪江等水系生态环境保护。强化龙泉山等山脉的生态保护与建设，构建以龙门山—邛崃山脉、龙泉山为屏障，以岷江、沱江、涪江为纽带的生态格局。加强防洪基础设施建设，加强山洪灾害防治，提高水旱灾害应对能力。

表 3-2　　　　　　　　　　　　　　成都平原地区

市名	所辖县（市、区）	幅员面积（平方千米）	总人口（万人）
成都市	锦江区、青羊区、金牛区、武侯区、成华区、龙泉驿区、青白江区、新都区、温江区、都江堰市、彭州市、邛崃市、崇州市、金堂县、双流县、郫县、大邑县、蒲江县、新津县	14312	1319
德阳市	旌阳区、广汉市、什邡市、绵竹市、罗江区	5911	392
绵阳市	涪城区、游仙区、安州区、三台县、盐亭县、梓潼县、北川羌族自治县、平武县、江油市	20257	545
乐山市	市中区、沙湾区、五通桥区、金口河区、峨眉山市、犍为县、井研县、夹江县、沐川县、峨边彝族自治县、马边彝族自治县	12759	355
眉山市	东坡区、彭山区、仁寿县、洪雅县、丹棱县、青神县、眉山天府新区	7134	350
雅安市	雨城区、名山区、荥经县、汉源县、石棉县、天全县、芦山县、宝兴县	15303	156
资阳市	雁江区、安岳县、乐至县	5757	358

注：（1）人口为 2010 年统计数据；未扣除其中分散的禁止开发区和基本农田面积；

（2）根据《汶川地震灾后恢复重建总体规划》，分布于四川省龙门山山后的都江堰市龙池镇、虹口乡；彭州市龙门山镇、小鱼洞镇；什邡市红白镇；绵竹市清平乡、金花镇；安县千佛镇、高川乡要严格按照限制开发区域的重点生态功能区的要求进行管理。

（四）川南地区

该区域是省级层面的重点开发区域，地处四川盆地南缘、长江上游中部，川渝滇黔接合部。大中城市密集，人口密度大，社会发育程度高，城市群初步形成；煤、硫磷、盐卤、水能等自然资源丰富，工业基础雄厚，产业竞争力较强，是西部发展基础好、潜力大的区域，具备发展成为西部特大城市密集区的条件。

该区域主体功能定位：成渝经济区重要的经济带，国家重要的资源深加工和现代制造业基地，成渝经济区重要的特大城市集群，川滇黔渝接合部综合交通枢纽，四川沿江和南向对外开放门户，长江上游生态屏障建设示范区。

——以宜宾、自贡、泸州、内江等区域性中心城市为核心，主要交通干线为轴线，中小城市和重点镇为支撑的空间开发格局。

——加快培育区域性中心城市，拓展城市空间，优化城市布局，提升综合承载能力，加快城际快速通道建设，强化各城市功能定位和产业分工，构建分工协作紧密的城市群，形成四川南向开放的重要门户。

——依托"黄金水道"，加快沿江产业带发展。加快建设川南现代化工和"中国白酒金三角"等重大产业基地，推动自贡、内江、宜宾老工业基地城市振兴发展，支持泸州资源枯竭型城市可持续发展。有序推进岸线开发和港口建设，加强建设宜宾港、泸州港，大力发展临港经济。积极发展自然生态旅游和恐龙、彩灯、盐酒等为特色的文化旅游产业。

——坚持开发与保护并重，构建区域"生态走廊"。加强水资源开发利用与节约保护，加快大中型水利工程建设和防洪工程建设。加强长江、沱江等主要流域水土流失防治和水污染治理，保护地表水和地下水源水质，构建功能完备的防护林体系，保障长江、沱江等主要流域水生态安全，增强区域防洪和水资源的调蓄能力，加强向家坝电站库区生态建设及重要采煤区生态修复和环境治理，加强城市、交通干线及江河沿线的生态建设。

表 3-3 　　　　　　　　　　　　　　　川南地区

市名	所辖县（市、区）	幅员面积（平方千米）	总人口（万人）
自贡市	自流井区、贡井区、大安区、沿滩区、富顺县、荣县	4382	329
泸州市	江阳区、纳溪区、龙马潭区、泸县、合江县、叙永县、古蔺县	12230	506
宜宾市	翠屏区、南溪区、叙州区、江安县、长宁县、高县、珙县、筠连县、兴文县、屏山县	13271	552
内江市	市中区、东兴区、威远县、资中县、隆昌市	5386	427

注：人口为 2010 年统计数据；未扣除其中分散的禁止开发区和基本农田面积。

（五）川东北地区

该区域是省级层面的重点开发区域，位于川渝陕接合部，天然气、煤等储量丰富，人口众多，特色农产品资源丰富，以红色旅游、绿色生态旅游、历史文化旅游为代表的旅游资源独具特色。

该区域的主体功能定位是：我国西部重要的能源化工基地，农产品深加工基地，红色旅游基地，川渝陕接合部的区域经济中心和交通物流中心，构建连接我国西北、西南地区的新兴经济带。

——形成以南充、达州、遂宁、广安、广元、巴中等中心城市为依托的城镇群空间开发格局。

——加快推进区域性中心城市发展，优化城市空间布局，拓展城市发展空间，增强城市综合服务功能，提高人口集聚能力，强化辐射和带动作用。

表3-4　　　　　　　　　　　　　川东北地区

市名	所辖县（市、区）	幅员面积（平方千米）	总人口（万人）
遂宁市	船山区、安居区、射洪市、蓬溪县、大英县	5326	376
南充市	顺庆区、高坪区、嘉陵区、营山县、南部县、蓬安县、仪陇县、西充县、阆中市	12514	760
广安市	广安区、前锋区、华蓥市、岳池县、武胜县、邻水县	6344	497
达州市	通川区、达川区、万源市、宣汉县、开江县、大竹县、渠县	16605	692
广元市	利州区、昭化区、朝天区、旺苍县、青川县、剑阁县、苍溪县	16310	311
巴中市	巴州区、恩阳区、通江县、南江县、平昌县	12292	394

注：人口为2010年统计数据；未扣除其中分散的禁止开发区和基本农田面积。

——加快嘉陵江产业带和渠江产业带发展。利用嘉陵江流域和渠江流域丰富的自然资源，加快川东北地区特色优势资源深度开发和加工转化，积极承接产业转移，重点发展清洁能源和石油、天然气化工、农产品加工业，大力发展特色农业和红色旅游。

——加强区域合作，大力发展配套产业。加强广安、达州与重庆的协作，建设川渝合作示范区，主动承接重庆的产业转移，加快发展汽车和摩托车配套零部件、轻纺等工业。加强南充、遂宁与成都的产业化协作，承接成都平原地区的产业转移，形成机械加工、轻纺等优势产业。

——坚持兴利除害结合，全力推进渠江、嘉陵江流域防洪控制性工程和供水保障工程建设，增强对江河洪水的调控能力，提高防洪抗旱能力。大力加强生态环境保护和流域综合整治，构建以嘉陵江、渠江为主体，森林、丘陵、水面、湿地相连，带状环绕、块状相间的流域生态屏障。

（六）攀西地区

该区域是省级层面的重点开发区域，位于四川省西南部、横断山脉东北部，地处长江上游，属青藏高原、云贵高原和四川盆地之间过渡带，地形地貌复杂，山高谷深，气候多样。水能、矿产、生物、旅游等资源丰富独特，优势产业国内外竞争力强，是国家战略资源综合开发利用重点地区。

该区域主体功能定位：中国攀西战略资源创新开发试验区、全国重要的钒钛和稀土产业基地、全国重要的水电能源开发基地、四川省重要的亚热带特色农业基地。

——构建以攀枝花、西昌等城市为中心，以交通走廊为纽带，以成昆线、雅攀高速公路及 108 国道和安宁河流域等沿线其他城市为节点的空间开发格局。

——积极培育区域性中心城市。加强基础设施建设，推进城市功能转型提升，提高城市发展质量，增强人口集聚能力和区域辐射带动力，推进攀西城镇群有序发展，形成四川面向东南亚开放的重要门户。

——培育壮大沿交通轴线和沿江发展带。以成昆铁路、雅西和西攀高速公路为轴线，以金沙江流域、安宁河谷流域为重点，加强资源综合勘探、合理利用与跨区域整合，有序发展钒钛、稀土等优势资源特色产业，积极发展特色农业、阳光旅游和生态旅游。有序推进金沙江下游水电开发，加快金沙江下游沿江经济带发展。积极开展与滇西北和滇东北等区域的合作，打造四川南向开放的桥头堡，加快建设国家级战略资源创新开发试验区。

——以天然林保护等生态工程建设为重点，加快水资源配置工程建设和安宁河流域防洪治理。加强干热河谷和山地生态恢复与保护，加快推进小流域综合治理，坚持山、水、田、林、路统一规划，综合治理，充分发挥生态自我修复功能。加快封山育林和植树造林步伐，加强水土保持生态建设，加强山洪灾害防治，构建"三江"流域生态涵养带，加强矿山生态修复和环境恢复治理。实施邛海保护工程。

表 3-5　　　　　　　　　　　　川东北地区

市名	所辖县（市、区）	幅员面积（平方千米）	总人口（万人）
攀枝花市	东区、西区、仁和区、米易县、盐边县	7440	112
凉山彝族自治州	西昌市、会理市、木里藏族自治县、盐源县、德昌县、会东县、宁南县、普格县、布拖县、金阳县、昭觉县、喜德县、冕宁县、越西县、甘洛县、美姑县、雷波县	60423	499

注：人口为 2010 年统计数据；未扣除其中分散的禁止开发区和基本农田面积。

（七）点状开发城镇

依据《国家发展改革委办公厅关于省级主体功能区修改意见的通知》的相关要求，将农产品主产区和省级重点生态功能区的县城关镇和少数建制镇作为省级重点开发区域，与国家重点开发区域位置相连的，可作为国家层面的重点开发区域。

主要包括与成都平原地区相连的农产品主产区以及省级重点生态功能区的 14 个县的县城镇及重点镇，共 0.06 万平方千米，该区域为国家层面的重点开发区域；与川南、川东北、攀西地区相连的农产品主产区以及省级重点生态功能区的 36 个县的县城镇及重点镇，共 0.16 万平方千米，该区域为省级的重点开发区域。

功能定位：区域性中心城市产业辐射和转移的重要承接区，农产品、劳动力等生产要素的主要供给区，农产品深加工基地，周边农业和生态人口转移的集聚区，使其成为集聚、带动、辐射乡村腹地的经济社会发展中心。

发展方向：在保障农产品供给和保护生态环境的前提下，适度推进工业化城镇化开发，点状开发优势矿产、水能资源，促进资源加工转化，推进清洁能源、生态农业、生态旅游、优势矿产等优势特色产业发展，促进产业和人口适度集中集约布局，加强县城和重点镇公共设施建设，完善公共服务和居住功能。

二、限制开发区域（农产品主产区）

限制开发的农产品主产区是指具备较好的农业生产条件，以提供农产品为主体功能，以提供生态产品、服务产品和工业品为其他功能，需要在国土空间开发中限制进行大规模高强度工业化城镇化开发，以保持并提高农产品生产能力的区域。

（一）农产品主产区范围

四川省农产品主产区包括盆地中部平原浅丘区、川南低中山区和盆地东部丘陵低山区、盆地西缘山区和安宁河流域 5 大农产品主产区，共 35 个县（市），面积 6.7 万平方千米，扣除其中重点开发的县城镇及重点镇规划面积 1750 平方千米，占四川省幅员面积 13.4%。

该区域为国家层面农产品主产区，是国家"七区二十三带"为主体的农业战略格局的重要组成部分，是长江流域农产品主产区中的优质水稻、小麦、棉花、油菜、畜产品和水产品产业带，是国家重要的粮食、油料、生猪等主产区。

（二）功能定位和发展方向

四川省农产品主产区的主体功能定位：国家优质商品猪战略保障基地，现代农业示范区，现代林业产业基地，优势特色农产品加工业发展的重点区域，农民安居乐业的美好家园。

农产品主产区应着力保护耕地，加强农业基础设施建设，稳定粮食生产，发展现代农业，增强农业综合生产能力，保障四川省主要农产品有效供给，增加农民收入，加快社会主义新农村建设。发展方向和开发原则：

——优化农业生产力布局和品种结构。搞好农业布局规划，促进农业规模化产业化经营，根据不同的农业发展条件，科学确定不同区域农业发展重点，形成优势突出和特色鲜明的农产品产业带。在复合产业带内，要处理好多种农产品协调发展的关系，根据不同农产品的特点和相互影响，合理确定发展方向和发展途径。

——加强农业基础设施建设。以"再造一个都江堰灌区"为重点，加强水利设施建设，重点改善农产品主产区的用水条件，加强农田基础设施建设，发展节水灌溉、旱作农业，加快推进农业机械化，强化田网、路网、林网、水网配套，提高耕地质量。强化农业防灾减灾能力建设，提高人工增雨抗旱和防雹减灾作业能力。

——稳定粮食生产。坚持把粮食安全放在首要位置，严格保护耕地和基本农田，加强田间基础设施、良种选育、土壤改良与地力培肥、农机装备建设，大规模改造中低产田土，加快农村土地整理复垦，实施测土配方施肥，建设高标准农田，稳步提升粮食生产能力。

——提高农业综合生产能力。加强土地整治，搞好规划、统筹安排、连片推进，加快中低产田改造，提升耕地质量，推进连片标准粮田建设，加快粮食生产机械化技术推广应用，进一步提高粮食主产区生产能力，集中建设一批基础条件好、生产水平高、调出量大的粮食生产核心区。在保护生态前提下，开发资源有优势、增产有潜力的粮食生产后备区。

——建设优质特色农产品产业带。大力发展优质水稻、专用小麦玉米、马铃薯、"双低"油菜、蔬菜、食用菌、水果、茶叶、蚕桑、中药材、烟叶、林竹和花卉等主要农产品产业带，以生猪、家禽为主的畜禽产品产业带，以淡水鱼类、鳖为主的水产品产业带，加快先进适用的粮食、油菜生产和养殖机械化技术推广应用，转变农业生产方式，推进规模化和标准化建设，着力提高品质和单产，确保农产品稳定增产。

——推进农业产业化经营。积极推进农业规模化、标准化、产业化，支持农产品主产区发展农产品深加工和流通、储运设施，引导农产品加工、流通、储运企业向优势产区聚集。积极发展现代农业示范区，实施现代农业示范工程，培育一批现代农业产业基地强县。提高农业科技和综合服务水平。

——促进农业可持续发展。坚持农业资源的合理开发利用与农村环境的有效保护，控制农产品主产区开发强度，优化开发方式，发展循环农业，促进农业资源的永续利用。鼓励和支持农产品、畜产品、水产品加工副产物的综合利用。着力控制农业面源污染，加大规模化畜禽养殖的污染治理力度。科学合理利用化肥、农药、农膜等农业投入品，加强农产品产地土壤污染防治。

（三）盆地中部平原浅丘区

——大力发展优质粮油、生猪、奶牛、家禽、特色蔬菜、优质水果、特色水产等优势特色农产品，建设一批标准化和规模化的优质农产品生产示范基地。

——促进农产品、林产品、畜禽产品和水产品的精深加工及综合利用，提高附加值。发展生态农业和休闲农业，带动传统农业转型升级。

——加快发展现代农业，增强农业综合生产能力和市场竞争力。推进农业产业化经营，发展多种形式的适度规模经营，提高农业生产的专业化、标准化、规模化水平。

——建设专业农产品物流中心、农产品专用运输通道、农产品加工中心和研发推广中心，加快农业科技创新，提高农业技术水平。

表 3-6　　　　　　　　　盆地中部平原浅丘区

地区	幅员面积（平方千米）	总人口（万人）
中江县	2200	94.6
三台县	2659	95.6
盐亭县	1645	37.1
梓潼县	1444	27.7
安岳县	2700	95.1
乐至县	1425	49.1
荣县	1605	47.0
井研县	840	28.1
资中县	1734	84.6

（四）川南低中山区

——大力发展优质生猪、肉羊、肉牛、家禽、水稻、饲用玉米、油菜、马铃薯、水果、蔬菜、茶叶、蚕桑、道地中药材、水产、林竹等优势特色产业。

——大力发展农产品加工龙头企业，发展劳动力密集型农产品加工企业，依靠技术进步和技术创新提高农产品加工企业的核心竞争力。

——突出本区域特点，形成粮油生产与加工基地、畜牧业生产与畜产品出口加工基地、饲料加工基地。

——依托大、中城市的市场需求，形成优质稻、特色油菜产业带；依托大型酿酒企业，逐步形成专用粮产业带；依托大型化工企业，逐步形成工业用高芥酸油菜籽产业带。

表 3-7　　　　　　　　　川南低中山区

地区	幅员面积（平方千米）	总人口（万人）
长宁县	942	32.8
高县	1323	38.1
珙县	1150	33.9
筠连县	1256	33.3
兴文县	1380	38.0
叙永县	2977	55.3
古蔺县	3184	65.2

（五）盆地东部丘陵低山区

——大力发展水稻、饲用玉米、油菜、水果、蔬菜、蚕桑、苎麻、圈养为主的草食牲畜、生猪、名优茶叶、干果、道地中药材、经济林果、木本粮油、食用菌等特色优势产业。

——发挥资源优势，建设工业原料林生产与加工基地、优质肉牛肉羊生产基地、中药材生产基地、名特优新经果林基地和丝麻纺织原料基地。

——继续实施新增粮食生产能力、农业综合开发、土地整理、退耕还林农户基本口粮田建设、有机质提升、测土配方施肥补贴和保护性耕作等项目，加快推进高标准农田建设，提高耕地质量。

——推进农业产业化和农产品深加工，发展以稻谷、薯类、小麦、玉米、生猪、牛羊肉为重点的粮食、肉类精深加工。

——巩固和扩大退耕还林成果，继续实施天然林保护工程和小流域水土流失综合治理，加强野生动植物生物多样性保护区建设。

表 3-8　　　　　　　　　　盆地东部丘陵低山区

地区	幅员面积（平方千米）	总人口（万人）
蓬溪县	1251	43.0
西充县	1108	42.0
营山县	1635	90.4
蓬安县	1332	46.1
仪陇县	1788	72.9
岳池县	1458	74.3
开江县	1033	41.4
渠县	2018	91.8
宣汉县	4271	95.4
平昌县	2229	65.9
剑阁县	3203	42.4
苍溪县	2334	51.3
邻水县	1909	70.8

（六）盆地西缘山区

——大力发展生态农业，重点发展玉米、薯类、茶叶、水果、蔬菜、生猪、奶牛、食用菌、花椒、工业原料林等特色优势产业。

——开展无公害农产品、绿色食品和有机食品认证，创建农产品标准化生产基地。加强农产品品牌体系建设，实施地理标志品牌工程和原产地保护工程。

表 3-9　　　　　　　　　　　盆地西缘山区

地区	幅员面积（平方千米）	总人口（万人）
洪雅县	1896	29.6
汉源县	2382	28.6
芦山县	1191	10.0

——推进农业产业化和农产品深加工，发展以稻谷、薯类、奶牛、生猪、牛羊肉、小家禽为重点的粮食、乳制品、肉类精深加工和综合利用，提高农产品附加值。

——巩固退耕还林成果，继续实施天然林资源保护工程和小流域综合治理，加强野生动植物生物多样性保护区建设。

（七）安宁河流域

——发挥光热资源和生物资源优势，重点发展优质稻、马铃薯、特色水果、烟叶、反季节蔬菜、麻疯树、核桃等优势特色产业，形成四川省高品质水稻生产基地、亚热带优质水果基地、优质烟叶生产基地、马铃薯生产基地、蔬菜生产基地和木本生物质能源基地。

——构建农产品加工产业体系，加强对糖业、蚕业、烟业等传统优势农产品加工业的技术改造和产品创新，重点发展烟草、中药、乳制品、软饮料、酿酒、制糖、粮油制品、肉食品等农产品深加工业优势产业链和产品链。

——合理开发利用安宁河谷土地资源，治理干热河谷和沙化、石漠化土地，大力发展太阳能，在做好生态保护的前提下有序开发小水电资源，推进生态工程建设。

表 3-10　　　　　　　　　　　安宁河流域

地区	幅员面积（平方千米）	总人口（万人）
会东县	3226	32.6
德昌县	2284	21.7
米易县	2153	22.7

（八）基本农田保护

《全国主体功能区规划》明确规定，坚持最严格的耕地保护制度，对全部耕地按限制开发的要求进行管理，对全部基本农田按禁止开发的要求进行管理。

四川省基本农田总面积 5.2 万平方千米重点开发区域、农产品主产区和重点生态功能区中基本农田保护面积由各市（州）上报数据而得。由于市（州）在落实省级目标时，会多保护一部分基本农田，因此 181 个县的基本农田数据汇总后会大于省内基本农田保护面积 5.14 万平方千米，占四川省幅员面积 10.7%。其中：重点开发区域中基本农田保护面积 2.7 万平方千米，农产品主产区中基本农田保护面积 1.8 万平方千米，重点生态功能区中基本农田保护面积 0.7 万平方千米。

开发管制原则：

——认真落实国家基本农田保护制度，对全部基本农田按禁止开发的要求进行管理，确保耕地红线不动摇。

——严格实施土地利用总体规划，对保有耕地量、基本农田面积进行总量控制。基本农田一经划定，未经依法批准不得擅自调整，严格控制各类非农建设占用基本农田。

——积极开展土地开发整理，实现占补平衡，在数量平衡的基础上更加注重质量平衡，增加有效耕地面积，保障四川省耕地面积和质量动态平衡。

表 3-11　　　　　　　　　　　基本农田保护面积表

市（州）	县（市、区）	基本农田面积（公顷）	市（州）	县（市、区）	基本农田面积（公顷）
成都	中心城区	0	绵阳	涪城区	11613
	双流县	4127		游仙区	31825
	龙泉驿区	9447		安县	32890
	温江区	9993		江油市	57740
	郫县	17980		小计	134068
	青白江区	15273	眉山	东坡区	62693
	新都区	21287		彭山县	15807
	崇州市	35580		丹棱县	14189
	都江堰市	23573		青神县	14877

续表

市（州）	县（市、区）	基本农田面积（公顷）	市（州）	县（市、区）	基本农田面积（公顷）
	彭州市	46133	眉山	仁寿县	84605
	邛崃市	44747		小计	192171
	金堂县	56707	德阳	旌阳区	25655
	大邑县	29080		德阳	22391
	新津县	9773		广汉市	28055
	蒲江县	28635		什邡市	19870
	小计	352335		绵竹市	28730
乐山	市中区	16771		小计	124701
	沙湾区	12600	资阳	雁江区	61700
	五通桥区	13922		资阳	86300
	夹江县	17200		——	——
	峨眉山市	16300		——	——
	小计	76793			
雅安	雨城区	12900			
	名山区	20720		小计	148000
	荥经县	8900			
——	小计	42520	合计	——	1070588

表 3-12　　　　　　　　　　川南重点开发地区基本农田保护面积

市（州）	县（市、区）	基本农田面积（公顷）	市（州）	县（市、区）	基本农田面积（公顷）
乐山	金河口区	3300	泸州	江阳区	22805
	犍为县	46000		龙马潭区	11311
	小计	49300		纳溪区	32490
宜宾	翠屏区	31500		合江县	55293
	南溪区	26000		泸县	74170
	江安县	32800		小计	196069
	宜宾县	102151	自贡	自流井区	3110
	小计	192451		贡井区	16213
内江	市中区	17323		大安区	15547
	东兴区	53800		富顺县	53350
	隆昌市	31987		沿滩区	15272
	威远县	41160		小计	103492
	小计	144270	合计	——	685582

表 3—13　　　　　　　　　　　攀西重点开发地区基本农田保护面积

市（州）	县（市、区）	基本农田面积（公顷）	市（州）	县（市、区）	基本农田面积（公顷）
攀枝花	仁和区	12277	凉山	西昌市	37719
	西区	297		冕宁县	22220
	盐边县	15000		会理县	28506
	东区	100		小计	88445
	小计	27674	合计	——	116119

表 3—14　　　　　　　　　　　川东北重点开发地区基本农田保护面积

市（州）	县（市、区）	基本农田面积（公顷）	市（州）	县（市、区）	基本农田面积（公顷）
广元	利州区	16728	南充	顺庆市	20451
	元坝区	29063		高坪区	27291
	朝天区	22400		嘉陵区	44677
	小计	68191		南部县	71354
广安	广安区	61714		阆中市	47410
	武胜县	51011		小计	211183
	华蓥市	9380	遂宁	船山区	22321
	邻水县	62889		安居区	68900
	小计	184994		射洪县	60150
达州	达县	74000		大英县	30110
	通川区	9553		小计	181481
	大竹县	73229	巴中	巴州区	67200
	——	——		小计	67200
	小计	156782	合计	——	869831

表 3—15　　　　　　　　　　　重点生态功能区的基本农田保护面积

市（州）	县（市、区）	基本农田面积（公顷）	市（州）	县（市、区）	基本农田面积（公顷）
阿坝	马尔康市	4600	甘孜	康定市	4300
	金川县	4400		泸定县	1200
	小金县	6750		丹巴县	680
	阿坝县	7300		九龙县	980

续表

市（州）	县（市、区）	基本农田面积（公顷）	市（州）	县（市、区）	基本农田面积（公顷）
阿坝	若尔盖县	3550	甘孜	雅江县	1336
	红原县	0		道孚县	5230
	壤塘县	2700		炉霍县	2732
	汶川县	4700		甘孜县	11790
	理县	2350		新龙县	1819
	茂县	7000		德格县	2927
	松潘县	10000		白玉县	3190
	九寨沟县	4350		石渠县	3743
	黑水县	6100		色达县	847
	小计	63800		理塘县	3286
凉山	木里县	13682		巴塘县	3224
	盐源县	41402		乡城县	1879
	布托县	18773		稻城县	2345
	金阳县	15217		得荣县	2192
	昭觉县	31153		小计	53700
	喜德县	20096	绵阳	平武县	26846
	越西县	20042		北川县	12489
	甘洛县	13857		小计	39335
	美姑县	20035	宜宾	屏山县	27419
	雷波县	16097	达州	万源市	28810
	宁南县	14738	雅安	宝兴县	3680
	普格县	18560		天全县	11200
	小计	243652		石棉县	6000
巴中	南江县	35300		小计	20880
	通江县	46300	乐山	沐川县	15407
	小计	81600		峨边县	9700
广元	旺苍县	39326		马边县	13400
	青川县	23127		小计	38507
	小计	62453	合计	——	660156

表 3-16　　　　　　　　　　农产品主产区基本农田保护面积

地区		基本农田保护面积（公顷）
盆地中部平原浅丘区	中江县	85998
	三台县	99465
	盐亭县	47937
	梓潼县	41495
	安岳县	125500
	乐至县	64900
	荣县	55408
	井研县	30400
	资中县	66830
川南低中山区	长宁县	29500
	高县	48600
	珙县	27900
	筠连县	29430
	兴文县	36900
	叙永县	53439
	古蔺县	74892
盆地东部丘陵低山区	蓬溪县	51991
	西充县	40275
	营山县	50073
	蓬安县	39053
	仪陇县	53116
	岳池县	63106
	开江县	31131
	渠县	76244
	宣汉县	64433
	平昌县	53750
	剑阁县	69000
	苍溪县	75862
	邻水县	62889
盆地西缘山区	洪雅县	20229
	汉源县	19900
	芦山县	6700
安宁河流域	会东县	28816
	德昌县	11687
	米易县	15426
合计		1752276

三、限制开发区域（重点生态功能区）

限制开发的重点生态功能区是指生态系统十分重要，关系较大范围区域的生态安全，目前生态系统有所退化，需要在国土空间开发中限制进行大规模高强度工业化城镇化开发，以保持并提高生态产品，生态产品指维系生态安全、保障生态调节功能、提供良好人居环境的自然要素，包括清新的空气、清洁的水源、舒适的环境和宜人的气候等。生态产品同农产品、工业品和服务产品一样，都是人类生存发展所必需的产品。

（一）重点生态功能区范围

重点生态功能区共 57 个县（市），总面积 31.8 万平方千米，扣除其中省级重点生态功能区中重点开发的县城镇及重点镇规划面积，占四川省幅员面积 65.4%。

——国家层面的重点生态功能区。包括若尔盖草原湿地生态功能区、川滇森林及生物多样性生态功能区、秦巴生物多样性生态功能区，共 42 个县，面积 28.65 万平方千米，占四川省面积 58.95%。

——省级层面的重点生态功能区。为大小凉山水土保持和生物多样性生态功能区，共 15 个县，面积 3.17 万平方千米，扣除其中重点开发的县城镇及重点镇规划面积，实际占四川省面积 6.42%。

（二）功能定位和保护重点

重点生态功能区的主体功能定位是：国家青藏高原生态屏障和长江上游生态屏障的重要组成部分，国家重要的水源涵养、水土保持与生物多样性保护区域，四川省提供生态产品的主体区域与生态财富富集区，保障国家生态安全的重要区域，生态文明建设、人与自然和谐相处的示范区。

重点生态功能区以保护和修复生态环境、提供生态产品为首要任务，因地制宜开发利用优势特色资源，发展资源环境可承载的适宜产业，加强基本公共服务能力建设，引导超载人口逐步有序转移。发展方向和管制原则：

——加强水源涵养。推进天然林资源保护、防沙治沙，重建和修复湿地、森林、草原、荒漠等生态系统。严格保护具有水源涵养功能的自然植被，禁止过度放牧、无序采矿、毁林开荒、开垦草原等。加强大江大河源头及上游的小流域治理和植树造林，减少面源污染。

——治理水土流失。限制陡坡垦殖和超载过牧。加强小流域综合治理，实行封山禁牧，恢复退化植被，治理水土流失。大力推行节水灌溉和雨水集蓄，发展旱作节水农业。加强对能源和矿产资源开发及建设项目的监管，加大矿山环境整治和生态修复力度，提高防洪减灾能力，加强地质灾害风险防治，最大限度地减少人为因素造成新的水土流失。

——维护生物多样性。强化生态系统、生物物种和遗传资源保护，科学、合理和有序地利用生物资源。保护自然生态系统与重要物种栖息地。禁止对野生动植物滥捕滥采，保持并恢复野生动植物物种和种群平衡，加强对自然保护区外分布的极小种群野生植物就地保护小区、保护点的建设，开展多种形式的民间生物多样性就地保护。加强防御外来物种入侵的能力，防止外来有害物种对生态系统的侵害。

表 3-17 　　　　　　　　国家级重点生态区

地区	幅员面积（平方千米）	总人口（万人）
若尔盖草原湿地生态功能区	29161	20.6
川滇森林及生物多样性生态功能区	246763	381.3
秦巴生物多样性生态功能区	17673	188.3

表 3-18 　　　　　　　　省级层面重点生态功能区

地区	幅员面积（平方千米）	总人口（万人）
大小凉山水土保持和生物多样性生态功能区	317529	27.1

注：人口为 2010 年统计数据；未扣除其中分散的禁止开发区和基本农田面积。

——引导人口集中居住。提高县城和重点镇的综合承载能力，增强城镇人口吸纳功能，大力实施生态移民，促进分散人口集中居住，提高基本公共服务能力，降低基本公共服务成本，减少对生态环境的干扰和影响。

——严格控制开发强度。城镇建设与工业开发要依据现有资源环境承载能力相对较强的城镇集中布局、据点式开发，禁止成片蔓延式扩张。原则上不再新建各类开发区和扩大现有工业开发区的面积，已有的工业开发区要逐步改造成为低消耗、可循环、少排放、"零污染"的生态型工业区。

——因地制宜地发展适宜产业。在不损害生态系统功能的前提下，适度发展旅游、农林牧产品生产和加工、生态农业、休闲农业等产业。

（三）若尔盖草原湿地生态功能区

该区域主体功能定位：水源涵养、水文调节以及维系生物多样性、保持水土和防治土地沙化等功能。

——推进天然林草保护、围栏封育，治理水土流失，恢复草原植被，保持湿地面积，保护珍稀动物，维护和重建湿地、森林、草原等生态系统。

——严格保护具有水源涵养功能的自然植被，禁止过度放牧、无序采矿、毁林开荒、开垦草原等行为。加强小流域治理和植树造林，减少面源污染。

——加强防洪基础设施建设，加强山洪灾害防治，提高水旱灾害应对能力。

——以高寒泥炭沼泽湿地生态系统和黑颈鹤等珍稀野生动物保护为主，维持丘状高原原始自然景观，保护沼泽湿地及生物多样性，为长江、黄河源头的水源涵养提供基础保障。在不适宜人类居住、生产生活的生态脆弱区和需要保护的区域实施生态移民，生态移民选址要考虑生态承载力。

——继续加强生态恢复与生态建设，加快防沙治沙步伐，治理土壤侵蚀，恢复与重建水源涵养区森林、草原、湿地、荒漠等生态系统，提高生态系统的水源涵养功能。

——提高沼泽水位、恢复沼泽湿地、治理沙化土地，严禁泥炭开采和沼泽湿地疏干改造，严格草地资源和泥炭资源的保护；对已遭受破坏的草甸和沼泽生态系统，结合有关生态工程建设措施，加快组织重建和恢复，加大川西北沙化土地治理力度。

——在保护生态环境的前提下，科学规划，合理开发自然与人文景观资源，发展特色生态旅游。控制载畜量，合理发展畜牧业及相关产业。

表 3-19　　　　　　　　　若尔盖草原湿地生态功能区

地区	幅员面积（平方千米）	总人口（万人）
阿坝县	10435	8.0
若尔盖县	10326	7.9
红原县	8400	4.7

注：人口为 2010 年统计数据；未扣除其中分散的禁止开发区和基本农田面积。

（四）川滇森林及生物多样性生态功能区（四川省部分）

该区域主体功能定位：大熊猫、羚牛、金丝猴等重要珍稀生物的栖息地，国家乃至世界生物多样性保护重要区域，四川省重要的生物多样性、涵养水源、保持水土、维系生态平衡的主要区域。

——重点保护原生森林、流域生态系统，加强造林绿化、小流域治理、矿山生态恢复、河流水生态恢复等生态工程，提供水源涵养、水土保持与野生动植物保护等生态功能。加强防洪基础设施建设，加强山洪灾害防治，提高水旱灾害应对能力。

——加大天然林资源保护和生态公益林建设与管护力度。禁止陡坡开垦和森林砍伐，做好低效生态公益林的补植改造及迹地更新。巩固天然林资源保护成果，恢复大熊猫栖息地和遗传交流廊道。

——有效保护天然林草植被、湿地和野生动植物资源，切实抓好生态移民工程，治理泥石流灾害、干旱河谷、荒漠化和沙化草（土）地。

——对已遭受破坏的生态系统，结合生态建设工程，加快组织重建与恢复，加强综合整治，防止水土流失。

——控制载畜量，发展以养殖业、特色经济林、食用菌、有机茶、竹业以及林下资源和水果种植为主的生态农林牧业和农畜产品深加工业，提高畜牧业发展水平。合理开发旅游文化资源，发展生态旅游。

表 3-20　　　　　川滇森林及生物多样性生态功能区（四川省部分）

地区	幅员面积（平方千米）	总人口（万人）
汶川县	4084	8.3
理县	4318	3.7
茂县	3903	9.5
小金县	5571	6.5
松潘县	8486	6.7
九寨沟县	5286	6.6
金川县	5550	5.8
黑水县	2356	4.4
马尔康市	6633	5.8
壤塘县	6863	4.5

地区	幅员面积（平方千米）	总人口（万人）
北川县	3083	17.4
平武县	5950	12.6
天全县	2400	13.2
宝兴县	3114	4.8
康定市	11600	126.8
泸定县	2165	8.4
丹巴县	5649	5.0
九龙县	6770	5.4
雅江县	7558	5.1
道孚县	7053	5.3
炉霍县	5797	4.7
甘孜县	7358	7.3
新龙县	9241	4.6
德格县	11439	8.9
白玉县	10591	6.0
石渠县	25191	10.4
色达县	9339	6.5
理塘县	14352	6.8
巴塘县	8186	5.0
乡城县	5016	3.1
稻城县	7323	3.3
得荣县	2916	2.5
木里县	13223	12.3
盐源县	8399	34.1

注：人口为 2010 年统计数据；未扣除其中分散的禁止开发区和基本农田面积。

（五）秦巴生物多样性生态功能区（四川省部分）

该区域主体功能定位：四川重要的原始森林、野生珍稀物种栖息地与生物多样性保护的关键地区和生态屏障区域；全国生物多样性、涵养水源与土壤保持重要区，最大的天然生物种质的"基因库"，世界同纬度地区重要的绿色宝库。

——重点保护原生森林、流域生态系统，加强造林绿化、野生动植物保护和自然保护区建设、小流域治理、矿山生态恢复等生态工程，提高水源涵养、水土保持和野生动植物保护等生态功能。加强防洪基础设施建设，加强山洪灾害防治，提高水旱灾害应对能力。

——建设珍稀、濒危中药资源和动植物资源等指向明确的生态功能保护区，对现有植被和自然生态系统严加保护，防止生态环境的破坏和生态功能的退化。

——巩固和扩大天然林资源保护成果、扩大保护范围，加强生物物种资源保护，依法禁止一切形式的捕杀、采集濒危野生动植物的活动，保护物种多样性和确保生物安全，强化引进外来物种生物安全管理，防止国外有害物种进入。

——引导人口转移，降低人口密度，停止导致生态功能继续退化的开发活动和其他人为破坏活动，以及产生严重环境污染的工程项目建设，遏制生态环境恶化趋势。

——发展以养殖业、经济林为主的生态农林牧业和农产品深加工业，合理开发旅游文化资源，发展生态旅游，点状开发天然气、水能、矿产资源。

表 3-21　　　　　　　　秦巴生物多样性生态功能区（四川省部分）

地区	幅员面积（平方千米）	总人口（万人）
旺苍县	2987	33.0
青川县	3216	15.6
万源市	4065	40.7
通江县	4016	52.2
南江县	3389	46.8

注：人口为 2010 年统计数据；未扣除其中分散的禁止开发区和基本农田面积。

（六）大小凉山水土保持和生物多样性生态功能区

该区域主体功能定位：长江上游水土保持的重点区域，四川省生物多样性保护的重点区域，长江上游生态屏障的重要组成部分。

——以维护区域生态系统完整性、保证生态过程连续性和改善生态系统服务功能为中心，加强生态保护，增强脆弱区生态系统的抗干扰能力，从源头控制生态退化和水土流失。

——以金沙江、雅砻江、大渡河及安宁河干流为重点，严禁樵采、过垦、过牧和无序开矿等破坏植被行为。推广封山育林育草技术，有计划、有步骤地建设水土保持林、水源涵养林和人工草地，恢复山体植被。

——以小流域为单元，进行以坡改梯和坡面水系建设为主的坡耕地综合整治，采用补播方式播种优良灌草植物，提高山体林草植被覆盖度，重点治理泥石流和滑坡，控制沟谷蚀；开展石漠化综合治理，拦蓄泥沙，保护土壤资源。

——以"长治"、天然林资源保护、石漠化综合治理、野生动植物保护、自然保护区建设、湿地保护及土地整理等国家重点生态工程为依托，对不同流域进行差别化治理，推进干热河谷和山地生态修复与重建。

——坚持"以防为主，防治结合"，以非工程措施为主，并与工程措施相结合，工程治理和生物治理相结合，结合堤防、护岸、谷防、拦沙坝、排导沟、水库等工程措施，逐步形成完善的山地灾害防治体系。

——保护原生森林、流域生态系统，加强造林绿化、小流域治理、矿山生态恢复等生态工程，提高水源涵养、水土保持和野生动植物保护等生态功能。

——加强扶贫开发，发展以养殖业、竹产业、经济林为主的生态农林牧业和农产品深加工业，合理开发旅游文化资源，点状开发水能、矿产资源。

表 3-22　　　　　　　　　盆地东部丘陵低山区城市情况

地区	幅员面积（平方千米）	总人口（万人）
沐川县	1408	19.2
石棉县	2678	11.4
宁南县	1670	18.4
普格县	1918	18.0
喜德县	2206	15.8
越西县	2257	30.2
甘洛县	2151	23.8
雷波县	2838	24.0
屏山县	1504	24.5
峨边县	2382	12.2

地区	幅员面积（平方千米）	总人口（万人）
马边县	2293	18.8
布拖县	1685	18.6
金阳县	1588	17.0
昭觉县	2557	25.2
美姑县	2573	23.9

注：人口为 2010 年统计数据；未扣除其中分散的禁止开发区和基本农田面积。

四、禁止开发区域

禁止开发区域是指依法设立的各级各类自然文化资源保护区域，以及其他禁止进行工业化城镇化开发、需要特殊保护的重点生态功能区。

（一）禁止开发区域范围

禁止开发区域点状分布于城市化地区、农产品主产区、重点生态地区。国家级禁止开发区域包括国家级自然保护区、世界文化自然遗产、国家级风景名胜区、国家森林公园、国家重要湿地、国家湿地公园和国家地质公园；省级禁止开发区域包括省级及以下各级各类自然文化资源保护区域、重要饮用水水源地以及其他省级人民政府根据需要确定的禁止开发区域。

截至 2017 年 12 月 31 日，四川省共有禁止开发区域 317 处，总面积 11.5 万平方千米，省级以下各级各类自然文化资源保护区域、重要水源地以及其他省级人民政府根据需要确定的禁止开发区域个数和面积暂未纳入统计，占四川省幅员面积 23.6%。重要饮用水水源地 246 处。今后新设立的世界文化自然遗产、国家和省级自然保护区、湿地公园、风景名胜区、森林公园、地质公园等自动进入禁止开发区域名录。市（州）及市（州）以下依法设立的自然保护区、森林公园、地质公园、风景名胜区和水源保护区按禁止开发区域管理，不再单列。根据《全国主体功能区规划》要求，基本农田也按禁止开发区域管理。

（二）功能定位和保护重点

四川省禁止开发区域的主体功能定位：四川省保护自然文化资源的重要区域，森林、湿地生态、生物多样性和珍稀动植物基因资源保护地，重要水土保持区域与重要饮用水水源保护地。在严格保护生态环境的前提下，合理开发优势特色旅游资源，发展生态旅游产业。

禁止开发区域要严格控制人为因素对自然生态的干扰，严禁不符合主体功能区定位的开发活动，引导人口逐步有序转移，实现污染物"零排放"，提高环境质量，提高可持续发展能力。自然保护区、文化自然遗产、风景名胜区、森林公园、湿地公园、地质公园要逐步达到各类区域规定执行标准。近期主要任务是：

——科学界定范围。完善划定禁止开发区域范围的相关规定和标准，对不符合相关规定和标准的，按照相关法律、法规和法定程序调整，进一步界定各类禁止开发区域范围，核定人口和面积。重新界定范围后，原则上不再进行单个区域范围的调整。

——实施分类管理。进一步界定自然保护区核心区、缓冲区、实验区的范围。对风景名胜区、森林公园、地质公园，应明确核心保护区域，划定禁止开发和限制开发范围，进行分类管理。

——管护人员定编。在重新界定范围的基础上，结合禁止开发区域的管护范围、管护职责和管护工作量以及区域人口转移的要求，对管护人员实行定编定岗。

——统一管理主体。界定归并范围相连、同质性强、保护对象相同，但人为划分不同类型的禁止开发区域，对位置相同、保护对象相同，但名称不同、多头管理的，要重新界定功能定位，明确统一的管理主体。今后新设立的各类禁止开发区，不得在范围上重叠交叉。

（三）自然保护区

自然保护区依据国家《自然保护区条例》《全国主体功能区规划》《四川省自然保护区管理条例》以及自然保护区规划，按核心区、缓冲区和实验区分类管理。

——核心区严禁任何生产建设活动；缓冲区除必要的科学实验活动外，严禁其他生产建设活动；实验区除必要的科学实验以及符合自然保护区规划的经济活动外，禁止其他生产活动。

——按先核心区后缓冲区再实验区的顺序逐步转移自然保护区人口。到

2020年，绝大多数自然保护区核心区要做到无居民居住，缓冲区和实验区人口较大幅度减少。

——根据自然保护区的实际情况，将异地转移和就地转移两种形式结合，一部分人口转移到自然保护区以外，一部分人口就地转为自然保护区管护人员。

——加强自然保护区建设力度与管护力度，慎重建设交通、通信、电网基础设施，能避则避，必须穿越自然保护区的，按由外到内降低道路等级的原则加以控制，新建公路、铁路和其他基础设施不得穿越自然保护区核心区和缓冲区，尽量避免穿越实验区。

（四）文化自然遗产

世界文化和自然遗产属于国家级禁止开发区域，依据《四川省世界文化和自然遗产保护条例》《保护世界文化和自然遗产公约》《实施世界遗产公约操作指南》《全国主体功能区规划》以及世界文化自然遗产规划进行管理。

加强对遗产原真性的保护，保持遗产在艺术、历史、社会和科学方面的特殊价值；加强对遗产完整性的保护，保持遗产未被人扰动过的原始状态。

（五）森林公园

森林公园依据国家《森林法》《森林法实施条例》《野生植物保护条例》《森林公园管理办法》《全国主体功能区规划》《森林防火条例》《四川省森林公园管理条例》以及森林公园规划进行管理。

——严格控制人工景观及设施建设，禁止从事与资源保护、生态建设、森林游憩无关的任何生产建设活动。

——在森林公园内以及可能对森林公园造成影响的周边地区，禁止进行采石、取土、开矿、放牧以及非抚育和更新性采伐等活动。

——建设旅游设施及其他基础设施等必须符合森林公园规划，逐步拆除违反规划建设的设施。

——根据资源状况和环境容量对旅游规模进行有效控制，不得对森林及其他野生动植物资源等造成损害。

——不得随意占用征收和转让林地。

（六）地质公园

地质公园根据《世界地质公园网络工作指南》《国土资源部地质环境司关于加强世界地质公园和国家地质公园建设与管理工作的通知》（国土资环函〔2007〕68号）、《全国主体功能区规划》以及国家地质公园规划进行管理。

除必要的保护和附属设施外，禁止其他任何生产建设活动。禁止在地质公园和可能对地质公园造成影响的周边地区进行采石、取土、开矿、放牧、砍伐以及其他对保护对象有损害的活动。未经管理机构批准，不得在地质公园范围内采集标本和化石。

（七）重要湿地和湿地公园

重要湿地和湿地公园依据《国务院办公厅关于加强湿地保护管理的通知》（国办发〔2004〕50号）、《中国湿地保护行动计划》《四川省湿地保护条例》《国家林业局关于做好湿地公园发展建设工作的通知》（林护发〔2005〕118号）、《四川省人民政府办公厅关于加强湿地保护管理的通知》（川办函〔2005〕40号）和《规划》进行管理。

——国际、国家重要湿地内一律禁止开垦占用或随意改变用途。

——国家级和地方级湿地公园内除必要的保护和附属设施外，禁止其他任何生产建设活动。禁止开垦占用、随意改变湿地用途以及损害保护对象等破坏湿地的行为。不得随意占用、征用和转让湿地。

（八）重要饮用水水源地

重要饮用水水源地是指集中式饮用水水源地及自来水厂取水口所在的水源地，是按照《四川省饮用水水源保护管理条例》管理。四川省县级及以上集中式饮用水水源地约246处，分布于四川省21个市（州）。重要饮用水水源地的保护方向是：加强饮用水水源地建设和保护，制定并实施饮用水水源地安全保障和建设规划，科学划定饮用水水源保护区，加强一级、二级水源区保护和饮用水水源地水量、水质监控能力建设，建立完善饮用水水源地安全预警和应急机制。确需在饮用水水源保护区内建设的新、改、扩建项目，应报环保及水政主管部门批准后才能实施。

——一级饮用水水源保护区。针对地表水、地下水水源地的一级保护区，以"查明核定""清理拆除""严格控制"污染源为基本原则，按照相关规定，列出主要污染点源清单，包括违规建筑物、违规建设项目（含工业企业、农副产品加工、畜禽养殖场等）、污水排放口、渗坑渗井等，整理核定污水排放口的数量及分布，制定截污和拆除方案，实施清理、整治与管理；对工程实施中和实施后的水源保护区严格土地使用管制，禁止新、扩、改建与供水和保护水源无关的建设项目，已建成的与供水和保护水源无关的建设项目，应拆除或关闭。

——二级和准保护区点源污染防治工程。二级、准保护区的点源污染防治工程按照近期以清查、拆除违规污染源为主，远期以污染预防为主的原则实施。按照相关规定，列出违规建筑物和建设项目清单；禁止在二级保护区新、扩、改建排放污染物的建设项目，已建成的排放污染物建设项目，应拆除或关闭。对于准保护区内的污染源，限期治理超标排放的污染源，实行严格总量控制，必须达到或高于相关排放标准。

第三节　生态保护红线制度

党的十九大报告明确，要完成生态保护红线、永久基本农田、城镇开发边界三条控制线划定工作。2018 年 7 月 20 日，四川省政府印发《四川省生态保护红线方案》，划定了四川的"生态底线"。根据《方案》，四川省生态保护红线总面积达 14.80 万平方千米，占四川省幅员面积的 30.45%。

四川生态保护红线分为 5 大类 13 个区块，主要分布在川西高原山地、盆周山地的水源涵养、生物多样性维护、水土保持生态功能富集区和金沙江下游水土流失敏感区、川东南石漠化敏感区。

一、生态问题

生态屏障功能仍较脆弱，突出生态问题亟待解决。四川省积极实施退耕还林、天然林保护等重大生态工程建设，森林覆盖率提高到 38.03%，但森林系统低质化、森林结构纯林化、森林生态功能低效化问题较为突出。四川省草原退化面积占可利用草原面积的 58.7%，天然草原平均超载率 10.03%，草原承载压力较重。土地荒漠化呈蔓延趋势，荒漠化面积 1.59 万平方千米

（石漠化土地0.73万平方千米、沙化土地0.86万平方千米）。水电工程建设、过度放牧等导致部分湿地和河湖生态功能退化，自然湿地面积逐渐萎缩。四川水土流失面积（不包括冻融侵蚀）12.1万平方千米，占幅员面积的24.9%。从空间分布来看，草原退化、土地沙化主要集中在川西高原的甘孜州、阿坝州和凉山州的部分草原；石漠化土地主要分布在四川盆地南缘和川东平行岭谷的喀斯特山区；水土流失主要发生在凉山州南部和攀枝花市的金沙江下游干热河谷区。

生态空间被挤占，生物多样性保护受威胁。四川省地处青藏高原向平原、丘陵过渡地带，地貌复杂，气候类型多样，孕育了类型丰富、独具特色的生物多样性。特别是川西高山高原区和川西南山地区，更是四川省生物多样性保护的重点区域。近年来随着四川省经济社会快速发展，城镇化、工业化加速推进，各类基础设施建设、水电和矿产资源开发强度增加，开发活动挤占了生态空间，带来的植被破坏、栖息地侵扰、外来物种入侵、环境污染等压力不断增大。同时，到2020年，四川省要全面建成小康社会，一批包括新型农牧新村和公路、铁路等基础设施项目将加快建设，自然生态空间可能面临新一轮挤占，这将加重野生动植物栖息地生境破碎化和面积缩减，生物多样性进一步受到威胁。面对目前已经存在的重要生态系统功能低效化、珍稀濒危野生动植物栖息地破碎化问题，如何科学应对社会经济发展形势，合理规划布局，将生物多样性保护的重要区域保护好，尽量减少占用生态空间，确保生态功能不减退，是生态环境保护面临的重大挑战。

自然灾害频发，生态环境破坏风险较高。四川地处青藏高原地震区，地质构造活动剧烈，是我国地震活动最强烈、大地震频繁发生的地区。2008年以来，汶川、芦山、康定、九寨沟等多地数次发生6级以上地震，伴随滑坡、泥石流等次生地质灾害，对区域生态环境造成了灾难性破坏。同时，川西山地海拔多在3000米以上，深切割高山地貌密布，沟壑纵横、气候寒冷、植物生长缓慢、暴雨洪涝年年发生，是生态环境极为敏感脆弱地区。

二、生态定位

四川省地处青藏高原东南缘，跨我国地形第一阶梯向第二阶梯的过渡地带，是长江、黄河上游重要的水源涵养地。川西高山高原区、川西南山地区分别是国家"两屏三带"生态安全战略格局中的青藏高原生态屏障、黄土高原—川滇生态屏障的组成部分，具有突出的水源涵养、水土保持、生物多样性维护、气候调节等生态功能。四川省是全球生物多样性保护热点地区之一，是我国重要的物种基因库，特有、子遗物种丰富，有高等植物近万种，占全国总数的33%，居全国第二位；大熊猫数量、栖息地面积均占全国的70%以上，被誉为"大熊猫的故乡"。

三、划定原则

依法依规原则。根据《中华人民共和国环境保护法》和《中共中央办公厅国务院办公厅关于划定并严守生态保护红线的若干意见》（厅字〔2017〕2号），划定并严守生态保护红线。牢固树立底线意识，将生态保护红线作为编制生态空间规划的基础，强化用途管制，确保生态功能不降低、面积不减少、性质不改变。

科学性原则。统筹考虑自然生态整体性和系统性，在科学评估的基础上，按照生态功能重要性、生态环境敏感性与脆弱性划定生态保护红线，并落实到国土空间，系统构建生态安全格局。

协调性原则。建立协调有序的生态保护红线划定工作机制，强化部门联动、上下结合，充分与主体功能区规划、生态功能区划、国土规划、土地利用总体规划、城乡规划以及永久基本农田布局等相衔接。以土地现状调查数据和地理国情普查数据为基础，原则上不得突破永久基本农田边界，将生态保护红线保护要求落实在国土规划、土地利用总体规划中，通过国土规划、土地利用总体规划实施严格的国土空间用途管制。

动态性原则。根据构建国家和区域生态安全格局，提升生态保护能力和生态系统完整性的需要，生态保护红线布局应不断优化和完善，实现循序渐进动态化管理。生态保护红线内的法定禁止开发区因规划调整而产生的范围变化，生态保护红线边界随之自动调整。

因地制宜原则。生态保护红线划定结果要与当前经济社会发展和人民群众需求相适应，与当前监管能力相适应。因地制宜根据不同区位特征和保护要求，将有必要实行严格保护的区域划入生态保护红线。

四、生态红线

按照《环境保护部办公厅国家发展改革委办公厅关于印发〈生态保护红线划定指南〉的通知》（环办生态〔2017〕48号，以下简称《划定指南》）要求，结合四川实际，按照定量与定性相结合原则，通过科学评估，识别生态保护的重点类型和重要区域，合理划定生态保护红线。

（一）总体划定情况

四川省生态功能重要性和生态环境敏感性科学评估结果表明，四川省水源涵养极重要区、水土保持极重要区、生物多样性维护极重要区面积分别为10.56万平方千米、6.77万平方千米、10.83万平方千米，水土流失极敏感区、土地沙化极敏感区、石漠化极敏感区面积分别为5.28万平方千米、2.31万平方千米、0.74万平方千米。叠加后（去除重叠部分）总面积为16.23万平方千米，占四川省幅员面积的33.38%。

在科学评估基础上，对各类保护地进行叠加校验、边界处理、规划衔接、跨区域协调、上下对接等，去除城市建设用地、耕地（含永久基本农田）、商品林（含苗圃）、交通用地、工矿用地以及能源、公共服务设施等项目建设用地，完成四川省生态保护红线划定。

四川省生态保护红线总面积14.80万平方千米，占四川省幅员面积的30.45%，涵盖了水源涵养、生物多样性维护、水土保持功能极重要区，水土流失、土地沙化、石漠化极敏感区，自然保护区、森林公园的生态保育区和核心景观区，风景名胜区的一级保护区（核心景区）、地质公园的地质遗迹保护区、世界自然遗产地的核心区、湿地公园的湿地保育区和恢复重建区、饮用水水源保护区的一级保护区、水产种质资源保护区的核心区等法定保护区域，以及极小种群物种分布栖息地、国家一级公益林、重要湿地、雪山冰川、高原冻土、重要水生生境、特大和大型地质灾害隐患点等各类保护地。

四川省生态保护红线主要分布于川西高山高原、川西南山地和盆周山地，分布格局为"四轴九核"。"四轴"指大巴山、金沙江下游干热河谷、川东南山地以及盆中丘陵区，呈带状分布；"九核"指若尔盖湿地（黄河源）、雅砻江源、大渡河源以及大雪山、沙鲁里山、岷山、邛崃山、凉山—相岭、锦屏山，以水系、山系为骨架集中成片分布。

（二）生态保护红线类型分布

1. 雅砻江源水源涵养生态保护红线

地理分布：该区位于四川省西北部边缘，其中石渠县北部黄河流域区属于三江源水源涵养与生物多样性保护重要区，其余区域属于川西北水源涵养与生物多样性保护重要区。行政区涉及甘孜州甘孜县、德格县、石渠县、色达县，总面积2.23万平方千米，占生态保护红线总面积的15.06%，占四川省幅员面积的4.58%。

生态功能：区内除石渠县北部、色达县东部分属黄河流域和大渡河流域外，该区大部分属于雅砻江流域，是雅砻江的主要发源地和重要水源补给区，具有极重要的水源涵养功能。区域生态系统类型有高原湖泊、高寒湿地、高原及高山灌丛草甸等，代表性物种有白唇鹿、藏野驴、雪豹、野牦牛、黑颈鹤等。

重要保护地：本区域分布有1个国家级自然保护区、2个省级自然保护区、8个省级湿地公园的部分或全部区域。

保护重点：保护高原原生灌丛、草甸、湿地等自然生态系统，特别是保护高寒湿地生态系统和河流水生生态系统，维护水源涵养功能，加强草地沙化和鼠虫害防治，控制草场载畜量。

2. 大渡河源水源涵养生态保护红线

地理分布：该区位于四川省西北部，属于川西北水源涵养与生物多样性保护重要区，行政区涉及马尔康市、金川县、壤塘县、阿坝县、红原县、道孚县，总面积1.27万平方千米，占生态保护红线总面积的8.60%，占四川省幅员面积的2.62%。

生态功能：区内主要河流有脚木足河、梭磨河、绰斯甲河、大金川等，是大渡河发源地的重要组成部分，具有极重要的水源涵养功能。区域生态系统类型有森林、高山草甸、高原湖泊、沼泽湿地等，植被以高山草甸、亚高山草甸、高山灌丛及亚高山针叶林等为主，代表性物种有云杉、冷杉岷江柏、红豆杉、白唇鹿、黑颈鹤、猕猴等。

重要保护地：本区域分布有1个国家级自然保护区、1个省级自然保护区、2个省级湿地公园、2处饮用水水源保护区的部分或全部区域。

保护重点：保护森林、高山草甸以及湿地、河流生态系统和川陕哲罗鲑等珍稀特有鱼类重要栖息地，维护水源涵养功能；加强大渡河峡谷地区地质灾害防治和水土流失治理；加强区域北部草地沙化和草原鼠虫害防治。

3. 若尔盖湿地水源涵养—生物多样性维护生态保护红线

地理分布：该区位于四川省北部，属于川西北水源涵养与生物多样性保护重要区，行政区涉及阿坝县、若尔盖县、红原县，总面积0.83万平方千米，占生态保护红线总面积的5.62%，占四川省幅员面积的1.71%。

生态功能：区内河流主要有黄河上游一级支流黑河、白河和贾曲，是黄河上游重要水源补给区，具有极重要的水源涵养功能。区域生态系统类型主要为高原湖泊、沼泽湿地和草甸生态系统，植被以沼泽植被以及高寒草甸、草甸植被和灌丛植被为主，代表性物种有紫果云杉、大熊猫、四川梅花鹿、黑颈鹤、白唇鹿等。

重要保护地：本区域分布有1个国家级自然保护区、1个省级自然保护区、1个国家湿地公园、1个国家级水产种质资源保护区的部分或全部区域。

保护重点：保护天然草地和沼泽湿地，维护水源涵养和生物多样性保护功能；加强草地沙化和鼠虫害防治，控制草场载畜量；严禁沼泽湿地疏干改造，严禁侵占湿地开发草场。

4. 沙鲁里山生物多样性维护生态保护红线

地理分布：该区位于四川省西部边缘，属于川西北水源涵养与生物多样性保护重要区，行政区涉及新龙县、白玉县、理塘县、巴塘县、乡城县、稻城县、得荣县，总面积3.00万平方千米，占生态保护红线总面积的20.27%，占四川省幅员面积的6.17%。

生态功能：区内河流属金沙江水系，植被以高山高原草甸、高山灌丛及亚高山针叶林为主，代表性物种有白唇鹿、矮岩羊、金雕、雪豹、黑熊、藏马鸡等，生物多样性保护极为重要。

重要保护地：本区域分布有3个国家级自然保护区、4个省级自然保护区、2个省级风景名胜区、2个省级湿地公园、2个省级地质公园的部分或全部区域。

保护重点：保护森林、高寒湿地生态系统和野生动植物及其生境，保护冰川，维护生物多样性功能；加强草地植被保护，防止草场退化、沙化。

5. 大雪山生物多样性维护——水土保持生态保护红线

地理分布：该区位于四川省西部，属于川西北水源涵养与生物多样性保护重要区，行政区涉及康定市、泸定县、丹巴县、雅江县、道孚县、炉霍县，总面积 1.47 万平方千米，占生态保护红线总面积的 9.90%，占四川省幅员面积的 3.02%。

生态功能：区内河流分属大渡河、雅砻江水系，植被类型以亚高山针叶林为主，生态系统涉及森林、高寒湿地、草甸等，代表性物种有冷杉、云杉、四川雉鹑、绿尾虹雉、大紫胸鹦鹉、黑颈鹤、白唇鹿、雪豹、玉带海雕、金丝猴、牛羚等，是生物多样性保护的重要区域。该区沿大渡河、雅砻江流域分布干旱河谷和高山峡谷区，泥石流滑坡强烈发育，呈现土壤侵蚀敏感性高的特点，也是土壤保持的重要区域。

重要保护地：本区域分布有 2 个国家级自然保护区、7 个省级自然保护区、1 个国家级风景名胜区、1 个国家地质公园、1 个省级湿地公园、1 处世界自然遗产地、1 处饮用水水源保护区的部分或全部区域。

保护重点：加强森林植被及森林生态系统保护，保护湿地和珍稀野生动植物及其生境，维护生态功能；加强干旱河谷和高山峡谷区地质灾害综合整治，防治水土流失。

6. 岷山生物多样性维护——水源涵养生态保护红线

地理分布：该区位于四川盆地西北部边缘，是川西高原向四川盆地过渡地带，属于岷山—邛崃山—凉山生物多样性保护与水源涵养重要区，行政区涉及都江堰市、彭州市、什邡市、绵竹市、绵阳市安州区、北川羌族自治县、平武县、江油市、青川县、剑阁县、汶川县、理县、茂县、松潘县、九寨沟县、黑水县、若尔盖县，总面积 2.23 万平方千米，占生态保护红线总面积的 15.03%，占四川省幅员面积的 4.58%。

生态功能：该区河流分属嘉陵江、涪江、岷江水系，是白龙江、岷江和涪江等多条河流的重要水源涵养地。区内植被以常绿阔叶林、常绿与落叶阔叶混交林和亚高山常绿针叶林为主,代表性物种有珙桐、红豆杉、岷江柏、大熊猫、川金丝猴、扭角羚、林麝、马麝、梅花鹿等,是我国乃至世界生物多样性保护重要区域,具有极其重要的生物多样性保护功能。

重要保护地:本区域是大熊猫栖息地核心分布区。区域内分布有 10 个国家级自然保护区、17 个省级自然保护区、5 个国家级风景名胜区、12 个省级风景名胜区、7 个国家地质公园、2 个省级地质公园、3 处世界自然遗产地、1 处饮用水水源保护区的部分或全部区域。

保护重点:保护自然生态系统和大熊猫、川金丝猴等重要物种及其栖息地,维护生物多样性保护和水源涵养功能;加强自然保护区规范化建设和管理;加强地震灾区受损生态系统的恢复和修复;加强地质灾害防治和水土流失治理。

7. 邛崃山生物多样性维护生态保护红线

地理分布:该区位于四川盆地西部,是"华西雨屏"的中心地带,属于岷山—邛崃山—凉山生物多样性保护与水源涵养重要区,行政区涉及大邑县、邛崃市、崇州市、天全县、芦山县、宝兴县、小金县,总面积 0.63 万平方千米,占生态保护红线总面积的 4.26%,占四川省幅员面积的 1.30%。

生态功能:区内河流主要为青衣江水系,森林植被以常绿阔叶林、常绿与落叶阔叶混交林和亚高山常绿针叶林为主,区内原始森林以及野生珍稀动植物资源十分丰富,是大熊猫、川金丝猴、扭角羚等珍稀野生动物的栖息地,是我国生物多样性保护的热点地区和重要区域之一,生物多样性保护功能极其重要。

重要保护地:本区域是大熊猫栖息地核心分布区。区域内分布有 2 个国家级自然保护区、4 个省级自然保护区、3 个国家级风景名胜区、3 个省级风景名胜区、1 个省级湿地公园、1 个国家地质公园、1 个省级地质公园、1 处世界自然遗产地的部分或全部区域。

保护重点:保护自然生态系统和大熊猫等重要物种及其栖息地,加强低效林改造和迹地修复,加强生态廊道建设,维护生物多样性保护功能;加强自然保护区和物种保护区建设;加强地质灾害防治和水土流失治理。

8. 凉山—相岭生物多样性维护—水土保持生态保护红线

地理分布：该区位于四川省南部，属于岷山—邛崃山—凉山生物多样性保护与水源涵养重要区，行政区涉及米易县、乐山市沙湾区、乐山市金口河区、沐川县、峨边彝族自治县、马边彝族自治县、峨眉山市、洪雅县、宜宾县、屏山县、荥经县、汉源县、石棉县、西昌市、德昌县、普格县、昭觉县、喜德县、冕宁县、越西县、甘洛县、美姑县，总面积1.10万平方千米，占生态保护红线总面积的7.40%，占四川省幅员面积的2.25%。

生态功能：区内河流分属大渡河、金沙江水系，森林类型以常绿阔叶林、常绿与落叶阔叶混交林和亚高山针叶林为主，代表性物种有红豆杉、连香树、大熊猫、四川山鹧鸪、扭角羚、白腹锦鸡、白鹇、红腹角雉等，生物多样性保护极其重要。该区地貌以中高山峡谷为主，山高坡陡，泥石流滑坡强烈发育，土壤侵蚀敏感性程度高，是土壤保持重要区域。

重要保护地：本区域是大熊猫栖息地核心分布区。区域内分布有6个国家级自然保护区、9个省级自然保护区、2个国家级风景名胜区、5个省级风景名胜区、1个国家地质公园、3个省级地质公园、2个国家湿地公园、1个省级湿地公园、1处世界文化与自然遗产地、2处饮用水水源保护区的部分或全部区域。

保护重点：保护自然生态系统和大熊猫等野生动物及其生境，防治紫茎泽兰等外来有害生物入侵，维护生物多样性保护功能；加强自然保护区建设与管护，加强生态廊道建设；治理水土流失，防治地质灾害。

9. 锦屏山水源涵养—水土保持生态保护红线

地理分布：该区位于四川省西南部边缘，属于岷山—邛崃山—凉山生物多样性保护与水源涵养重要区，行政区涉及木里藏族自治县、盐源县、冕宁县、九龙县，总面积1.09万平方千米，占生态保护红线总面积的7.34%，占四川省幅员面积的2.24%。

生态功能：区内自然生态系统以森林生态系统为主，其次为草地生态系统，河流有雅砻江及其重要支流九龙河、盐源河等，是雅砻江水系重要的水源涵养区和金沙江重要水源补给区，水源涵养功能极为重要。该区土壤侵蚀敏感性较高，特别是北部的九龙及木里部分区域，土壤侵蚀极敏感，是四川省土壤保持重要区域。

重要保护地：本区域分布有 1 个国家级自然保护区、2 个省级自然保护区、1 个国家级风景名胜区、1 个省级风景名胜区、1 个省级水产种质资源保护区的部分或全部区域。

保护重点：保护森林及草原植被，维护森林等自然生态系统的水源涵养；加强高山峡谷区地质灾害防治和水土流失治理；加强雅砻江及其支流水生生态系统保护。

10. 金沙江下游干热河谷水土流失敏感生态保护红线

地理分布：该区位于川西南山地南部，属于川滇干热河谷土壤保持重要区，行政区涉及攀枝花市东区、西区、仁和区、盐边县，会理市会理县，凉山彝族自治州会东县、宁南县、布拖县、金阳县、雷波县，总面积 0.40 万平方千米，占生态保护红线总面积的 2.73%，占四川省幅员面积的 0.83%。

生态功能：区内地貌以中山峡谷为主，受山地地形和干热气候影响，区域生态脆弱，水土流失敏感性高，是四川省乃至全国水土保持极重要区域。植被类型以亚热带松栎混交林和暖温带阔叶栎林为主，代表性物种有攀枝花苏铁、大熊猫、四川山鹧鸪、黑颈鹤、林麝等。

重要保护地：本区域分布有 1 个国家级自然保护区、3 个省级自然保护区、1 个省级风景名胜区、1 个省级湿地公园、1 个省级地质公园、5 处饮用水水源保护区的部分或全部区域。

保护重点：保护现有植被；加强退化生态区的自然恢复和生态修复；加强干热河谷区地质灾害防治和水土流失治理；加强金沙江及其支流水生生态系统保护。

11. 大巴山生物多样性维护—水源涵养生态保护红线

地理分布：该区位于四川盆地北部边缘，属于秦岭—大巴山生物多样性保护与水源涵养重要区，行政区涉及广元市利州区、朝天区、旺苍县，达州市宣汉县、万源市，巴中市通江县、南江县，总面积 0.36 万平方千米，占生态保护红线总面积的 2.46%，占四川省幅员面积的 0.75%。

生态功能：区内森林资源丰富，森林植被空间垂直地带性分布特征明显，生态系统类型有常绿阔叶林、针—阔混交林和亚高山常绿针叶林，代表性物种有巴山水青冈、红豆杉、大鲵、猕猴、林麝等国家重点保护珍稀动植物，是我国乃至东南亚地区暖温带与北亚热带地区生物多样性最丰富的地区之一。该区还是嘉陵江、渠江和汉江流域的上游源区，是四川盆地水资源的重要补给区，水源涵养功能十分重要。

重要保护地：本区域分布有3个国家级自然保护区、8个省级自然保护区、4个国家级风景名胜区、3个省级风景名胜区、2个国家地质公园、1个省级地质公园、3个国家级水产种质资源保护区、3处饮用水水源保护区的部分或全部区域。

保护重点：保护森林生态系统、野生动植物及其栖息地，维护生物多样性保护和水源涵养功能；加强已有自然保护区管理和能力建设；加强退化生态系统恢复、地质灾害防治和水土流失治理。

12. 川东南石漠化敏感生态保护红线

地理分布：该区位于四川盆地东南部，包括与重庆交界的平行岭谷地区和与云南、贵州交界的四川盆地中部低山丘陵的过渡地带，水热条件良好，生物资源较丰富，其赤水河流域属于大娄山区水源涵养与生物多样性保护重要区。行政区涉及泸州市合江县、叙永县、古蔺县，广安市前锋区、邻水县、华蓥市，达州市大竹县，总面积0.11万平方千米，占生态保护红线总面积的0.77%，占四川省幅员面积的0.24%。

生态功能：该区岩溶地貌发育，局部石漠化严重。区内植被以常绿阔叶林为主，生物多样性较丰富，有桫椤、川南金花茶等珍稀植物，达氏鲟、胭脂鱼等国家重点保护鱼类以及豹、林麝等国家重点保护野生动物。

重要保护地：本区域分布有3个国家级自然保护区、1个省级自然保护区、2个国家级风景名胜区、7个省级风景名胜区、1个世界地质公园、1个国家地质公园、6个省级湿地公园、1个国家级水产种质资源保护区、3处饮用水水源保护区的部分或全部区域。

保护重点：以保护亚热带原始常绿阔叶林生态系统和竹类生态系统为重点，加强森林植被、珍稀野生动植物及其栖息地保护；保护赤水河水生态系统，维护长江上游鱼类种群多样性；加强自然保护区管理；防止喀斯特地貌区石漠化。

13. 盆中城市饮用水源—水土保持生态保护红线

地理分布：该区位于四川省东部成都平原及盆地丘陵区，行政区涉及成都市、自贡市、德阳市、绵阳市、广元市、遂宁市、内江市、乐山市、南充市、眉山市、广安市、达州市、巴中市、资阳市，总面积 0.08 万平方千米，占生态保护红线总面积的 0.54%，占四川省幅员面积的 0.17%。

生态功能：四川盆地区是成渝经济区的重要组成部分，是成渝城市群核心区域，人口密集，经济发展，城镇化率大于 50%，该区主体功能区定位为重点开发区域和农产品主产区，其主导功能为人居保障和农林产品提供，该区的生态保护红线主要以保障城市饮水安全的饮用水水源保护区为主，还有零散分布于四川盆地及成都平原区自然保护区、风景名胜区、湿地公园、地质公园等各类生态保护重要区域，它们在维护区域水土保持功能方面发挥着重要作用。

重要保护地：本区域分布有 32 处饮用水水源保护区、6 个省级自然保护区、3 个国家级风景名胜区、10 个省级风景名胜区、1 个世界地质公园、5 个国家地质公园、1 个省级地质公园、2 个国家湿地公园、4 个省级湿地公园、14 个国家级水产种质资源保护区、1 个省级水产种质资源保护区、1 处世界文化与自然遗产地的部分或全部区域。

保护重点：严格按照现有相关法律法规对禁止开发区域的管理要求，对生态保护红线实施严格保护，严格控制人为因素对区内自然生态的干扰。

五、效益分析

（一）优化生态安全格局，系统保护山水林田湖草

《四川省生态保护红线实施意见》中划定的生态保护红线不仅覆盖了四川省"四区八带多点"生态安全战略格局中水源涵养、生物多样性维护、水土保持等生态功能极重要的区域和全部重点生态功能区县，还结合四川省生态保护实际需求，将金沙江干热河谷水土流失极敏感区域、川东南平行岭谷石漠化极敏感区域、川西北土地沙化极敏感区域以及极小种群物种分布的栖息地、重要水源地、评估良好的河湖水域岸线和重要水生生境以及特大和大型地质灾害隐患点等划入生态保护红线，进一步优化了四川省生态安全格局，

强化了生态保护红线在保障和维护国家以及四川省生态安全底线的作用。

通过将生态保护红线划定结果与四川省土地利用现状调查数据进行叠加分析，生态保护红线范围内土地利用类型以林地、草地和河湖水域、自然湿地为主，其中林地面积占总面积的 58.19%，草地面积占总面积的 33.60%，河湖水域、自然湿地面积占总面积的 0.78%，充分体现了坚持山水林田湖草是一个生命共同体实施系统保护的指导思想。

（二）保护自然生态系统，提升生态屏障功能

通过将生态保护红线划定结果与重点生态功能区内自然生态系统分布空间数据进行叠加分析，四川省重点生态功能区内约 80% 的草本湿地和湖泊湿地，以及 60% 以上包括常绿阔叶林、落叶阔叶林、常绿针叶林、落叶针叶林、针阔混交林在内的森林生态系统纳入了生态保护红线，有效保护了四川自然生态系统 60% 以上的水源涵养功能和约 50% 的水土保持功能，可有效遏制河流生态功能退化、自然湿地萎缩、草原退化、土地沙化石漠化以及水土流失、生物多样性受到威胁等突出生态问题，促进自然生态系统保护和生态功能恢复，对于筑牢长江上游生态屏障、维护四川乃至全国的生态安全具有重要意义。

（三）保护生物生境，维护生物多样性

四川生态保护红线全面覆盖了省域内 32 个国家级自然保护区、63 个省级自然保护区，自然保护区划入生态保护红线的总面积达 5.47 万平方千米，占四川省省级以上自然保护区总面积的 96.49%。同时，生态保护红线方案涵盖了《四川省生物多样性保护战略与行动计划》划定的 13 个生物多样性保护优先地区，生态保护红线分布比例占到其行政区县幅员面积的 48%，涵盖了 90% 以上的优先区评价关键空间。此外，生态保护红线方案还涵盖了 80% 以上的湿地公园、省域内所有国际和国家重要湿地以及大部分的森林公园。通过生态保护红线的划定，使四川省 95% 以上的物种资源在生态保护红线内获得保护。

大熊猫作为世界生物多样性保护的旗舰物种，在四川省生物多样性保护工作中具有重要意义。四川岷山、邛崃山—大相岭是大熊猫栖息地的主要分布区，也是大熊猫国家公园的核心片区。参考国家公园边界征求意见方案，

四川境内大熊猫栖息地进入生态保护红线面积1.39万平方千米，占岷山片区、邛崃山—大相岭片区大熊猫栖息地面积的96.67%，这将对保护和修复大熊猫栖息地生态系统起到极大推动作用。

四川省现有距瓣尾囊草、剑阁柏、攀枝花苏铁、五小叶槭等极小种群植物20种，分布栖息地总面积约30平方千米，将其全部纳入生态保护红线，可为四川省小物种保护工作提供保障。对于极小种群栖息地红线，管理部门可以通过协议管理、置换、长期租赁等形式，取得原生土地的管护权，逐步恢复极小种群生存的栖息地植被。

（四）促进经济社会可持续发展

四川省土地资源整体较为丰富，但可利用土地较少，农业空间和城镇空间主要集中在四川盆地，工农业生产及农民生计对资源的依赖性强，人口分布呈现"小集中、大分散"的状态，城镇化、工业化与全国相比还有较大差距，扶贫任务重，发展不足、保护不够并存，一些区域、流域已超过资源环境承载能力或达到其上限。川西高原和盆周山地是四川省重要水源补给区和农产品、林产品提供区，同时这些区域也是生态环境脆弱区，划定生态保护红线，可保护好四川省最基本的生态资源和生命线。同时，在四川盆地和丘陵区域合理划定生态保护红线，引导经济布局与资源环境承载能力相适应，促进各类资源集约节约利用，对于提高四川省经济社会可持续发展的生态支撑能力具有极为重要的作用。

六、实施保障

（一）加强组织协调

在省委省政府的统一部署下，建立由环境保护厅、省发展改革委牵头的生态保护红线管理协调机制，组织、指导、协调生态保护红线划定和监督管理工作，明确地方和部门责任，建立生态保护红线定期会商和信息通报制度，研究生态保护红线相关政策、制度创新、机制创新等重大问题，形成划定并严守生态保护红线的强大合力和良好工作格局。

各市（州）、县（市、区）可参照省级工作模式，建立生态保护红线管理协调机制，加强组织协调，强化监督执行，确保生态保护红线划得实、守得住。

（二）确立生态保护红线的优先地位

生态保护红线是保障和维护国家生态安全的底线和生命线，划定生态保护红线是国家实施生态空间用途管制的重要举措。各级人民政府应坚持生态保护红线优先地位，编制生态保护红线规划，将生态保护红线作为本行政区空间规划的重要基础，发挥好生态保护红线对于国土空间开发的底线作用。相关规划要符合生态保护红线空间管控要求，不符合的要及时进行调整，严格自然生态空间征（占）用管理。

（三）落实责任主体

按照环境保护"党政同责"的原则，在省委的统一领导下，省政府统筹研究制定四川省生态保护红线重大政策和措施，及时准确发布生态保护红线分布、调整、保护状况等信息。对生态保护红线保护成效突出的单位和个人予以奖励；对造成破坏的，依法依规予以严肃处理。

省政府有关行政主管部门要按照职责分工，履行生态保护红线划定和管控职责，加强监督管理，做好指导、协调和执法监督，共守生态保护红线，推动落实生态保护红线内生态空间用途管制。对划入生态保护红线的各类已有禁止开发区域，相关责任部门要依法严格管理。

各市（州）要落实严守本行政区生态保护红线的主体责任，负责生态保护红线的日常监管，建立目标责任制，把保护目标、任务和要求层层分解，落到实处。定期公布生态保护红线信息，并将生态保护红线纳入国民经济和社会发展规划、土地利用总体规划和城乡规划。

各县（市、区）要落实严守本行政区生态保护红线的主体责任，负责将生态保护红线落地、勘界定标，开展生态保护红线的政策宣传、日常巡查和管理。根据需要设置生态保护红线管护岗位。

（四）完善政策机制

结合国家生态保护红线有关立法，因地制宜制定相应的生态保护红线管理地方性法规规章。加快制定有利于提升和保障生态功能的土地、产业、投资等配套政策。研究市场化、社会化投融资机制，多渠道筹集保护资金，发挥资金合力。

（五）严格责任追究

对违反生态保护红线管控要求、造成生态破坏的部门、地方、单位和有关责任人员，按照有关法律法规和《党政领导干部生态环境损害责任追究办法(试行)》和《四川省党政领导干部生态环境损害责任追究实施细则(试行)》等规定追究责任。对推动生态保护红线工作不力的，区分情节轻重，予以诫勉、责令公开道歉、组织处理或党纪政纪处分，构成犯罪的依法追究刑事责任。对造成生态环境和资源严重破坏的，实行终身追责。

（六）加大生态保护补偿力度

财政厅会同有关部门加大对生态保护红线的支持力度，加快健全生态保护补偿制度，完善重点生态功能区转移支付政策，探索建立横向生态保护补偿机制。在国家现有政策基础上，整合各类生态保护与建设资金，加大对生态保护红线区域的资金投入。

（七）建立生态保护红线监管平台

积极对接国家生态保护红线监管平台，由环境保护厅、省发展改革委、国土资源厅牵头，会同其他有关部门，建设和完善生态保护红线综合监测网络体系。充分发挥地面生态系统、环境、气象、水文水资源、水土保持等监测站点和卫星的生态监测能力，布设相对固定的生态保护红线监控点位，及时获取生态保护红线监测数据。强化生态气象灾害监测预警能力建设，及时评估和预警生态风险。实时监控人类干扰活动，及时发现破坏生态保护红线的行为，通报当地政府，由有关部门依据各自职能组织开展现场核查，依法依规进行处理。

（八）开展定期评价和绩效考核

认真落实生态保护红线评价机制，环境保护厅、省发展改革委会同有关部门定期组织开展评价，及时掌握四川省、重点区域、县域生态保护红线生态功能状况及动态变化趋势，评价结果作为优化生态保护红线布局、安排县域生态保护补偿资金和实行领导干部生态环境损害责任追究的依据，并向社会公布。根据评价结果和目标任务完成情况，对地方党委和政府落实生态保护红线情况进行绩效考核，并将考核结果纳入生态文明建设目标评价考核体系，作为党政领导班子和领导干部综合评价及责任追究、离任审计的重要参考。

（九）强化执法监督

各级环境保护部门和有关部门要按照职责分工加强生态保护红线执法监督。建立生态保护红线常态化执法机制，定期开展执法督查，不断提高执法规范化水平。及时发现和依法处罚破坏生态保护红线的违法行为，切实做到有案必查、违法必究。有关部门要加强与司法机关的沟通协调，健全行政执法与刑事司法联动机制。

（十）加强生态保护与修复

以县级行政区为基本单元建立生态保护红线台账系统，制定实施生态红线保护与生态修复方案。加强生态保护红线的生态保护与退化生态系统修复，优先保护良好生态系统和重要物种栖息地，建立和完善生态廊道。分区分类开展受损生态系统修复，以山水林田湖草为整体，实施保护与修复示范，改善和提升生态功能。在水源涵养生态保护红线内，结合已有的生态保护和建设重大工程，加强森林、草地和湿地的管护和恢复，提高区域水源涵养生态功能；在水土保持生态保护红线内，实施水土流失的预防监督和水土保持生态修复工程，加强小流域综合治理；在生物多样性维护生态保护红线内，建立和完善生态廊道，促进自然生态系统的恢复，加强外来入侵物种管理。有条件的地区，可逐步推进生态移民，有序推动人口适度集中安置，降低人类活动强度，减小生态压力。强化生态保护红线及周边区域环境污染联防联控联治。

（十一）鼓励公众参与

四川省环境保护厅、省发展改革委会同有关部门定期发布生态保护红线监控、评价、处罚和考核信息，保障公众知情权、参与权和监督权。健全公众参与机制，加大政策宣传力度，畅通监督举报渠道，鼓励公民、法人和其他组织积极参与和监督生态保护红线管理。

第四章　四川省绿色发展战略举措

绿色，是高质量发展的应有之色；绿色发展，是高质量发展的应有之义。习近平总书记指出，推动长江经济带绿色发展，关键是要处理好绿水青山和金山银山的关系。这不仅是实现可持续发展的内在要求，也是推进现代化建设的重大原则。依据四川独特的省情，尽快形成以坚持绿色发展观来推动四川高质量发展的全新局面，是落实习近平总书记系列重要讲话精神的根本遵循。

铸牢绿色理念，为推动四川高质量发展提供坚强引领。发展理念决定发展方向。为实现"让天更蓝、地更绿、水更清"的目标，就有必要用绿色发展理念在全川干部群众的头脑中来一场触及灵魂的革命。

第一节　绿色产业主导

一、发展环境

从国际看，绿色低碳发展是当今时代科技革命和产业变革的方向，绿色经济已成为全球产业竞争制高点。从国内看，我国经济已由高速增长阶段转向高质量发展阶段，工业绿色低碳转型任务繁重。特别是碳达峰、碳中和目标对工业绿色发展提出了更高要求，未来 5 年是应对气候变化、实现碳达峰目标的关键期和窗口期。

"十四五"时期，四川推动工业绿色发展面临新的机遇和挑战。"一带一路"建设、长江经济带发展、黄河流域生态保护和高质量发展、新时代推进西部大开发形成新格局、成渝地区双城经济圈建设等国家战略在四川省交汇叠加，将进一步提升四川省在全国大局中的战略位势。碳达峰、碳中和工作的深入推进，有利于四川省进一步发挥清洁能源大省优势，加快发展绿色低碳优势产业，加快推动工业绿色低碳转型，服务支撑全国降碳减排。

同时，必须清醒认识到四川省产业结构偏重、高耗能行业占比偏高、绿色低碳产业规模偏小、能源资源利用效率不高、污染物排放水平有待进一步提升等问题客观存在，必须坚定不移推动绿色发展，加快形成节约资源和保护环境的产业结构、生产方式、生活方式、空间格局，为实现2030年前碳达峰、2060年前碳中和目标奠定基础。

二、主要目标

到2025年，工业生产方式、产业结构绿色转型取得显著成效，绿色低碳技术装备普遍应用，能源资源利用水平稳步提升，碳排放、污染物排放强度降低进一步降低，为实现2030年前碳达峰奠定坚实基础。

——能源利用效率稳步提升。规模以上工业单位增加值能耗下降14%，钢铁、电解铝、水泥、平板玻璃、炼油、乙烯、合成氨、电石和数据中心等重点行业达到标杆水平的产能比例超过30%，水泥熟料、乙烯综合能耗分别下将至104千克标准煤/吨、780千克标准煤/吨。

——碳排放强度持续下降。单位工业增加值二氧化碳排放下降19.5%，钢铁、水泥、建材等重点行业碳排放总量控制取得阶段性成果，为实现2030年前碳达峰目标奠定基础。

——资源利用效率大幅提高。重点行业资源综合利用、清洁生产水平显著提高，工业固废、有害物质源头管控能力持续加强，万元工业增加值用水量较2020年下降16%，大宗工业固废综合利用率达到57%，继续保持区域磷石膏"产消平衡"，主要污染物排放强度持续下降。

——绿色制造体系建设纵深推进。持续深入推进绿色制造示范单位建设，力争新创建200家绿色工厂、20家绿色园区，进一步扩大行业和企业覆盖面。探索开展绿色低碳试点示范，培育10家绿色低碳园区、50家绿色低碳工厂，引领带动重点行业、重点领域减排降碳。

三、重点任务

（一）实施工业领域碳达峰行动

加强工业领域碳达峰顶层设计，研究制定工业领域碳达峰方案，明确重点行业达峰路径，加大力度推进各行业落实碳达峰目标任务，实现梯次达峰。

加强工业领域碳达峰统筹推进力度。深入落实国家2030年前碳达峰行动方案，制定工业领域碳达峰实施方案，明确工业降碳实施路径和重点任务，科学提出碳排放峰值水平，统筹谋划碳达峰的时间表和路线图。制定重点行业碳达峰实施方案，合理有序推动钢铁、建材、石化化工、有色金属等行业实现梯次达峰。加强对地方督促指导力度，严格能耗"双控"、碳排放强度和总量控制约束，及时调度各地工业领域碳达峰工作推进情况。加强与发展改革、生态环境、科技、金融等部门协作配合，形成政策合力。

推动重点行业有序实现碳达峰。围绕钢铁、建材、石化化工、有色金属等重点行业，基于流程型制造、离散型制造的不同特点，明确各行业主要目标和实施路径，确保有序实现碳达峰。钢铁行业严格落实产能置换规定，合理布局发展短流程炼钢，提高电弧炉炼钢比例。注重发挥钒钛资源优势，支撑钒钛新材料向纵深发展。依托氢冶金、短流程电炉高效化等流程变革技术，推动钢铁行业智能化和绿色化发展。建材行业严格执行水泥、平板玻璃产能置换政策，常态化推进水泥错峰生产，大力推广应用节能降碳工艺技术装备。石化化工行业重点提高低碳原料比重，大力推动"减油增化"，提升高端石化产品供给水平。有色金属行业坚持电解铝产能总量约束，逐步提升短流程工艺比重，进一步提升清洁能源使用比例。

推进节能降碳重大工程示范。发挥中央企业、大型企业集团示范引领作用，在主要碳排放行业和绿色氢能与可再生能源应用、新型储能、碳捕集利用与封存等领域，实施一批降碳效果突出、带动性强的重大工程。推动低碳工艺革新和成本下降，支持取得突破的低碳零碳负碳关键技术开展产业化示范应用，形成一批可复制、可推广的技术和经验。探索低成本二氧化碳资源化转化等负碳路径，鼓励和支持二氧化碳捕集利用与封存（CCUS）项目的建设和示范推广。综合利用原料替代、过程消减和末端处理等手段，实现生产过程降碳。

加强非二氧化碳温室气体管控。逐步加强甲烷、氧化亚氮、氢氟碳化物、全氟化碳、六氟化硫等温室气体排放管控。落实《〈蒙特利尔议定书〉基加利修正案》，启动聚氨酯泡沫、挤出基苯乙烯泡沫、工商制冷空调等重点领域含氢氯氟烃淘汰管理计划，加强生产线改造、替代技术研究和替代路线选择，推动含氢氯氟烃削减。

完善能耗在线监测系统。持续推进全省重点用能单位能耗在线监测系统建设，组织年综合能源消费量 1 万吨以上的企业以及 5000 吨以上的化工企业全面接入在线监测系统，着力保障重点用能企业数据接入的持续性、完整性，确保系统稳定运行。依托系统探索开展综合能效、碳排放监测诊断，支持企业依托监测监控情况开展碳足迹认证、碳排放核算，逐步形成"前端监测、中端诊断、后端节能改造"管理服务模式。

低碳发展能力建设工程。大力开展工业企业碳排放信息报告与核查工作，推动企业建立健全碳资产管理体系，提升工业企业应对碳达峰、碳中和的整体能力。定期举办工业领域碳达峰培训和宣贯会，推广国内外先进经验和技术，培养一批工业领域碳达峰行业专家和企业碳排放管理骨干，助力企业提升低碳管理能力。加大低碳绿色人才培养力度，培育急需紧缺的管理和专业技术人才，打造低碳领军人才队伍。

（二）推动产业体系绿色低碳转型

持续推进产业结构调整，加快构建以"5+1"产业为重点的现代制造业新体系，大力推动绿色低碳优势产业高质量发展，坚决遏制"两高"项目盲目发展，依法依规推动落后产能退出，全面提升产业绿色化、低碳化水平。

加快构建现代产业体系。聚焦"5+1"现代产业体系重点领域，培育电子信息、装备制造、特色消费品等具有国际竞争力的制造业集群，建设先进材料、能源化工、汽车产业研发生产制造、医药健康等全国重要的高水平产业基地。围绕新一代信息技术、生物技术、新能源、新材料、高端装备、智能网联汽车、新能源汽车、绿色环保、航空航天等领域，大力发展战略性新兴产业，抢占未来产业战略制高点。坚持以成渝地区双城经济圈建设和"一干多支"发展战略为牵引，科学谋划"5+1"现代工业体系空间布局，促进区域制造业协调发展。

推动绿色低碳优势产业高质量发展。聚焦实现碳达峰、碳中和目标，立足"一地三区"发展定位，以能源绿色低碳发展为关键，以清洁能源产业、清洁能源支撑产业和清洁能源应用产业为重点，大力发展清洁能源、动力电池、晶硅光伏、钒钛、存储等产业，落实支持绿色低碳优势产业高质量发展若干政策，加快推动清洁能源优势转化为高质量发展优势。坚持以区域发展战略引领产业布局，立足资源禀赋和产业基础因地制宜发展绿色低碳优势产业。发挥成都平原经济区先发优势，布局发展锂电材料、晶硅光伏、清洁能源装备、新能源汽车、大数据等产业。推动川南经济区、川东北经济区协同发展，重点布局动力电池、天然气（页岩气）绿色利用、节能环保、新材料等产业。立足攀西经济区绿色转型升级，重点布局钒钛等先进材料和水风光氢储清洁能源产业。推动川西北生态示范区绿色发展，重点布局水风光多能互补的清洁能源产业，大力发展碳汇经济。

推动传统产业绿色低碳改造提升。推进产业优化升级，运用先进适用技术和现代信息技术，加快原材料、轻工、纺织、建材、食品等传统产业技术升级、设备更新和绿色化升级改造。对于能效低于本行业基准水平且未能按期改造升级的项目，限期分批实施改造升级和淘汰。推广应用节能、节水、清洁生产新技术、新工艺、新装备、新材料的。推进石化、钢铁、有色金属、稀土、装备制造、危险化学品等重点行业智能工厂、数字化车间和智慧园区改造，推动新一代信息技术与制造业深度融合，提升产业绿色化、智能化水平。

遏制"两高一低"项目盲目发展。健全完善技术改造项目节能审查制度，严把高耗能高排放低水平项目准入关，坚决抑制高碳用能冲动。对高耗能高排放低水平项目实行清单管理、分类处置、动态监控，严格落实能耗等量替代、减量替代要求，坚决拿下不符合要求的"两高一低"项目。严格执行《产业结构调整指导目录》等规定，支持引导能耗量较大的新兴产业项目应用绿色低碳技术、提高能效水平，依法依规推动落后产能退出，引导低效产能有序退出。

积极承接制造业有序转移。积极承接发展符合生态环境分区管控要求和环保、能效、安全生产等标准要求的高载能行业。鼓励成都平原经济区等创新要素丰富、产业基础雄厚地区承接引进一批技术溢出明显、渗透能力强的创新研发及产业化应用项目。以数字化、智能化、高端化、品牌化为方向，鼓励川南、川东北等劳动力丰富、区位交通便利地区有序承接优质白酒、绿色食品、轻工纺织等消费品产业，积极引进具备数字赋能、龙头引领和品牌建设能力企业和项目，推动产业向智能高端升级。以推动产业向数字赋能、绿色低碳、服务增值等高端转型为方向，引导承接软件开发、信息服务、工业设计等生产性服务业和制造业协同转移。

重点区域工业绿色低碳转型工程包括以下重点内容：

区域绿色发展支点建设工程。环成都经济圈建设与成都有机融合、一体发展的现代经济集中发展区，带动其他经济区梯次发展。支持绵阳建设中国（绵阳）科技城。支持德阳打造世界级重大装备制造基地。支持遂宁建设成渝发展主轴绿色经济强市。支持资阳建设成渝门户枢纽型临空新兴城市。支持雅安建设绿色发展示范市。推进成德、成眉、成资同城化突破。以加快一体化发展为重点，培育壮大以宜宾、泸州为区域中心城市的川南城市群。以加快转型振兴为重点，培育建设以南充、达州为区域中心城市的川东北城市群。推动嘉陵江流域经济协作，建设嘉陵江流域国家生态文明先行示范区。以产业转型升级为重点，推动攀西经济区建设国家战略资源创新开发试验区、现代农业示范基地和国际阳光康养旅游目的地。突出生态功能，重点推进脱贫攻坚，推进川西北生态示范区发展生态经济，促进清洁能源等绿色产业发展。

"5+1"现代产业基地建设工程。电子信息产业重点聚焦新型显示、集成电路、网络安全等重点领域，培育5G、智能穿戴设备等一批发展潜力巨大的产业，加快建设全球重要的电子信息产业基地。装备制造业重点抓好航空与燃机、轨道交通、节能环保装备、智能制造等高端领域，着力推动汽车产业提档升级，加快建设具有国际影响力的高端装备制造基地。食品饮料产业重点推动川酒、川茶、川菜、川果、川药等领域发展，培育一批茶、竹、果蔬、中药材和饮用水全国知名品牌，加快建设"中国白酒金三角"和全国重要的食品饮料生产基地。先进材料产业加大力度推进关键技术和拳头产品研发，推进先进化工材料、先进建筑材料、钒钛钢铁稀土等重点产业发展，加快建设国家重要的新材料产业基地。能源化工产业有序推进水电、风电、太阳能等资源开发和促进水电消纳，优化天然气（页岩气）开发模式，提升化工产业技术含量和产业附加值，加快建设国家重要的优质清洁能源基地和精细化工生产基地。

新一轮绿色低碳技术改造行动。运用互联网、物联网、大数据、人工智能等新技术，改造提升原材料、轻工、纺织、建材、食品等传统产业。以产业园为主要载体，开展能源、资源优化调配，提升用能、用水计量水平，实施污染集中治理设施建设及升级改造。突出重点行业、重点企业、重大改造项目，强化环保、水耗、能耗、安全、质量等标准倒逼和对标达标的作用，重点推动钢铁、水泥、有色金属、石化化工等领域的节能低碳改造、循环化改造、环保升级改造，不断提升重点行业及重点企业的能源资源利用效率和清洁生产水平，形成传统产业发展新优势。

（三）加快能源消费低碳化转型

以碳达峰、碳中和目标为引领，把节约能源放在首位，加快实施节能降碳技术改造，强化重点企业用能管理，完善节能服务机制，优化工业用能结构，全面推动工业能效变革，从源头减少重点行业二氧化碳排放。

持续提升能源利用效率。实施重点领域企业节能降碳专项行动，支持建设节能降碳示范项目，全面推动节能降碳标杆企业创建，深挖重点领域企业节能降碳技术改造潜力，逐步建立起以能效约束推动重点领域节能降碳的工作体系。以钢铁、建材、石化化工、有色金属等行业为重点，加快重点用能行业的节能技术装备创新和应用，持续推进典型流程工业能量系统优化。推动锅炉、变压器、电机、泵、风机、压缩机等重点用能设备系统的节能改造。支持富氧冶金、高效储能材料等先进工艺技术研发。对重点工艺流程、用能设备实施信息化数字化改造升级。鼓励企业、园区建设能源综合管理系统，实现能效优化调控。

提高清洁能源利用水平。稳步提高清洁能源利用水平，鼓励氢能、生物燃料、垃圾衍生燃料等替代能源在钢铁、水泥、化工等行业的应用。推动煤炭等化石能源清洁高效利用与多元替代，加强煤炭集中使用、清洁利用。优化工业用能结构，加快推进终端用能设备"电气化"和"燃煤燃油替代"改造，加快热泵、电窑炉等推广应用，提升工业终端用能电气化水平。有序推进重点地区、重点行业燃煤自备电厂和燃煤自备锅炉"煤改气"工程。加快推进工业绿色微电网建设，鼓励园区和企业加快光伏、风电、生物质能、储能、余热余压利用等一体化系统开发，推进产业园智能微电网建设。

完善能源管理和服务机制。强化技改项目能源评估审查技术改造项目节能审查，完善节能审查工作程序，将节能审查制度执行情况纳入节能监察计划，强化节能验收。加强节能监察能力建设，健全省、市、县三级节能监察体系，探索建立部门联动、信息共享、联合执法等工作机制。进一步加强节能监察工作力度，持续组织实施重点用能企业日常监察、专项监察以及工业炉窑专项监察。强化节能监察结果运用，综合运用行政处罚、信用监管、绿色电价等手段，增强节能监察约束力。全面实施节能诊断和能源审计，为企业节能管理提供服务。进一步深化石化化工、建材、钢铁、有色、造纸等重点行业能效对标和碳排放对标工作，建立健全行业能效对标和碳排放对标工作机制和相关标准指南。

工业节能降碳工程包括以下重点内容：

重点用能企业分级管控。充分应用节能监察结果和能耗在线监测平台检测结果，根据企业年度实际能效水平，对全省重点用能企业按照A、B、C、D四个等级类别进行分类管理。定期印发重点用能企业能效水平类别名单，综合运用有序用电、电力市场交易、错峰生产安排、信贷政策、工业资金奖励、市场开拓、项目补助、贷款贴息、集中培训，阶梯电价、错峰生产、淘汰落后等不同等级类别的手段，规范企业生产，支持企业绿色低碳发展，推动企业开展节能技术改造、提高节能管理水平，提高能效水平。

节能降碳工程示范。按照投入达一定规模、技术工艺先进、节能降碳成效显著、行业带动性强等原则，采用公开招标比选、企业自主申报、专家评选的方式，在省内钢铁、有色、化工、建材等主要高耗能行业内，分别评选出一定数量的节能降碳技术改造示范工程，采用财政、金融等政策进行支持补助。支持取得突破的节能降碳关键共性技术和具有示范带动作用的先进适用技术开展产业化示范应用，形成一批可复制可推广的技术和经验。

节能标杆企业创建活动。在全省开展节能标杆企业创建活动，组织市州申报、评选全省能效标杆企业，推荐全国能效"领跑者"，能效达到标杆水平以上的企业，列入能效先进清单，并向社会公开，接受监督，对获得全国能效"领跑者"、全省能效标杆企业的省级财政给予支持，形成一批可借鉴、可复制、可推广的节能典型案例。

（四）促进资源利用循环化转型

坚持总量控制、科学配置、全面节约、循环利用原则，强化资源在生产过程的高效利用，推进企业间、行业间、产业间共生耦合，打造固废综合利用、水资源循环利用、废物交换利用、企业循环式生产、园区循环式发展、产业循环式组合的循环型工业体系。

推进大宗工业固废规模化综合利用。推进尾矿、粉煤灰、煤矸石、冶炼渣、工业副产石膏、赤泥、化工渣等大宗工业固废规模化综合利用。拓宽磷石膏利用途径，继续推广磷石膏在生产水泥和新型建筑材料等领域的利用，在确保环境安全的前提下，探索磷石膏在土壤改良、井下充填、路基材料等领域的应用。示范推广赤泥、磷石膏、粉煤灰等工业废渣的有效资源利用技术，提高资源利用效率。鼓励有条件的园区和企业加强资源耦合和循环利用，推动钢铁窑炉、水泥窑、化工装置等协同处置大宗工业固废。实施工业固体废物资源综合利用评价，通过以评促用，推动有条件的地区率先实现新增工业固废能用尽用、存量工业固废有序减少。

推动固废利用产业集群化发展。以磷石膏、粉煤灰等大宗固体废物的综合利用为重点，以工业资源综合利用基地为依托，在固废集中产生区、煤炭主产区、基础原材料产业集聚区探索建立基于区域特点的工业固废综合利用产业发展模式。

推进主要再生资源高值化利用。围绕废钢铁、废有色金属、废纸、废橡胶、废塑料、废油、废弃电器电子产品、报废汽车、废旧纺织品、废旧动力电池、建筑废弃物等主要再生资源，培育再生资源循环利用骨干企业。推动企业要素向优势企业集聚，依托优势企业技术装备，推动再生资源高值化利用。鼓励建设再生资源高值化利用产业园区，推动企业聚集化、资源循环化、产业高端化发展。统筹布局退役光伏、风力发电装置等新兴固废综合利用。

推动新能源汽车动力电池回收利用。建立完善的动力电池回收利用标准体系，形成动力电池回收利用创新商业合作模式。建设锂电池回收综合利用示范基地，打造动力电池高效回收、高值利用的先进示范项目。建立新能源汽车动力电池信息化管理平台，规范落实新能源汽车生产企业及相关参与单位的责任，提升资源化利用技术水平，打造完善的报废汽车资源化产业链。

实施高端再制造行动，加强再制造产品认定与推广应用。推进盾构机、航空发动机与燃气轮机、重型机床等高端装备等关键件再制造，以及增材制造、特种材料、智能加工、无损检测等绿色基础共性技术在再制造领域的应用，推进高端智能再制造关键工艺技术装备研发应用与产业化推广。发展以汽车零部件、工程机械、机电产品再制造为主体的再制造产业，打造绿色拆解及再制造国家示范基地。建立再制造产品逆向智能物流等服务体系，进一步完善再制造产品认定机制和标准规范，推进再制造产业发展。

优化工业用水结构。落实最严格水资源管理制度，水资源开发利用应符合流域和区域水量分配管控指标和重点河湖生态流量保障目标。严格企业用水定额管理，优化用水结构。推进中水、再生水等非常规水资源的开发利用，支持非常规水资源利用产业化示范工程，推动钢铁、火电等企业充分利用城市中水，支持有条件的园区、企业开展雨水集蓄利用、中水回用和再生水利用等水循环利用设施建设。

大力推进节水技术改造。重点开展钢铁、石化化工、造纸、印染、有色金属、食品等高耗水行业循环利用技术改造升级，组织实施一批以提高用水效率为核心和加强水循环梯级利用的节水技术改造试点示范，提升企业各环节用水效率和重复利用率。鼓励智慧化用水管理系统的应用，采用自动化、信息化技术和集中管理模式，实现取用耗排全过程的智能化控制和系统优化。开展用节水诊断、水平衡测试、水绩效评价和水效对标，培育一批水效领跑者企业、节水标杆企业和园区。

加大废水深度处理和循环再利用，减少生产过程和水循环系统的废水排放量。实施水资源循环利用和废水处理回用项目，建设废水循环利用示范企业。鼓励工业园区、经济技术开发区、高新技术开发区采取统一供水、废水集中治理模式，实施专业化运营，实现水资源梯级优化利用和废水集中处理回用。

（五）引导工业企业清洁化转型

强化源头减量、过程控制和末端高效治理相结合的系统减污理念，引领增量企业高起点打造更清洁的生产方式，推动存量企业持续实施清洁生产技术改造，引导企业主动提升清洁生产水平，提升全省清洁生产服务能力。

减少有害物质源头使用。严格落实电器电子、汽车、船舶等产品有害物质限制使用管控要求，减少铅、汞、镉、六价铬、多溴联苯、多溴二苯醚等使用。强化强制性标准约束作用，大力推广低（无）挥发性有机物含量的涂料、油墨、胶黏剂、清洗剂等产品。推动建立部门联动的监管机制，建立覆盖产业链上下游的有害物质数据库，充分发挥电商平台作用，创新开展大数据监管。

削减生产过程污染排放。重点推进成渝城市群（四川）建材、轻工、食品、造纸、钢铁、化工、印染、制药、制革等重点行业及重点污染物排放量大的工艺环节，研发推广过程减污工艺和设备，开展应用示范。聚焦环成都经济圈等重点区域，加大氮氧化物、挥发性有机物排放重点行业清洁生产改造力度，实现细颗粒物（$PM_{2.5}$）和臭氧协同控制。聚焦长江干流、岷江、沱江、嘉陵江等重点流域以及涉重金属行业集聚区，实施清洁生产水平提升工程，削减化学需氧量、氨氮、重金属等污染物排放。严格履行国际环境公约和有关标准要求，推动重点行业减少持久性有机污染物、有毒有害化学物质等新污染物产生和排放。大力推广低挥发性有机物原辅料源头替代，实施原辅材料和产品源头替代工程。完善挥发性有机物产品标准体系，建立低挥发性有机物含量产品标识制度。

升级改造末端治理设施。在钢铁、石化化工、建材等重点行业开展末端治理设施升级改造，推广先进适用环境治理装备，推动形成稳定、高效的治理能力。在大气污染防治领域，聚焦烟气排放量大、成分复杂、治理难度大的重点行业，开展多污染物协同治理应用示范。以石化、化工、涂装、医药、包装印刷、油品储运销等行业领域为重点，安全高效推进挥发性有机物综合治理。深入推进钢铁行业超低排放改造，稳步实施水泥、焦化等行业超低排放改造。围绕高炉焦炉煤气、含氟废气、低浓度 VOCs 组分、黄磷尾气、纺织热定型机废气等方面开发回收效率高、经济效益好的废气处理技术。在水污染防治重点领域，聚焦涉重金属、高盐、高有机物等高难度废水，开展深度高效治理应用示范，逐步提升印染、造纸、化学原料药、煤化工、有色金属等行业废水治理水平。

（六）完善绿色制造支撑体系

以绿色制造体系创建作为工业领域绿色低碳转型的重要抓手，创新绿色低碳管理模式，构建高效、清洁、低碳、循环的绿色制造体系，夯实工业绿色发展基础。

强化绿色制造标杆引领。进一步扩大绿色制造体系建设覆盖范围，围绕重点行业和重点领域，持续推进绿色产品、绿色工厂、绿色园区和绿色供应链建设，积极树立省级绿色制造典型。强化产品全生命周期管理，支持企业全面提升工业产品的绿色设计能力，开发绿色产品，推动国家级和省级绿色工厂、绿色园区、绿色供应链创建绿色低碳工厂、绿色低碳园区、绿色低碳供应链。定期遴选发布绿色制造名单，实施名单的动态化管理，强化效果评估，建立有进有出的动态调整机制。

推进绿色供应链管理。以绿色采购和生产者责任延伸制度为支撑，引导龙头企业承担供应链绿色化管理的责任，支持电子信息、机械、汽车、大型成套装备等行业积极应用物联网、大数据和云计算等信息化手段，推广构建数据支撑、网络共享、智能协作的绿色供应链管理体系，开展工业企业绿色制造承诺机制试点，联合全产业链共同建立绿色原料及产品可追溯信息系统、绿色物流运输系统、逆向物流回收系统，提高资源利用效率，创新工业行业间、工业社会间生态连接模式，实现产业链的绿色发展。

健全绿色低碳标准体系。立足四川产业特点和发展需求，研究完善低碳工厂、园区、供应链标准体系，打造一批绿色低碳发展标杆企业、园区、供应链。鼓励行业龙头企业积极开展绿色设计、绿色产品、绿色制造、新能源、新能源汽车等领域的标准开发，树立行业标杆。构建开放的绿色标准创建平台，强化先进适用标准的贯彻落实，支持学会、协会、商会和联盟等多方参与绿色标准的制修订。

扩大绿色低碳产品供给。加强绿色低碳产品、绿色环保装备、绿色低碳服务供给，引导绿色消费，为经济社会各领域绿色低碳转型提供物质保障。

加大绿色低碳产品供给，鼓励企业应用绿色设计方法和工具，开发推广一批高性能、高质量、轻量化、低碳环保产品。大力推动绿色环保装备制造，鼓励研发和推广应用工业节能装备、工业环保装备、污染控制及治理工艺技术装备、农村节能环保装备、工业固废智能化破碎分选及综合利用成套装备、退役动力电池智能化拆解及高值化回收资源装备、再制造装备等。创新绿色服务供给模式，积极培育绿色制造系统解决方案、工业碳达峰碳中和综合解决方案、第三方评价等专业化绿色服务机构，开展产品碳足迹评价、低碳产品认证、绿色产品认证，提供绿色诊断、碳达峰碳中和、研发设计、集成应用、运营管理、评价认证、培训等服务。

绿色制造基础提升工程包括以下重点内容：

绿色制造试点示范。在前期绿色制造体系工作基础上，继续组织开展绿色工厂、绿色园区、绿色设计产品和绿色供应链培育工作，进一步扩大行业覆盖面，建立完善绿色制造示范单位动态管理工作机制。在已创建的绿色工业园区、绿色工厂中选择一批基础条件好、代表性强的企业、园区探索开展绿色低碳园区、绿色低碳工厂试点示范，引领带动重点行业、重点区域绿色低碳转型升级。

绿色制造标准体系建设。以四川省重点行业的绿色发展基础能力提升为重点，在原有绿色制造示范单位标准基础上，研究完善低碳工厂、园区、供应链标准体系，增加清洁能源利用、单位工业增加值碳排放、碳足迹核查等低碳发展有关指标，在评分权重中给予一定的倾斜，形成具有四川特色的绿色制造标准体系，为工业发展提供绿色标准引领，提升全省绿色制造整体水平。

（七）实施绿色创新攻关行动

紧跟全球新一轮科技革命和产业竞争的方向，加快绿色低碳技术创新及推广应用，激发市场主体创新活力，以数字化转型驱动生产方式变革，充分发挥科技创新在工业绿色转型中的引领作用，提升企业绿色竞争力。

加强绿色核心技术创新。从高质量发展战略和产业需求出发，集中行业优势资源突破关键材料、仪器设备、和新工艺、工业控制装置等瓶颈技术，推动形成一批具有自主知识产权、达到国际先进水平的关键核心绿色技术和一批原创性引领型科技成果。钢铁行业重点围绕副产焦炉煤气或天然气直接还原炼铁、高炉大富氧活富氢冶炼、熔炉还原、氢冶炼等低碳前沿技术；水泥行业加快研发绿色氢能煅烧水泥熟料关键技术、水泥窑炉烟气二氧化碳补集与纯化催化转化利用关键技术；石化化工行业推动原油直接裂解技术、电裂解炉技术、合成气一步法制烯烃、绿氢与煤化工耦合等前沿技术开发；电子信息行业推进多晶硅闭环制造工艺、先进拉晶技术、节能光纤预制及拉丝技术、印刷电路板清洁生产技术以及废弃电子产品处理与资源化利用技术研发；食品饮料行业在采后储运保鲜、品质检测等关键共性领域再攻克一批重点技术。

加大绿色技术推广应用。加大利用绿色技术改造提升传统产业，推广应用一批先进适用绿色技术，定期编制发布低碳、节能、节水、清洁生产和资源综合利用等绿色技术、装备、产品目录，鼓励企业加强设备更新和新产品规模化应用。发挥重点项目牵引示范作用，在重点行业选择一批绿色发展潜力大、成熟度高、可推广的重大绿色技术开展示范应用，激发市场对绿色技术的需求。在国家级和省级高新技术开发区、经济技术开发区等开展绿色技术创新转移转化示范，推动有条件的产业集聚区向绿色技术创新集聚区转变。深入实施增长制造业绿色竞争力和技术改造专项，鼓励企业加强设备更新和新产品规模化应用。优化完善首台（套）重大技术装备保险补偿机制试点工作和首批次绿色节能材料示范应用，运用政府绿色采购政策，支持符合条件的绿色低碳技术装备应用。

优化绿色技术创新环境。强化企业创新主体地位，促进各类绿色创新要素向企业聚集，推动产业链上中下游、大中小企业融通创新。实施高新技术企业扩容倍增计划，科技型中小企业和专精特新小巨人企业培育计划，培育一批创新型头部企业、瞪羚企业、单项冠军企业和隐形冠军企业。发挥大企业引领支撑作用，支持行业龙头企业联合高校、科研院所和行业上下游企业组建创新联合体，加大关键核心绿色技术攻关力度，加快工程化产业化突破。支持创新型企业与高校和科研院所共同承接国家重点研发计划、重大科技专项、科技创新 2030 等项目。鼓励企业、高校、科研院所，在绿色技术领域，建立技术创新中心、重点实验室、工程技术研究中心等科技创新平台，加强基础研究、技术突破、成果转化等。健全绿色技术知识产权保护制度，强化绿色技术研发、示范、推广、应用、产业化各环节知识产权保护。

推动生产方式数字化转型。以数字化转型驱动生产方式变革，依托国家"东数西算"工程，采用工业互联网、大数据、5G等新一代信息技术提升能源、资源、环境管理水平，深化生产制造过程的数字化应用，赋能绿色制造。在能源化工、食品加工、冶金建材、轻工纺织等传统优势领域，开展数字化智能化改造。推动建立重点行业、重点企业能源、资源、碳排放和污染物排放等数据信息的监测和管控系统，加快信息技术在绿色制造领域的应用，推动信息数据汇聚、共享和应用。实施"工业互联网+绿色制造"，鼓励企业、园区开展能源资源碳排放信息化管控、污染物排放在线监测等系统建设，推动主要用能设备、工序等数字化改造和上云用云。通过工业数据大脑建设，在工业领域探索节能诊断、能源监测、碳排放核算等"大数据+绿色"应用场景。

（八）打造川渝协同发展新样本

坚持以成渝地区双城经济圈建设为战略牵引，探索全面融合、一体化绿色发展的体制机制，共建川渝工业绿色发展功能平台，推动重点领域协同发展和绿色创新能力提升，加快构建绿色低碳发展的动力系统，为区域绿色协同创新发展探索工业绿色发展的"川渝样本"。

积极推动川渝绿色产业协同发展。坚持全产业链贯通、开放式互联，立足川渝两地共同优势，协同重庆整合提升汽车、智能制造、电子信息、重大装备制造、生物医药等优势产业，深化重大展会、品牌质量、市场拓展等领域对接，共同推动两地绿色转型发展和要素协调保障，合作打造有国际竞争力的先进制造业集群，培育一批具有国际竞争力的大企业大集团。积极推动成渝地区绿色产业高效分工、错位发展，在能源化工、新能源汽车、氢能、节能环保、资源综合利用等领域积极培育大中小企业配套、上下游协同的绿色产业生态圈。发挥川渝地区要素成本、市场和通道优势，以更大力度、更高标准协同承接东部地区和境外产业转移。

打造川渝绿色发展合作示范。拓展川渝合作示范区范围，搭建工业绿色发展合作平台，创新合作模式，开展多方式、多层次、多领域的合作共建，共建川渝工业绿色一体化发展示范区。将各类产业合作园区、基地、示范工程建设成为成渝地区双城经济圈绿色协同发展的重要载体，积极推动能源转型、资源综合利用、绿色制造、绿色生态产品、传统产业转型升级、绿色循环低碳产业等绿色发展重点领域项目建设，合作打造国家级试点示范。

大力支持绿色创新的科技基础及应用基础研究。积极推动资源节约、能源替代、污染治理、生态修复等先进适用技术创新，推动绿色制造以及数字化、信息化、人工智能等多学科融合交叉，为产业提质增效和绿色发展提供技术与动力支撑。整合川渝地区资源环境、绿色环保、装备制造、人工智能等研究力量，积极推动绿色科技成果转化，鼓励企业、产业、行业通过绿色创新和绿色化改造实现转型升级和高质量发展，培育川渝工业绿色增长的新动能。

打造全国重要的绿色技术创新和协同创新示范区。坚持立足全国、放眼全球，集聚高端创新资源要素，提升战略平台综合承载能力，加快建设全国重要的绿色发展创新策源地和具有国际影响力的绿色创新型城市群。支持四川天府新区、成都高新区与重庆两江新区、重庆高新区协同创新，促进万达开、川南渝西、遂潼、高竹等毗邻区域融合创新，推动科研布局互补、绿色创新资源共享、绿色产业互动。鼓励川渝企事业单位、科研机构和企业，在生态环境保护、绿色制造、资源综合利用、新能源、人工智能等领域，共建联合实验室或新型研发机构，开展联合研究和技术转移，打造国家级"成渝城市群综合科技服务平台"。

提升关键领域创新能力，以成都亿华通、东方电气等龙头企业为依托，加大燃料电池核心技术攻关，进一步提升燃料电池寿命、安全性和稳定性，实现关键技术和原材料完全自助可控。进一步健全产学研联合机制，加强氢能及燃料电池领域创新平台建设。不断优化和健全氢能产业链，围绕氢气制、储、运、加和应用各环节，持续壮大核心企业，引进龙头企业，培育配套企业，打造完善的产业生态。加快实现氢燃料电池汽车规模化商业应用，并探索在船舶、无人机、轨道交通、分布式能源和储能装备等多领域多场景示范应用，同时优化配置加氢基础设施建设，构建互联互通的氢能基础设施网络。强化氢能产业合作，积极打造成渝氢走廊，将四川打造成为国内国际知名的氢能产业基地、示范应用特色区域和绿氢输出基地。

顺应汽车产业智能化、高端化、绿色化发展趋势，支持重点整车企业转型升级，提升产品品质、扩大销量，并加快导入畅销对路的优质新能源汽车产品，推动汽车企业品牌向上，丰富特色优势产品，进一步提升品牌影响力。推动企业和科研院所开展研发创新合作，加大核心技术攻关力度，在动力电池、驱动电机、电控系统、车联网、车路协同等关键领域实现突破。聚焦产业链缺环和弱项，加强企业培育和招商引资工作，进一步补短板、锻长板，全力保障川渝区域汽车产业链安全，加快提升供应链本地化水平。鼓励新能源汽车在公路客运、出租、环卫、邮政快递、城市物流配送、机场、港口等领域应用，积极推广新能源汽车在公共领域应用。

建立健全促进川渝工业绿色发展的政策体系，构建市场主导的川渝绿色产业发展协作机制，探索运用多种财政、绿色金融等手段支持绿色产业项目，形成川渝绿色协同发展改革示范效应。大力推动成渝氢能产业合作，推动省内不同区域和重庆市在氢能供给、氢能装备、氢能应用领域的合作发展，打造国内国际知名的氢能产业基地、示范应用特色区域和绿氢输出基地。持续推进节能环保品牌推广全川行、川渝节能环保人才技能大赛等活动，扩大活动覆盖范围，提升活动影响力，助推成渝双城经济圈绿色发展。

川渝绿色协同发展示范工程重点推荐内容如下：

氢能产业合作及成渝氢走廊工程。在前期成都、内江、德阳、凉山等地开展氢能及燃料电池汽车试点示范经验基础上，选择全省范围内有条件有意愿的地区进一步扩大示范应用范围，大力开展核心技术攻关，持续完善上下游产业链，支持凉山、攀枝花、雅安等有条件的地区开展电解水制氢试点，打造绿氢基地，推动省内不用区域在氢能供给、氢能装备、氢能应用领域的合作发展。抢抓成渝地区双城经济圈建设重大机遇，以成都、重庆为中心，开通氢能重卡、客运省际示范，沿线合力布局加氢站，打造成渝氢走廊，并积极联合争取进入国家第二批氢燃料电池汽车示范，打造立足成渝、辐射西部的氢能及燃料电池产业发展高地。

节能环保品牌推广川渝行、全川行。面向全省相关市（州）和重庆市各区（县）相关企业、工业园区、公共机构和广大群众，推广川渝地区节能环保新工艺、新技术、新材料、新装备等，扩大节能环保企业影响力，拓展企业节能环保产品及技术服务的市场空间。定期组织川渝节能环保产业展览及推广活动，面向工业园区、企业、公共机构开展节能问诊活动，组织交流座谈会和培训，为企业、公共机构实现节能减排、绿色发展贡献力量。

川渝节能环保人才技能大赛。深入实施人才强国战略、创新驱动发展战略和就业优先战略，持续推进川渝节能环保人才技能大赛。川渝两地合作，面向节能环保领域，围绕能源管理、能源审计、环境噪声监测等重点领域，从理论知识和实际操作等方面进行比赛设计。未来将持续扩大相关职业技能大赛深度和广度，加快节能环保领域高素质技能人才培养和选拔，带动更多人员关注节能环保领域，号召节能环保人才钻研节能低碳技术，推动川渝节能环保高技能人才队伍建设，助力实现"碳达峰、碳中和"战略目标。

（九）促进多点多极绿色发展

成都平原经济区：树立更高标准的绿色发展目标，降低高耗能、高排放产业比重，提高高新技术产业和生产性服务业占比，加强工业灰霾联防联控、重点流域污染防治，提升太阳能、核能、风能、生物质能和半导体照明等新能源装备产业，推进节能环保装备和服务产业领先发展，以成都金堂工业园区、高新西区等为依托，以大气污染防治、水处理、固体废物处理及综合利用、低温余热发电等技术装备为重点，加大引进培育，完善产业体系，打造国家级节能环保装备研发制造及综合服务产业基地。

川南经济区：立足川南产业、资源优势，推进在生产力布局、产业发展、生态建设等方面的协同发展，加快传统优势产业的绿色改造提升，大力发展高端装备制造、新能源、节能环保装备为重点的战略性新兴产业，加快页岩气开发利用和煤炭高效洁净利用，以高效节能锅炉、大气污染防治、固废处理、清洁能源等成套技术装备为重点，促进协同创新，壮大产业规模，建设国家节能环保装备制造研发基地。

川东北经济区：加快纺织、服装、丝绸、食品、冶金、建材等传统优势产业的绿色改造升级，推进区域产业链各环节的延伸互补，提高区域工业整体竞争力，实现天然气就地转化利用，培育以天然气为原料的深度资源开发，利用现有的甲醇过剩产能生产以聚甲氧基二甲醚为代表的车用清洁燃料。

攀西经济区：抓住国家推进攀西战略资源创新开发区建设的机遇，整合资源、集中开发、延伸产业链条、提高附加值、占领产业高端，把资源节约开发与集约利用结合起来。加强利用攀西地区可再生能源开发的工业化技术，装备和工程的建设，加大钒钛资源综合利用和开发的力度，加快资源优势向产业优势转化，推动产业绿色转型。

川西北生态经济区：加快实施传统产业清洁生产改造提升，加大太阳能、风力、生物质能等生态能源的开发利用，推动农光一体化的光伏分布式能源。加强与生态农业、生态旅游的协同。优化产业布局，推进成阿、甘眉、成甘等飞地产业园区绿色发展。

第二节　宜居环境构建

人居环境是新发展阶段贯彻落实新发展理念的重要载体，是构建新发展格局的重要支点。"十四五"期间，四川省将坚持生态优先绿色发展，促进人与自然和谐共生，推进区域协调发展和新型城镇化，提高人居环境建设水平，推动城乡人居环境更高质量、更有效率、更加公平、更为安全、更可持续。

一、发展基础

城乡生态环境持续改善，生态文明建设取得成效。城镇环保基础设施建设成效显著。2020年底，城市（县城）污水处理率达95.78%，地级以上市、县级市、县城污泥无害化处置率分别达93.4%、99%、88.6%，建制镇污水处理设施覆盖率达82%，城市（县城）生活垃圾无害化处理率达99.93%。实施"厕所革命"三年行动，累计新（改）建公共厕所19561座、农村户厕228.9万户，农村卫生厕所普及率达到86%。城乡生态环境建设不断加强。全省公园绿地面积达到5.6万公顷，建成区绿地率达到36.41%、绿化覆盖率达到41.12%，累计建成海绵城市面积642平方千米，占城市建成区面积21%。

市政基础设施水平稳步提升，城市综合承载力日益增强。全省城市（县城）道路长度达3.4万千米，人均道路面积达到16.79平方米。建成并开通运营城市轨道交通里程达558千米。供水企业达182家，建成供水设施335座、供水管道6.74万千米、供水能力达1961万立方米／日。排水企业达226家，建成生活污水处理厂294座、排水管道5.55万千米、处理能力达1211万吨/日。燃气经营企业达1238家，建成天燃气管线8.8万千米，年供气总量达100亿立方米，燃气普及率达94.7%。

城乡居民住房条件明显改善，房地产业保持平稳健康发展。全省城镇居民人均住房建筑面积达41平方米/人。全省筹集公租房63.9万套，在保60.7万户，城镇低保、低收入家庭基本实现应保尽保，25.7%的城镇常住人口家庭纳入住房保障范围。实施棚户区改造109.1万套，330万居民实现"出棚入楼"。全面完成农村危房改造任务，建立城镇老旧小区改造"五个一"工作机制，实施老旧小区改造9300个，惠及群众104万户。房地产去库存成效显著，阶段性供应过剩逐步缓解，全省新建商品房基本实现物业服务全覆盖，物业服务企业注册数7531家，从业人员46万余人，服务面积达15.92亿平方米。

建筑业转型步伐加快，绿色节能技术和建造能力不断提高。全面实施居住建筑节能65%的标准，全省累计新增绿色建筑3.3亿平方米，新开工装配式建筑1.3亿平方米。制定发布工程建设地方标准129项，通过建筑业新技术示范项目应用成果107项，认定工程建设省级工法2830项，19个工程获"鲁班奖"，56个工程获"国家优质工程奖"。专业技术执业资格注册人员达28.7万人。

城乡历史文化保护体系日渐完善，传统文化资源保护弘扬。出台了《四川省传统村落保护条例》《关于编制历史文化名城保护规划以及开展历史文化街区划定和历史建筑确定工作的通知》等政策法规，8座国家级、27座省级历史文化名城基本实现保护规划全覆盖，划定历史文化街区102片、数量居全国第一。建立全省333个国家级传统村落和1046个省级传统村落的保护名录，分批完善了国家级传统村落的保护规划。开展了"四川省历史建筑三年测绘建档行动"，摸清1139处历史建筑家底。

村镇建设迈出坚实步伐，城乡人居环境融合发展格局凸显。深化拓展百镇建设行动，培育创建特色镇100个，初步形成"3+N"的发展模式。统筹推进彝家新寨、藏区新居、巴山新居、乌蒙新村、环境优美示范村和幸福美丽新村建设。实施农村饮水安全巩固提升项目，通过村庄环境整治，农村人居环境日益改善。全省 90% 行政村建立了垃圾处理机制，形成了"户分类、村收集、镇运输、县处理"的垃圾收运处理体系。畜禽粪污资源化综合利用率 68%，畜禽规模养殖场粪污处理设施装备配套率达到 88%。

社会治理体系不断完善，城乡治理能力显著提升。出台了《关于进一步加强和完善城乡社区治理的实施意见》，城乡社区服务设施逐步完善，城乡社区公共服务、公共管理、公共安全得到有效保障，基本形成基层党组织领导、基层政府主导、多方参与、共同治理的城乡社区治理体系。基层政府和城乡社区治理能力显著提升，推动了物业服务转型升级，有效激发物业服务企业参与社区治理的积极性主动性。

二、面临形势

加快人居环境建设是落实党中央重大决策部署的关键环节。习近平总书记在中央城市工作会议上指出，"城市工作要把创造优良人居环境作为中心目标，努力把城市建设成为人与人、人与自然和谐共处的美丽家园"；在中央财经委第七次会议上强调，"要更好推进以人为核心的城镇化，使城市更健康、更安全、更宜居，成为人民群众高质量生活的空间"。四川省委省政府认真践行习近平生态文明思想，高度重视城乡人居环境建设。省委书记彭清华在省生态环境保护委员会第二次全体会议上指出，要协同推进减污、降碳、增绿，推动全省生态环境质量持续向好。倡导简约适度、绿色低碳的生活方式，继续推进国家低碳试点城市建设。在省委农村工作领导小组 2021年第一次全体会议再次指出，大力实施"美丽四川·宜居乡村"建设行动，深入实施农村人居环境整治提升五年行动，加强农村生态文明建设，让农村更加宜居、更加美丽。省政府首次将城乡人居环境建设纳入四川省五年专项规划，为全省未来人居环境建设奠定了坚实基础，势必开启全省人居环境事业新篇章。

加快人居环境建设是实现"碳达峰碳中和"的现实要求。我国将力争2030 年前实现碳达峰、2060 年前实现碳中和，并已将碳达峰碳中和纳入生态文明建设整体布局，全面推行绿色低碳循环经济发展。国家"十四五"规划提出："深入推进工业、建筑、交通等领域低碳转型，落实 2030 年应对气候变化国家自主贡献目标，制定碳达峰行动方案"。实现碳达峰碳中和，需全面提高环境治理现代化水平，持续改善生态环境质量、加快建设生态适宜的人居环境，真正实现人与自然和谐共生的现代化。统筹推进全省碳达峰碳中和，将是人居环境绿色低碳发展、建设方式转型及提高环境治理现代化水平的难得机遇，也是四川省城乡人居环境建设面临的新挑战。

加快人居环境建设是筑牢长江黄河上游生态屏障的具体举措。四川省是长江黄河上游重要的水源涵养区和生态建设核心区，在长江黄河流域生态安全中具有重要战略地位。要求我们坚持问题导向，深入打好污染防治攻坚战，坚持城乡统筹，加快补齐生态文明建设短板，加强生态修复和环境保护。严守生态保护红线，加快推动绿色低碳发展，切实筑牢长江黄河上游生态屏障，奋力谱写美丽四川的时代新篇。城乡人居环境建设肩负提升区域自然生态本底质量的重任，既需要在"共抓大保护，不搞大开发"的长江黄河生态环境保护和修复发挥更大作用，更需要在城乡人居环境建设方面补齐生态文明建设短板。

加快人居环境建设是建设川渝高品质生活宜居地的重要支撑。建设成渝地区双城经济圈是党中央着眼"两个大局"，打造带动全国高质量发展重要增长极的战略决策，将高品质生活宜居地纳入"一极两中心两地"目标定位，标定了成渝地区未来发展的战略方位，为提高四川省城乡人居环境质量提供了重大发展机遇。省委十一届八次全会指出，持续提升共建共享水平，加快建设高品质生活宜居地。坚持在发展中保障和改善民生，树立人文化、便捷化、均衡化、绿色化导向，推进公共服务资源合理布局、优化配置，加快建设文化更繁荣、生活更富裕、服务更优质、环境更优美的宜居家园。川渝两地同处长江上游，山同脉、水同源，是休戚与共的生态共同体。开展人居环境共建，大力推进区域内长江、嘉陵江、岷江、涪江、沱江、渠江等生态廊道建设，打造川渝森林城市群，共建生态优先绿色发展的生态文明样板区，将持续深化跨区域跨流域生态环境保护合作，让两地人民共享巴山蜀水的秀美风光。

加快人居环境建设与大力发展"公园城市"相得益彰。习近平总书记在视察四川天府新区建设时，首次作出了建设"公园城市"的重大部署。公园城市是全面体现新发展理念的城市发展形态，蕴涵了生态兴则文明兴的文明观、城市与自然融合共生的发展观、满足民生需求的人本观、文化为魂的人文观、绿色生活的消费观等内涵，对改善城乡人居环境提供了新的模式和理念，反映了新时代四川省城市生态和人居环境建设的最新认知水平，是四川省城市建设理念的历史性飞跃，也是解决当前四川省城市发展问题的实践方案。"十四五"期间，加快建设"公园城市"是实现四川省城乡人居环境的高质量发展的一条崭新路径。

加快人居环境建设是系统推进绿色生活方式转变的强大动力。绿色生活方式是以亲近自然、注重环保、绿色消费、节约资源等为基本特征，是一种与自然和谐共存，在满足人类自身需求的同时尽最大可能保护自然环境的生活方式。国家明确要求："到本世纪中叶，物质文明、政治文明、精神文明、社会文明、生态文明全面提升，绿色发展方式和生活方式全面形成"。四川省制定的《四川省绿色社区创建行动实施方案》要求："至 2022 年，创建600 个省级示范绿色社区"。全面开展全省城乡人居环境建设，目的是贯彻落实国家绿色生活、绿色社区建设相关要求，加大绿色社区、垃圾分类回收、减少碳排放、公共交通出行、慢行系统建设等方面的推动力度，助力绿色生活方式转变。

三、主要目标

到 2025 年，全省城乡人居环境显著改善，全面推进城市生态环境建设和美丽乡村建设行动，取得显著成效，助力建设"美丽四川"。

——城乡人居自然生态环境长足改善。初步建成人与自然和谐共处的美丽环境，区域自然生态本底质量明显提升，城市生态系统得到修复改善，乡村山水田园系统有效保护，城乡人居环境融合发展，城乡自然生态环境和人工建设环境和谐统一的空间形态基本构建，人与自然和谐共生的生活方式基本形成。

——城市人居环境品质显著提升。城市人居环境综合承载能力、服务能力大幅提升，不断满足人民群众高品质生活需求。基本完成 2000 年底前建成的需改造的城镇老旧小区改造任务。保护历史文化和地方特色，传承城乡历史文脉，全面完成历史建筑测绘建档工作，新增一批历史文化街区。缺水城市再生水利用率达到25%，城市公共空间无障碍设施覆盖率达到65%。城市绿色空间整体优化，绿地系统、公园体系更加完善，园林绿化品质大幅提升。

——乡村人居环境更加优美。小城镇建设水平整体提升，培育创建100个"经济发达、配套齐全、环境优美、文化厚重、治理完善、辐射广泛"的省级百强中心镇。建制镇实现污水处理设施全覆盖。农村生活垃圾收转运处置体系覆盖97%以上的行政村。农村居民居住条件和乡村风貌得到有效改善，传统村落活化利用取得明显效果。

——人居环境建设模式逐步转变。城乡建设发展模式向绿色低碳转型升级，绿色建筑覆盖面更广，智能低碳建造发展取得显著进展，建筑工业化全面实现，建筑用能结构加快优化调整，有效促进全省建筑节能低碳发展。

——城镇住房条件持续改善。加快建立多主体供给、多渠道保障、租购并举的住房制度，保障性租赁住房覆盖率新市民、青年人达到10%以上，新建小区物业管理覆盖率达到100%，住房公积金缴存人数达到825万人以上。住房居住品质不断提升，逐步实现人民从"住有所居"迈向"住有宜居"。

——城乡治理现代化水平不断提升。基本构建城乡人居环境共建共治共享格局，以科技引领创新城乡治理模式，城市精细化管理水平、整体智慧水平显著提升，加强乡村建设管理，显著提高城乡人居环境现代化治理能力。

到2035年，人与自然、人与人和谐共处的美丽四川、美丽家园基本建成，形成生产、生活、生态空间相宜，自然、经济、社会、人文有机相融，满足人的全面发展需求的城乡人居空间载体和文化氛围。宜居、韧性、智能、绿色、人文城市建设取得明显成效，基本实现住有宜居，基本建成现代化城市基础设施体系，全面构建城乡历史文化保护传承体系，全面提高乡村建设水平，形成绿色生产方式和绿色生活方式，促进实现碳达峰碳中和目标。建成生态自然协调、空间环境优良、社会环境和谐的高品质生活宜居地，形成以"城市体检为基础，公园城市为目标愿景，城市更新为主要路径，低碳绿色、传承文化为标准"的城乡人居环境建设"四川模式"。

四、改善人居自然生态环境

贯彻新发展理念，尊重自然、顺应自然、保护自然，加快形成节约资源和保护环境的绿色生产方式和生活方式，保护好山水林田湖草城市生命共同体，优化城市生态空间，完善城市生态绿地系统，提高城市生态环境质量。

（一）提升区域自然生态本底质量

构建连续完整的省域生态安全屏障。牢固树立和践行绿水青山就是金山银山的理念，全面构建"四区八带多点"生态安全格局，筑牢长江黄河上游生态屏障。强化山水林田湖草系统治理，统筹实施重要生态系统保护和修复重大工程，加强若尔盖草原湿地、川滇森林及生物多样性、秦巴生物多样性、大小凉山水土保持及生物多样性四大生态功能区建设；大力建设长江—金沙江、黄河、嘉陵江、岷江—大渡河、沱江、雅砻江、涪江、渠江八大江河生态带；全面建设大熊猫国家公园，推动建设若尔盖国家公园，加强自然保护区、自然公园建设管理，构建分类科学、布局合理、保护有力、管理有效的以国家公园为主体的自然保护地体系。

构建山水林田湖草城的空间秩序。构建蓝绿交织的多层次城乡生态网络。深入推进绿化全川行动，加大成都平原城市群、川南城市群、川东北城市群、攀西城市群的城乡绿化力度，提升省内城镇密集地区的区域生态空间总体环境质量。加强城市蓝绿空间融合，以城市生态环境建设统筹山水林田湖草城，构建"园中建城、城中有园"的城市生态环境格局。推动城市内的绿地、水系等绿色空间同城市周围的山体、河湖、森林、湿地、耕地有机连接，构建"山水相连，绿脉互通"的城乡绿色空间体系，提升城市绿色空间生态效能。加强城区和城市组团边界生态防护隔离带建设，推进建设连续贯通的生态廊道，合理布局城市内部的绿带、绿心、绿楔、绿环等结构性绿地，构建尊重自然、顺应自然的城市生态绿地系统。

（二）改善修复城市生态系统

保持山清水秀的城市生态本底。依据国土空间规划，统筹区域生态环境治理和城市建设，统筹城市山水空间体系、绿地系统和基础设施系统建设，建设蓝绿交织、灰绿相融、连续完整的城市生态基础设施体系。合理确定城市生态基础设施规模、结构和布局，完善城市生态系统服务功能，增强涵养、调节、支持、净化能力，扩大自然调蓄空间占比，保护城市自然生态本底，提升城市生态环境安全韧性。统筹生态廊道、景观廊道、通风廊道和城市绿道空间布局，构建省域、市域层次的绿廊主干网络，建设与自然融为一体的城市绿色生态景观廊道。

加强城市生态修复。开展城市生态环境的调查评估，对城市山体、水系、湿地、废弃地等城市空间开展摸底调查，采取自然恢复和人工修复相结合的方法，通过整体保护、系统修复、综合治理，逐步恢复生态系统功能。探索分布式生态型的城市水环境治理模式，因地制宜改造渠化河道，恢复和保持河湖水系的自然连通和流动性。加强破损山体、废弃矿山、城市废弃工业用地治理，消除安全隐患。在保护山体原有植被的基础上，利用生态工程技术恢复乡土植被群落。综合运用物理、化学、植物、微生物等方法进行土壤修复和改良，消除土壤污染，促进废弃地安全再利用。

加强城市生物多样性保护。推进城市生物物种资源库建设，控制外来物种入侵，提高乡土树种、乡土植物花草及本地适生植物的应用水平，加强植物配置，改善城市植物群落结构，采用复层、异龄、混交方式建设近自然型城市绿地，提升城市绿地的生态功能和固碳效益，营造多样化的城市栖息地生态系统，加强不同规模、不同类型生物生存环境之间的连通，为城市野生动物活动预留场所和通道，保障并增加城市生物多样性。

（三）保护乡村山水田园系统

保护和修复乡村自然生态系统。大力改善镇村自然生态环境。加强山水林田湖草一体化保护和修复，保护小城镇的生态源地，构建小城镇生态安全格局。推进乡村生态环境保护修复。开展美丽河湖建设，积极推广生态河塘、生态渠道，深入实施河湖库塘清淤工程，开展生态河道治理，采取各项水土保持措施，连通河湖水系，恢复河塘行蓄能力，减少入河泥沙，减轻洪涝灾害，有效控制水土流失，提高防洪抗灾能力，保护和恢复乡村河湖、湿地生态系统；推动农村面源污染治理，以土壤污染、水污染控制为重点，实施污染严重、生态脆弱耕地、草原、水面的改种、治理、退耕行动，持续推进农业化学投入品减量和替代，加强重金属污染地区的种植结构调整和土壤修复，提高农业生产清洁化程度和农业环境的自我修复能力，系统治理和修复乡村生态环境和田园景观格局。推进农业生产废弃物资源化利用。严格控制农业用水总量，减少化肥和农药使用量，大力推广节肥、节药、节水和清洁生产技术，实现"一控两减三基本"目标。大力发展种养循环农业，推广农牧结合生态治理模式。深入推进养殖、调运、屠宰环节的病死畜禽无害化处理监管。推进农作物秸秆综合利用，建立健全农田残膜回收处理体系，推广生物可降解地膜，实现农膜使用和农田残膜回收利用"减量化、资源化、无害化"。加强农药包装废弃物回收处置。

延续山水田园与村落相融相合空间机理。大力开展乡村绿化。积极开展镇村植树造林、古树名木保护、湿地恢复等工作，科学利用房前屋后、河塘沟渠、道路两侧闲置土地搞好绿化。注重乡村绿化与庭院经济、经济林果相结合，鼓励采用乡土树种，凸显地域乡土特色。制定镇村古树名木分级保护措施，划定保护范围和责任。延续乡村山水田园肌理。突出川西林盘、彝家新寨、藏区新居、巴山新居、乌蒙新村等不同区域的乡土特色和民族地域特点，进一步优化村落布局，宜聚则聚、宜散则散，保护利用好农耕文化遗产，不断挖掘村落特色，继续推广"小规模、组团式、微田园、生态化"的乡村人居环境建设模式，延续乡村山水田园与村落相融相合，以聚落为中心，田、林、山环绕，水系穿越的肌理形态，展现具有鲜明四川特色的美丽乡村。

五、提升城市人居环境品质

践行中央"一尊重五统筹"城市工作总要求，统筹规划、建设、管理三大环节，将创造城市优良人居环境作为中心目标。实施城市更新行动，推进公园城市建设，完善城市功能补足基础设施短板，开展城乡建设领域绿色低碳示范，努力把城市建设成为人与自然和谐共处的美丽家园。

（一）实施城市更新行动

完善城市更新顶层设计。完善城市更新工作体制机制，落实政府主体责任，明确城市更新的主要目标、重点任务、配套政策和组织保障等内容。推动城市更新法规政策体系建设，开展地方性法规及系列政策制定，将城市更新纳入法治轨道。制定城市更新技术导则，建立社会群众、专业机构等多方参与模式，探索社区规划师、社区设计师、社区建造师制度，有序推进城市更新与品质提升。

开展全省城市体检评估工作。推进以城市体检发现问题、以更新项目诊疗问题，建立完善"一年一体检，五年一评估"的城市体检评估工作机制。构建符合国家要求、具有四川特色的指标体系，搭建上下贯通、横向联合的信息平台，实现城市体检评估反馈问题跟踪，逐步达到对全省城市建设运行状态进行监测预警，助力城市建设高质量发展。

加快推进城市更新改造。提升老旧小区、老旧厂区、老旧街区和城中村等存量片区功能，改造与人民群众日常生活切实相关的关键"弱环"，根据城市建设高质量发展要求，推进老旧楼宇改造，积极扩建改建停车场，合理配置智慧化停车设施、充电桩、一体化灯杆等新型基础设施。

（二）推进公园城市建设

推广成都践行新发展理念的公园城市示范区经验。支持成都和天府新区建设践行新发展理念的公园城市示范区和先行区，系统深入研究、总结公园城市建设经验，明确理念、内涵、逻辑和要素，在全省推广，坚持以人民为中心，坚持共建共治共享，指导各市（州）将公园城市作为城市转型发展和高质量发展的愿景目标，将城市更新作为城市开发建设方式转型的有效路径，将低碳绿色作为城市建设新标准。

优化城市空间结构。坚持人与自然和谐共生，推动城乡建设绿色发展，指导各市（州）以资源环境承载能力为刚性约束条件，以建设美好人居环境为目标，合理确定城市规模、人口密度，推动城市结构优化、功能完善和品质提升，引导区域中心城市多中心、组团式发展，促进基础设施和公共服务设施合理布局，增加生活场景、消费场景、生产场景叠加的公共空间建设，提升城市整体性、系统性、包容性和生长性。

加强城市生态环境建设。强化城市生态修复，加强对城市山体、水体、湿地等自然格局的保护和修复，提升城市生态承载能力。完善城市公园体系和绿道网络，构建形成以郊野公园、综合公园、专类公园、社区公园、街头游园为主，大中小结合、分布均衡、特色鲜明、功能完善的城市公园体系。提高公园绿地服务覆盖率，基本实现"300米见绿、500米见园"。促进生态价值转化，推行"公园+""绿道+"模式，营造可感知、可欣赏、可参与、可消费城市休闲游憩空间，促进农商文旅体生态产品价值增值，实现生态价值转化。

推行绿色低碳生活方式。推进全域绿色基础设施体系建设，依托城市水系、山体、通风廊道、城市绿地，建设区域级、城市级、社区级城市绿道体系，串联城市功能组团、开敞空间和重要节点，构建"轨道＋公交＋慢行"绿色交通网络，推行绿色出行模式。结合绿色社区创建等工作，推进城市生活垃圾分类，引导居民形成绿色低碳的生产生活方式。

（三）推动城市功能完善

构建普惠均等的城市公共服务体系。加快基本公共服务设施摸底与需求调查，统筹考虑各地城市人口总量和结构变化，按照服务全覆盖、质量安全达标、标准全落实、保障应担尽担的目标，补齐公共服务资源短板，建成一批公共服务标杆型设施，引导医疗服务、文化教育、公共体育、养老托育、殡葬服务、公共法律服务等公共资源在中小城市均衡布局，促进公共服务资源共建共享。推进公共服务高质量发展，开展高品质多样化生活服务，满足人民群众个性化、多样化的美好生活需求。结合城市更新，积极拓展城市公共活动空间，推进公共图书馆、文化馆、美术馆、博物馆等公共文化场馆免费开放和数字化发展。实施全民健身设施补短板工程，规划建设全民健身中心、多功能运动场、体育公园、健身步道、小型健身运动场地和足球场等设施，满足更多群众就近就便的健身需求。

优化城市商业服务供给水平。坚持存量提升和增量拓展相结合，以消费新地标、农产品市场、物流配送、展览设施为重点，优化商业设施布局。持续提升生活性服务业品质，精准补建便民商业网点，确保生活必需品市场供应，增加优质商品供给。鼓励发展"互联网＋生活性服务业"，培育兴新消费，推动社区公共服务与商业服务融合发展，积极引入文化、体验、健康、教育等消费新业态新模式。培育多样化的创新街区，加快建设城市小微创业园、科技创新基地、文化旅游商业综合体等创新创业载体。促进特色街区发展，挖掘老工业区文化遗产价值，完善建筑功能和配套服务设施，拓展文化生活空间。推进传统商业区、步行街、商场等更新改造，塑造人性化空间环境，营造一批"城市客厅"，满足市民体验式、交往式多元生活需求。

（四）加快基础设施现代化

加快新型城市基础设施建设。加快推进城市信息模型（CIM）平台建设，打造智慧城市的基础操作平台，对城市供水、排水、供电、燃气等市政基础设施进行智能化管理。积极推动智慧道路交通基础设施建设，完善智能停车设施，加强新能源汽车充换电、加气、加氢等设施建设，开展智慧多功能灯杆系统建设。统筹 5G 和千兆光纤的"双千兆"网络发展，开展基于 5G 的车城协同为核心的综合场景示范应用。

完善城市综合交通体系。按照与道路交通需求基本适应、与城市空间形态和土地使用布局相互协调、有利公共交通发展、内外交通系统有机衔接的要求，合理规划道路的功能、等级与布局。推进城市道路体系补短板，落实"窄马路，密路网"的城市道路建设理念，完善城市快速路网，持续提升主、次干路品质。加快"轨道＋公交＋慢行"绿色交通体系建设，因地制宜开展人行道净化和自行车专用道建设。增强轨道交通网络布局与城市功能组织的适应性，支持符合条件的城市因地制宜地推动中低运量轨道交通系统的规划建设。

提升市政基础设施建设水平。推进市政基础设施补短板行动，完善城市基础设施规划建设体系，系统提升城市供水、排水、燃气、供电、照明、信息通信等基础设施建设水平。稳步实施传统基础设施智能化建设和改造，有效提升市政公用行业服务质量。开展地下管线设施普查工作，统筹地下空间和传统基础设施建设，加大老旧基础设施的改造力度，建立基础设施信息化综合管理平台，加强地下基础设施的养护。持续推动污水处理提质增效，合理规划建设新区污水收集管网，推进城镇污水管网全覆盖，加大城市生活污水收集力度，补齐城中村、老旧城区、城乡接合部的污水管网短板。加强生活污水再生利用设施建设。加快推进污泥处理处置设施建设，提升污泥无害化处置和资源化利用水平。

加强城市环境卫生设施体系化建设。建立分类投放、分类收集、分类运输和分类处理的生活垃圾管理系统，实现生活垃圾减量化、资源化、无害化。在全省有条件城市实施生活垃圾强制分类。按适度超前原则，加快推进分类处置设施建设。建立健全生活垃圾分类收集、运输网络。加快厨余垃圾处理及资源化利用设施建设。合理布局生活垃圾资源回收网点，推进生活垃圾分类收运体系和再生资源回收体系对接融合。

（五）增强城市安全韧性

加强城市内涝防治。以遂宁、泸州两个国家级海绵城市试点示范城市为带动，系统化推进全域海绵城市建设。将城市排水防涝设施建设改造与老旧小区改造、市政道路桥梁、地下市政基础设施建设等有机结合，推进区域整体治理，优化各类工程的空间布局和建设时序安排，避免反复开挖。构建源头减排、管网排放、蓄排并举、超标应急的城市排水防涝工程体系，全面消除严重影响生产生活的易涝积水点。

提升城市防灾减灾能力。通过第一次全国自然灾害综合风险普查房屋建筑和市政设施调查，建立防灾设施基础数据库。地震易发区实施城镇住宅抗震加固工程。完善非结构构件和机电设备抗震防灾技术要求，推动既有基础设施、公共建筑和生命线工程抗震专项评价。合理布局和建设应急避难场所，提升应急疏散通道连通性。提高公园绿地、广场等开敞空间建设密度，加强应急物资和设施配置，满足平灾转换要求。积极应对气候变化带来的强降雨，适度超前建设城市内涝防灾工程。

提高城市应急供水能力。提升水质检测与监管能力，强化水质安全监控和供水系统设施改造在线监测，全面提升供水安全监管水平，保障城市供水安全。构建城市多水源供水格局，推进应急水源、备用水源供水工程建设，提高城市水源应急供水能力。加强供水应急能力建设，提高水源突发污染和其他灾害发生时城市应急供水的应对水平。

增强城市燃气安全供应保障。加强城市燃气管网建设，推进城市燃气管网建设向乡镇延伸，提升管道燃气普及率。优化川渝地区天然气管网布局，加强燃气储配设施建设，提高燃气调峰、应急、储备能力。强化城市燃气安全监管，开展燃气特许经营实施评估与检查工作，整治瓶装液化气行业违法经营行为。加强城市燃气管网基础信息普查和事故隐患排查工作，建设和完善燃气管网地理信息系统。

提升建设工程消防安全源头管控能力。全面依法落实消防安全责任，加强建设工程消防设计审查验收管理。全面落实有关单位的消防设计、施工质量责任与义务。全面落实"放管服"改革、优化营商环境和工程建设项目审批制度发展的要求，优化工作程序、创新工作方式、完善标准体系，构建消防审验管理长效机制。探索建立消防审验工作协同机制，搭建多部门、互支撑、全方位的消防审验工作体系。加大建设工程领域消防安全源头管控力度，加强消防审验机构队伍建设，不断提升建设工程消防安全水平，杜绝"先天性"火灾隐患。协同公安机关、消防救援机构共同建立火灾调查追责机制。

（六）建设完整居住社区

加强居住社区设施建设和改造。深入开展居住社区建设补短板行动。研究制定四川省完整居住社区建设标准，对照标准因地制宜开展城市评估、制定行动计划。统筹加强居住社区公共服务设施和市政基础设施服务设施改造建设，完善便民商业服务设施和物业管理等服务性功能。健全居住社区垃圾分类和收集站点网络，加强环境卫生整治。提高无障碍设施规划建设管理水平，统筹推进无障碍设施建设和改造，探索传统无障碍设施设备数字化、智能化升级。

完善十五分钟生活圈服务配套。推动建立居住社区步行和骑行网络，串联若干个居住社区，统筹中小学、养老院、运动场馆和公园等城市设施配套，逐步完善以社区综合服务设施为依托、专项服务设施为补充、服务网点为配套、社区信息平台为支撑的社区服务设施网络。推动社区综合服务设施与社区警务、幼托、医疗卫生、养老、文化、体育等服务设施统筹规划建设，实现"十五分钟生活圈"综合服务全覆盖。

创新街区发展模式。以创新场景营造提升社区融合发展势能，打造功能混合的活力街区。有序推进棚户区、城中村改造，将城中村逐步建成管理有序、治安良好、环境优美、开放共享的新型街区。分类推进旧街区更新改造，统筹实现社区内外资源共享。推动社区服务转型升级，丰富社区服务内容，针对文化、教育、医疗、养老、健身等差异化需求内容，拓展精准特色服务。提升社区信息化智能化水平，推动社区信息系统整合共享，推进社区信息系统建立，整合不同部门各类业务信息，构建"市—县—街道—社区"四级联动的公共服务综合信息平台。深化网格化管理与应用，推动社区网格化数字管理，实现社区管理无盲点、全覆盖。

六、建设美丽乡村宜居环境

构建城乡互动共荣发展格局，加快推动城乡基础设施互联互通，提高公共服务均等化，提高县城承载力，推动"美丽乡村"建设，促进乡村干净、整洁、舒适。

（一）推动城乡人居环境融合发展

促进城乡要素合理配置。推动城乡融合发展见实效，健全城乡融合发展体制机制，促进农业转移人口市民化，把县域作为城乡融合发展的重要切入点。着力破除妨碍城乡要素自由流动和平等交换的体制机制壁垒，促进各类要素更多向乡村流动，形成人才、土地、资金、产业、信息汇聚的良性循环。协同推进新型城镇化战略和乡村振兴战略，以缩小城乡发展差距和居民生活水平差距为目标，探索差异化的城乡发展路径，不断优化城乡要素自由流动、平等交换和公共资源合理配置，加快形成工农互促、城乡互补、协调发展、共同繁荣的新型工农城乡关系，推动乡村全面振兴，把城乡融合发展作为推进乡村振兴的重要途径。整体提升城乡人居环境水平，促进城乡协调融合的高质量发展。

加快推动基础设施互联互通。加快实现城乡基础设施统一规划、统一建设、统一管护，统筹实施城乡道路、供水、供电、信息基础设施、广播电视、防洪、垃圾污水等基础设施的建设。加快国省干线公路提档升级，提高乡镇通三级及以上公路比例，有序推进农村公路改造，提升城乡路网互联互通水平。统筹建设城乡污染物收运处理体系，严防城市污染"上山下乡"。健全城乡基础设施一体化的建设机制，合理确定城乡基础设施统一管护运行模式。

推进县城设施服务向农村延伸。稳步提高基本公共服务均等化水平，逐步实现城乡基本公共服务的标准统一、制度并轨。合理布局县城、中心镇、行政村基础设施和公共服务设施，推进区域性市政基础设施、公共服务设施建设。因地制宜推动城市和县城供水、污水、燃气管网向周边村镇延伸覆盖。开展城乡交通运输一体化示范创建，深入实施人民满意乡村运输"金通工程"，提升城乡交通运输公共服务均等化水平。统筹布局公共服务设施，坚持普惠性、保基本、均等化、可持续方向，扩大公共服务供给。全面加强基本公共服务体系建设，全面提升公共服务的能级、均等化与覆盖率，完善覆盖城乡的基本公共服务体系，丰富非基本公共服务供给。推进实施城乡农贸市场一体化改造、城乡公共文化设施一体化布局等城乡联动建设项目，加快发展城乡教育联合体和县域医共体建设，基本实现城乡社区生活圈全覆盖。

（二）提高小城镇建设质量

着力省级百强中心镇建设。深入开展中心镇培育工作，统筹推进产业、资金、项目在中心镇落地，形成小城镇发展新格局。开展省级百强中心镇创建工作，加强动态监管，建设一批"经济发达、配套齐全、环境优美、文化厚重、治理完善、辐射广泛"的省级百强中心镇。推动有条件的省级百强中心镇发展成为县域副中心和现代新型小城市。

提升小城镇综合服务功能。建设图书馆、电影院、体育场馆等公共文体设施，打造一批集农贸市场、零售、家政、便利超市等一体的便民服务中心，构建小城镇舒适便捷、全域覆盖的生活圈服务体系。扶持全国重点镇建设发展，增强产业发展、公共服务、吸纳就业、人口集聚等功能，把全国重点镇建设成为新型城镇化的重要节点和农村区域性经济文化中心。

加快补齐小城镇基础设施短板。加强专项规划编制，实行市政设施专项规划乡镇全覆盖。科学确定基础设施建设规模及污水处理工艺，综合环境效益、自然条件、当地技术经济力量因地制宜地统筹制定污水排放标准。完善污水收集系统，确保污水处理设施进水的水质和水量，提高污水收集率。理顺乡镇基础设施管理运行维护机制。对污水处理成本严格开展核算工作，根据污水处理成本核算情况，合理制定污水处理费标准。

（三）实施乡村建设行动

促进农村人居环境改善。深入实施农村人居环境整治提升行动和农村"厕所革命"整村推进示范村建设，提升农村厕所粪污无害化处理和资源化利用，因地制宜推进"厕污共治"。分区分类推动农村生活污水治理，加快推进农村生活污水资源化利用与农田灌溉、渔业用水、生态保护修复、环境景观建设等有机衔接。持续开展农村生活垃圾治理，推广"户分类、村收集、镇乡转运、市县处理"为主，片区处理、就近就地处理为辅相结合的垃圾处理模式，全面提升农村生活垃圾收转运处置体系覆盖率，有序开展农村生活垃圾分类。

加强对已整治非正规垃圾堆放点位的管理和核查，严禁新增非正规堆放点。

提升村落空间环境品质。统筹推进村庄基础设施建设、公共空间节点打造、重要建筑布置、环境整治、农房设计及景观风貌等工作。推动旧村改造，清理整治村内主次干道私搭乱建、私植乱种、乱堆乱放等侵占公共空间行为，用足用好乡村公共资源和空间，逐步建设布局优化、质量强化、配套深化、卫生洁化、村庄绿化和环境美化的新农村。

推动农村用能革新。引导农村不断减少低质燃煤、秸秆、薪柴直接燃烧等传统能源使用，鼓励使用适合当地特点和农民需求的清洁能源，推广应用太阳能光热、光伏等技术和产品，推动村民日常照明、炊事、采暖制冷等用能绿色低碳转型。推进燃气下乡，支持建设安全可靠的乡村储气罐站和微管网供气系统。

七、促进建筑节能低碳发展

提高绿色居住品质，加快绿色建筑发展，提升建筑能效水平，倡导节水节电、新能源应用等绿色生活方式成为新时尚。建立现代化建造体系，全面提升建筑业质量安全和效益，打造绿色化、工业化、智能化和产业化的"四川建造"品牌。

（一）大力推广绿色建筑

建设高品质绿色建筑。深入实施绿色建筑创建行动，大力发展绿色建筑，全省城镇新建民用建筑全面执行绿色建筑标准，推动星级绿色建筑持续增加。完善绿色建筑标识管理体系，建立绿色建筑标识授予、撤销和运营的管理机制。加强绿色建筑全过程质量管理，建立建筑节能和绿色建筑专项验收制度。推广绿色住宅使用者监督机制，向购房人提供房屋住宅绿色性能和全装修质量的验收办法。

提升建筑节能水平。提高建筑节能标准，推动节能改造。严格执行新建建筑节能设计标准，推动重点地区、重点建筑逐步提高标准，鼓励开展近零能耗、零能耗项目建设。结合老旧小区改造和城市更新等工作，推进城镇既有居住建筑节能改造，完善既有非节能建筑改造正向激励和负向约束机制，引导社会资金投资。加强公共建筑节能管理，完善建筑能耗监管体系，推动建筑节能与互联网技术融合，鼓励采用合同能源管理模式实施既有公共建筑节能改造。鼓励在工程建设中采用节能减排新技术、新材料、新设备和新工艺，通过科学管理和技术进步，最大限度地节约资源，减少对环境的负面影响。

推进建筑垃圾减量化与资源化利用。树立建筑垃圾源头减量的工作理念，加强建设工程全过程精细化管理，最大限度地减少建筑垃圾产生。建立建筑垃圾再生产品市场推广机制，加快研究建筑垃圾再生产品的工程应用技术标准，提升建筑再生产品质量，不断拓展应用范围，在满足设计要求前提下，鼓励政府投资项目优先使用再生产品。

（二）优化建筑用能结构

积极推动太阳能、浅层地能、生物质能等可再生能源在建筑领域的规模化应用，提升可再生能源建筑应用质量。大力推动建筑太阳能光伏分布式、一体化应用，实施新建建筑太阳能光伏一体化设计、施工、安装，鼓励自发自用、余电上网。提升新建厂房、公共建筑等屋顶光伏比例，实施光伏建筑一体化开发等方式。提升建筑能源使用效率，因地制宜开发利用地热能、生物质能、空气源和水源热泵等。支持农村利用农房屋顶和院落发展光伏发电，实现就地生产、就地消纳。推进建筑领域电气化，大力提高生活热水、炊事等电气化普及率。积极利用地热能、生物质能、空气能应用，降低传统化石能源在建筑用能中的比例，推进热电联产和工业余热集中供暖，加快推进供暖清洁化、低碳化。

（三）加快推进智能绿色建造

加快推进绿色建造。大力推行绿色建造体系，逐步建立和完善覆盖工程建设全生命周期内绿色建造标准体系，推动形成研发、材料和部品部件生产、设计、施工、资源回收再利用等一体化协同的绿色建造产业链。健全绿色施工技术体系，开展施工现场扬尘、噪声和固体废弃物等污染物的排放源、数据、影响及控制技术研究，推动施工现场材料、水、电等资源节约与高效利用，以及建筑垃圾减量化、资源化及无害化。研究建筑工程施工工艺影响"四节一环保"的定量数据，建立绿色施工工艺清单。推动工程施工环境改善及施工人员健康安全保障的技术进步。

大力发展智能建造。完善智能建造标准体系，加快自动化施工机械、建造机器人等智能建造基础共性技术和关键核心技术研发、转移扩散和商业应用，鼓励开展建筑机器人等智能化应用场景推广。在建设全过程中加大建筑信息模型（BIM）、互联网、物联网、大数据、云计算、移动通信、人工智能、区块链等新技术在建筑业中的集成与创新应用。以建筑工业化为载体，以数字化、智能化升级为动力，形成涵盖科研、设计、生产加工、施工装配、运营等全产业链融合一体的智能建造产业体系，探索适用于智能建造与建筑工业化协同发展的行业监管和服务模式，搭建省市县智慧工地监管服务平台。研究推进智能建造实施意见，开展项目试点示范，探索建立智能建造模式和与之相适应的制度机制，营造良好产业生态。

推进新型建筑工业化。深入实施四川建筑强省战略，加快构建现代建筑产业体系。发展建筑产业联盟总部经济，加快形成"1+N"省级建筑产业园区布局，支持成都建设省级建筑产业总部园区。以政府投资或主导的工程项目为引领，加强试点示范和科技创新，支持骨干建筑企业优先参与省内重大工程项目建设，打造"四川建造"品牌，引领全省建筑业发展。推广全过程工程咨询服务，规范工程总承包市场，引导骨干建筑企业向工程总承包企业转型，支持设计单位、建筑业企业取得"双资质"，提高独立承揽工程总承包业务能力，推动工程总承包向全产业链延伸。深入推动建筑产业工人队伍培育试点工作，建立与新型建筑工业化相适应的人才培养机制。推进实施四川省提升装配式建筑发展质量五年行动方案，建筑工业化、数字化、智能化升级进一步加快，智能建造与建筑工业化协同发展的政策体系和产业体系基本建立，推动形成一批装配式建筑骨干企业。做好四川省作为全国钢结构装配式住宅建设试点工作，建成一批高品质装配式建筑示范项目。

八、推进城乡人居环境治理

以共建共治共享拓展城乡人居环境治理新局面，完善基层党组领导、社会协同、公众参与、科技支撑的治理体系，加强乡村建设管理，加快美丽乡村建设，推动城乡人居环境更安全高效、更智能精细。

（一）构建共建共治共享治理格局

建立城乡基层社会治理新格局。把城乡人居环境治理的重心落到城乡社区，推动社区服务转型升级，健全基层党组织领导下的居民自治、民主协商、群团带动、社会参与机制，下沉公共服务和资源，构建纵向到底、横向到边、共建共治共享的基础社会治理体系。支持物业服务企业承担社区公共服务职能，结合物业管理服务平台，大力推进线上线下社会生活服务，精准化满足居民多样化多层次社区服务需求，全面提升居住社区服务管理能力。

深入开展美好环境与幸福生活共同缔造活动。以满足居民的需求和愿望为出发点和落脚点，尊重居民对城乡发展决策的知情权、参与权、监督权，按照有关规定探索建立适宜城乡社区治理的项目招投标、奖励等机制，搭建社区居民、基层政府、相关部门以及第三方社会组织之间沟通议事平台，鼓励企业和居民通过各种方式参与城乡人居环境建设和治理。加大社区文化建设力度，加强社区包容性和人文关怀。

（二）推动城市治理现代化

加强城市管理科学化、精细化、智能化。强化城市管理综合行政执法体制和执法能力建设，健全城市管理制度，用科学态度、先进理念、专业知识建设和管理城市。彻底改变粗放型管理方式，建立健全"街长制"与网格化融合治理体系，实现规划建设管理一体化贯通，使城市精细化管理水平得到提升。充分运用大数据、云计算、区块链、人工智能等前沿技术，加强城市管理数字化平台建设和功能整合，建设综合性城市管理数据库，发展民生服务智慧应用。

大力推进行业"放管服"改革。持续推进工程建设项目审批制度改革，推行工程建设项目分级分类管理，精简审批事项、审批环节，优化审批流程。强化审批管理系统运用，推动全流程全环节在线办理，实现审批事项全部纳入系统运行，坚决杜绝"体外循环"审批。深化建设工程企业资质管理制度改革，全面推进资质审批电子化审查，强化资质审批事中事后监管。

全面提升设施安全运营水平。加强市政设施运行管理、交通管理、环境管理、应急管理，推进城市管理目标、方法、模式现代化。强化工程质量安全管理，加强安全生产教育培训。强化市政行业运行安全管理。全面排查城市供水、供电、供气等市政设施的安全防护措施，强化汛期地下水井管理及城市消防安全管理。

（三）加强乡村建设管理

深化乡镇服务管理体制改革。做好乡镇行政区划和村级建制调整改革"后半篇"文章，推动城市资源与服务重心向乡镇下沉，依法探索将部分县级行政部门执法权、行政许可审批权等适当下放乡镇。坚持党建引领，以村（社区）为基本单元，实施大联动、微治理，提升乡镇的网格化服务管理水平，着力增强乡镇城乡人居环境治理能力。积极推行乡镇政务服务"好差评"机制，实行"一站式"服务和"一窗式"办理，构建线上线下相结合的便民服务体系。

健全乡村建设管理长效机制。健全村民参与村规划建设机制。建立"厕污共治"长效利用和管护机制，完善村庄常态化保洁制度，逐步实现村民小组专职保洁员全覆盖。完善"四好农村路"建管养运协调发展机制。鼓励社会资本参与乡村污水处理设施项目建设和运营管护，建立政府公共财政主导、村民委员会和村民自筹、受益主体付费、社会资金支持的乡村清洁经费多元化投入保障机制。

推动农房管理数字赋能。推行乡村建设规划许可管理制度，推广数字农房平台建设。加强部门资源整合，实现农房报建、实时监管、改造建设需求处置平台化运行。加强农房重要基本信息数据化管理，全面提高农房建设管理智慧化服务水平。

第三节　资源持续发展

自然资源是人类社会赖以生存和发展的重要物质基础，是国家现代化建设的基本物质条件，是实现高质量发展和高品质生活、满足人民群众日益增长美好生活需要的基本物质保障。

一、基本情况

（一）发展现状

"十三五"时期，四川省坚持以习近平新时代中国特色社会主义思想为指导，全面践行新发展理念，创新自然资源管理体制机制，着力打基础、补短板、谋长远，全省自然资源保护和利用迈出坚实步伐、站上新的台阶。

生态质量明显改善。生态安全屏障加快形成，生态廊道和生物多样性保护网络不断完善。自然保护地体系加快构建，大熊猫国家公园正式挂牌，南莫且、白河国家级自然保护区成功创建。绿化全川行动深入推进，水土流失综合治理初见成效，矿山生态修复稳步实施，草原荒漠化、沙化、石漠化趋势得到初步遏制。

资源保护和利用水平稳步提高。土地资源得到有效保护，新增建设用地总量控制在国家下达目标任务内，单位地区生产总值建设用地使用面积持续下降。森林蓄积量达到 19.16 亿立方米，森林覆盖率达到 40.03%。矿产资源综合开发利用水平持续提升。单位地区生产总值用水量降低 37%。

要素支撑能力不断增强。聚焦推动成渝地区双城经济圈建设和"一干多支"发展战略实施，坚持要素跟着项目走，产业用地政策持续完善，审批效能大幅提升，累计供应建设用地 16 万公顷，重点区域、重点产业和重大项目用地保障有力。天然气、页岩气、铜、稀土、锂、石墨、磷等战略性矿产勘查取得新突破，建成 8 个国家级能源资源基地，攀西战略资源创新开发试验区建成国内最大的钒、钛生产基地，矿产资源持续安全稳定供应。

惠民利民为民成效显著。持续完善自然资源支持脱贫攻坚政策，贫困地区专项安排脱贫攻坚用地计划指标，大力实施农村土地综合整治和城乡建设用地增减挂钩项目，在全国率先实行增减挂钩节余指标省域内流转，推动深度贫困地区增减挂钩节余指标跨省域调剂，助推脱贫攻坚和乡村振兴成效显著。林业经济加快发展，打造一批木质原料林基地、竹林基地和木本油料基地。草原生态保护补助奖励政策有效落实，累计向农牧民兑现直补资金 69.35 亿元。地质灾害防治体系加快完善，灾害防治能力有效提升。

改革创新持续深入推进。统一衔接的自然资源调查监测体系逐步建立，完成第三次全国国土调查、全国地理国情普查和基础地质调查。自然资源资产产权制度改革持续推进，集体林权制度改革深入推进。自然资源要素市场化配置有序推进，农村土地制度改革取得积极进展。"多规合一"的国土空间规划体系逐步建立，国土空间开发保护制度逐步完善。自然资源领域科技创新取得突破，信息化建设加快推进，科技支撑能力不断增强。自然资源领域法治体系不断完善，自然资源管理秩序逐步规范。

同时，全省自然资源保护和利用仍存在一些突出问题：自然资源家底尚未完全摸清，自然资源资产权属区分不明。开发与保护矛盾仍然突出，国土空间布局需进一步优化调整。资源粗放利用长期存在，节约集约水平有待提升。生态系统本底仍较脆弱，保护修复任务艰巨。自然资源领域体制机制仍不健全，基础工作存在诸多短板。

（二）面临形势

"十四五"时期是开启全面建设社会主义现代化四川新征程的第一个五年，立足新发展阶段、贯彻新发展理念、融入新发展格局、推动高质量发展，全省自然资源保护和利用面临新的形势。

加快推进生态文明建设对自然资源保护和利用提出新使命。实现生态文明建设新进步是我国"十四五"时期经济社会发展主要目标之一，四川省肩负着筑牢长江黄河上游生态安全屏障的重要使命，加强自然生态保护修复、开展山水林田湖草沙冰系统治理任重道远。这需要深入学习贯彻习近平生态文明思想，践行"绿水青山就是金山银山"理念，围绕美丽四川建设，严格落实生态功能定位，有效保护修复自然生态系统，加强综合治理、系统治理、源头治理，提供更多优质生态产品以满足人民日益增长的优美生态环境需要。

推动高质量发展对自然资源保护和利用提出新任务。"十四五"时期，全省要积极参与和融入"一带一路"建设、长江经济带发展、新时代推进西部大开发形成新格局、黄河流域生态保护和高质量发展等国家重大战略。全面推动成渝地区双城经济圈建设，深化拓展"一干多支"发展战略，资源能源需求总量仍然较大，推动实现碳达峰、碳中和任务艰巨，面临着推动经济社会发展和加强自然资源保护的双重使命。这需要进一步处理好保护与发展的关系，深入实施主体功能区战略，推动区域协调发展，构建国土空间开发保护新格局，优化资源要素配置，提高资源利用效率，促进经济社会发展全面绿色低碳转型。

治理体系和治理能力现代化对自然资源保护和利用提出新要求。"十四五"时期，治理体系和治理能力现代化加快推进，自然资源保护和利用在统筹安全与发展、提升治理效能方面肩负着重要任务。随着全面深化改革进入攻坚期和深水区，一些重点领域和关键环节改革亟待突破全面依法治国深入推进，对自然资源领域依法行政水平、督察执法能力提出更高要求自然资源管理全面趋严趋紧，对规范管理提出新的挑战新一轮科技革命加速到来，"数字四川"建设深入推进，将深刻改变自然资源治理理念、治理机制、治理工具、治理手段。这需要坚持系统谋划，运用法治思维和法治方式，进一步创新体制机制，充分利用新技术、新手段，持续推进自然资源治理系统性、重塑性变革。

二、总体要求

（一）指导思想

坚持以习近平新时代中国特色社会主义思想为指导，深入落实习近平总书记对四川工作系列重要指示精神，全面贯彻党的十九大和十九届历次全会精神，按照省委十一届三次全会以来重大决策部署，大力弘扬伟大建党精神，立足新发展阶段，完整、准确、全面贯彻新发展理念，服务和融入新发展格局，坚持以高质量发展为主题，坚持人与自然和谐共生，坚持节约资源和保护环境的基本国策，加强生态系统整体保护、系统修复，强化自然资源全面节约、高效利用，推动国土空间合理布局、有效管控，全面提升自然资源保护和利用水平，为全面建设社会主义现代化四川提供有力支撑。

（二）基本原则

——生态优先、绿色发展。坚持把自然资源保护放在首要位置，尊重自然、顺应自然、保护自然，守住自然生态安全边界，积极探索"两山"转化有效路径，促进经济社会发展全面绿色低碳转型。

——节约集约、高效利用。坚持提高自然资源利用质量和效益，不断健全自然资源节约集约利用制度，加强精细精准管理，科学统筹自然资源利用规模、结构、布局和时序，推动自然资源利用方式加快转变。

——以人为本、改善民生。坚持以人民为中心的发展思想，发挥自然资源在巩固拓展脱贫攻坚成果同乡村振兴有效衔接、城乡区域协调发展、防灾减灾等方面的服务保障作用，切实增强人民群众获得感、幸福感、安全感。

——系统治理、统筹推进。坚持系统观念，按照生态系统内在规律，统筹自然生态各要素，提高山水林田湖草沙冰整体保护、系统修复、综合治理水平，实现生态效益、经济效益、社会效益相统一。

——深化改革、创新驱动。坚持改革创新引领，持续深化重点领域和关键环节改革，加强改革系统集成，完善自然资源保护和利用制度体系、政策体系，深入实施创新驱动发展战略，推进体制机制创新，加快高新技术推广运用，提升自然资源保护和利用的科技支撑能力。

（三）主要目标

——开发保护更加协调。主体功能区战略深入实施，优势区域重点发展、生态功能区重点保护基本实现，国土空间开发保护新格局基本形成。到 2025 年，全省生态保护红线面积、耕地保有量和永久基本农田保护面积稳定在国家下达的目标任务之上。

——生态系统更加稳定。以国家公园为主体的自然保护地体系更加完善，山水林田湖草沙冰系统治理、生物多样性保护取得积极成效，生态系统服务功能稳步提升，生态碳汇能力巩固增强，生态产品价值进一步显化，长江黄河上游生态安全屏障进一步筑牢。

——资源利用更加高效。节约集约利用激励约束机制不断健全，土地、矿产、水等资源利用效率显著提升。到 2025 年，单位地区生产总值建设用地使用面积持续下降，单位地区生产总值用水量下降率完成国家下达目标任务。

——保障支撑更加有力。统一衔接的自然资源调查监测体系全面建成，科技创新能力和应用水平大幅提升，产权制度改革和要素市场化配置改革取得积极进展，自然资源保护利用治理体系和治理能力现代化水平明显提升，自然资源服务保障和基础支撑能力显著增强。

表 4-1　　　　　　四川省"十四五"时期自然资源保护和利用主要指标

类别	指标	2020 年	2025 年	属性
生态 保护	1. 生态保护红线面积（万平方千米）	14.8	完成国家下达任务	约束性
	2. 自然保护地面积占国土面积比例（%）	26.65	完成国家下达任务	约束性
	3. 森林覆盖率（%）	40	41	约束性
	4. 森林蓄积量（亿立方米）	19.16	21	约束性
	5. 草原综合植被盖度（%）	85.8	86	预期性
	6. 湿地保护率（%）	56	完成国家下达任务	约束性

续表

类别	指标	2020 年	2025 年	属性
生态保护	7. 新增水土流失综合治理面积（万平方千米）	/	≥ 2.56	预期性
	8. 国家重点保护野生动植物保护率（%）	95	≥ 95	预期性
	9. 重点河湖生态流量保障目标满足程度（%）	/	>90	预期性
资源利用	10. 单位地区生产总值建设用地使用面积下降率（%）	22	完成国家下达任务	预期性
	11. 全省用水总量（亿立方米）	237	<330	预期性
	12. 单位地区生产总值用水量下降率（%）	37	完成国家下达任务	约束性
资源保障	13. 耕地保有量（万亩）	9448	完成国家下达任务	约束性
	14. 永久基本农田保护面积（万亩）	7793	完成国家下达任务	约束性
	15. 高标准农田建设面积（万亩）	4496	5000 以上	约束性
	16. 新增建设用地规模（万亩）	138	国家下达指标之内	约束性
	17. 储备矿产地（处）	17	7	预期性
	18. 新发现大中型矿产地（处）	28	10~15	预期性
基础支撑	19.15 万区域地质调查面积（万平方千米）	19.79	21.24	预期性
	20.1：1 万基础地理信息对国土覆盖率（%）	69.9	100	预期性

展望 2035 年，长江黄河上游生态安全屏障更加牢固，美丽四川建设目标基本实现。生产空间安全高效、生活空间舒适宜居、生态空间山清水秀的国土空间开发保护格局构建形成，自然生态系统质量和稳定性明显改善，生态安全屏障体系基本建立，自然资源保护和利用水平走在全国前列，绿色低碳循环发展的经济体系基本建立，基本实现人与自然和谐共生的现代化。

三、提升环境质量和稳定性

践行"绿水青山就是金山银山"理念，持续加强生态省建设，坚持山水林田湖草沙冰整体保护、系统修复、综合治理，促进自然生态系统质量整体改善。

（一）严守生态保护红线

划定落实生态保护红线。按照依据科学、实事求是、应划尽划的原则，以第三次全国国土调查和年度国土变更调查成果为基础，划定生态保护红线。结合市县国土空间总体规划、相关专项规划和详细规划的编制，充分考虑地理实体边界、自然保护地边界等，将生态保护红线精准落地。

加强生态保护红线监督管理。加快研究制定生态保护红线管理细则，完善生态保护红线监管制度，结合自然资源调查监测评价、国土空间规划实施评估，定期开展生态保护红线监测评价，实时掌握生态保护红线功能状况和动态变化，加强生态保护红线监督，定期开展生态保护红线督察。

（二）构建自然保护地体系

加强自然保护地建设管理。编制自然保护地规划，加快整合优化自然保护地，构建以国家公园为主体、自然保护区为基础、各类自然公园为补充的自然保护地体系。全面建设大熊猫国家公园，推动创建若尔盖国家公园。加强自然保护区保护管理，优化管控分区，实施自然保护区内建设项目负面清单制度，维持和恢复珍稀濒危野生动植物种群的数量及其赖以生存的栖息环境。加强自然公园保护和建设，有效保护森林、湿地、水域、草原、生物等珍贵自然资源，以及所承载的景观、地质地貌和文化多样性。实行自然保护地差别化管控，落实自然保护地内居民、耕地、矿业权、人工商品林等管制规则。

加强自然保护地生态环境监督考核。建立自然保护地生态环境监测制度，制定相关技术标准，建设自然保护地"空天地"一体化监测网络体系。加强自然保护地管理评估，及时掌握各类自然保护地管理和保护成效情况。严格自然保护地管理执法监督，建立统一执法机制，在自然保护地范围内实行生态环境保护综合执法，不定期开展自然保护地监督检查专项行动。

国家公园建设。开展大熊猫国家公园建设，实施黄土梁、王楚坝、施家堡、小河、土地岭、皮条河（G350）、东河、喇叭河、二郎山—大相岭、拖乌山等10个生态廊道植被恢复工程，实施退化林修复，完善管护巡护基础设施，改建、扩建巡护路网、保护站点、自然教育等设施，提升大熊猫科学研究院科研力量，完善科研基础设施建设；开展自然资源资产监测体系建设。创建若尔盖国家公园，恢复退化湿地生态功能和周边植被，提升黄河上游水源涵养能力。

自然保护区珍稀濒危物种和生物多样性保护工程。开展珍稀濒危物种及其栖息地调查，加强自然保护区的核心保护区保护，加强受损森林、草原、湿地、荒漠、冰川生态系统修复，开展移民搬迁、工矿废弃地生态修复，开展自然遗迹抢救性保护修复。

自然保护区珍稀濒危物种和生物多样性保护工程。开展重点物种及其栖息地调查，实施重点物种抢救性保护，加强栖息地巡护管理，开展生境恢复，建设生态廊道，构建生物多样性保护网络。

自然保护区科研宣教和保护能力提升工程。加强自然保护区科研基础设施、监测站网、科研人员能力建设。新建、改建自然保护区宣教场馆，补充野外生态宣教点。完善管护巡护设施设备，建设防灾减灾设施，提升野生动物疫源疫病、森林草原火险、有害生物防控能力。实施自然保护区通讯、水、电、路等常规性保障设施建设。开展自然公园勘界立标。加强巡护站（点）、自然教育和生态体验等设施建设。

（三）加强生态保护修复

开展重点生态功能区保护修复。加强川滇森林及生物多样性、若尔盖草原湿地、秦巴生物多样性、大小凉山水土保持和生物多样性等重点生态功能区建设，全面推进森林、草原、湿地、河流等生态系统保护和修复，积极开展以自然恢复为主的生态保护修复工程，严格生态空间管控，强化开发建设活动监督管理，提升生态系统水源涵养、生物多样性、水土保持、碳汇等功能。

推进重要江河生态带保护修复。贯彻长江保护法，落实长江流域生态环境修复规划。加强长江—金沙江、黄河、嘉陵江、岷江—大渡河、沱江、雅砻江、涪江、渠江、赤水河等江河生态带保护修复以流域为单元，加强江河生态系统连通性和完整性。保护江河源头生态，修复滩涂湿地，建设江河岸线防护林体系和沿江绿色生态廊道。加强各江河流域综合治理，遏制水土流失，实现水源涵养、水土保持、面源污染缓冲消纳，保护生态岸线，提高生态稳定性、功能完善性和景观特色性。

实施重大生态保护修复工程。坚持保护优先、自然恢复为主，强化山水林田湖草沙冰系统治理，谋划实施一批重要生态系统保护和修复重大工程。实施青藏高原生态屏障区生态保护和修复、长江重点生态区（含川滇生态屏障）生态保护和修复、自然保护地建设及野生动植物保护等国家重大生态保护修复工程，推动实施黄河上游若尔盖湿地、安宁河流域山水林田湖草沙一体化生态保护修复重大项目，努力提升生态系统结构完整性和功能稳定性。

持续推进高原牧区减畜计划和退化草原生态保护修复，大力实施天然林保护修复、退耕还林还草、草原保护修复、河湖和湿地保护恢复、防沙治沙和石漠化综合治理、矿山生态修复等工程，有效保护和修复森林、湿地、草原、荒漠等自然生态系统，建设更加安全稳固的生态安全体系。

完善生态保护修复体系。编制实施国土空间生态修复规划，制定年度实施计划。开展生态监测评价预警，建立健全科学实施生态修复工程的政策和技术标准，统筹提升山水林田湖草沙冰系统治理现代化水平，探索建立差异化的生态修复考核评价体系。

（四）加强野生动植物保护

保护野生动植物资源。加强生物多样性资源本底调查和评估，推进生物多样性保护战略与行动，对横断山南段、岷山—横断山北段、羌塘三江源、大巴山等生物多样性保护优先区域开展生物多样性本底综合调查和评估。建立生物多样性数据库和信息平台，完善生物多样性观测监测预警体系。开展全省外来入侵物种普查，并在盆周山地开展生物多样性调查评估，在黄河源四川区域对生物多样性保护措施及执行情况进行调查评估。严格落实长江十年禁渔计划，维护长江生态平衡。健全野生动植物保护网络，加强野生动植物及其栖息地(及生境)的保护修复和廊道建设。开展珍稀濒危物种迁地保护，抢救性保存珍稀濒危物种遗传资源。有序推进野生动植物救护、繁育和野化放归（回归）。加强野生动物疫源疫病防控，科学防治林草有害生物。

规范野生动植物资源利用。开展珍贵、濒危野生动植物保护繁育及开发利用研究，强化生物资源精细化、规模化开发利用。严禁野生动物非法交易和滥食。妥善处理禁食野生动物问题，支持养殖场（户）有序转产。加强医学和药用野生动植物资源人工繁育（培植）工作，摆脱对野生种群的依赖和破坏。严格濒危野生动植物进出口管理，建立完善多部门信息交流与联合执法机制，严厉打击违法行为。

加强外来物种和有害生物防控。开展外来入侵物种对生物多样性和生态环境的影响研究，加强外来物种普查和监测预警。建立多部门外来物种评估联防机制，完善外来物种防治措施、协调管理和应急机制，强化外来物种口岸防控。全面加强林业和草原有害生物治理，健全林草有害生物监测预警体系，加强松材线虫病、草原鼠害、紫荆泽兰、福寿螺、水花生等防治工作，完善检疫御灾体系。

（五）积极助力碳达峰、碳中和

提升生态系统碳汇能力。编制实施省级生态系统碳汇能力巩固提升方案，严控生态空间占用，深入推进重要生态系统保护和修复重大工程，增强森林、草原、湿地、土壤、冻土、岩溶等自然生态系统固碳能力，开展碳储量本底与更新调查，科学评估生态系统碳储量本底及变化、增汇潜力和碳汇格局。持续加强森林生态系统保护，深入开展国土绿化行动，科学推进造林种草，实施长江廊道绿化造林工程，推进重点区域造林绿化，持续提升森林质量，实现天然林面积稳定在 1666 万公顷。推广耕地保护性耕作，增强耕地碳汇能力。完善湿地保护管理体系，保护修复川西北高原天然湿地、长江干支流重要滩涂湿地等，增强湿地碳汇能力。

加强碳捕集和碳封存研究探索。充分利用地质多样性和多功能性，加强直接接触空气捕获、二氧化碳矿化、生物质能碳捕集与封存等方法研究应用。科学评价废弃油气藏等地质储存介质的潜力，探索二氧化碳地质储存选址实践，积极开展典型地区二氧化碳地质封存示范工程。开展生产过程碳减排、碳捕集利用和封存试点，创新推广碳披露和碳标签。

推进能源资源绿色低碳发展。构建清洁低碳、安全高效的能源体系，坚决控制能耗强度，合理控制能源消费总量。实施可再生能源替代行动，加快推动清洁能源发展，科学有序开发水电，加快发展风电、光伏发电，因地制宜发展生物质能、地热能，建设以新能源为主体的新型电力系统，深入推进国家清洁能源示范省建设。开展低碳前沿技术研究，加快推广应用减污降碳技术，建立完善绿色低碳技术评估、交易体系和科技创新服务平台。

四、严守土地资源保护红线

采取"长牙齿"的硬措施，落实最严格的耕地保护制度，着力加强耕地数量、质量、生态"三位一体"保护，强化耕地用途管制，坚决遏制耕地"非农化"，严格管控"非粮化"，坚决守住耕地保护红线，维护国家粮食安全。

（一）坚决守住耕地数量

划定并严守耕地保护红线。依据第三次全国国土调查成果，结合国土空间规划编制工作，按照耕地和永久基本农田、生态保护红线、城镇开发边界的顺序，统筹划定落实三条控制线，把耕地保有量和永久基本农田保护目标任务足额带位置逐级分解下达市（州），并签订耕地保护目标责任书，作为刚性指标实行严格考核。指导编制成都平原耕地保护专项规划，严格规划调整管控，严守耕地红线。

加强耕地用途管制。严格落实耕地利用优先序，耕地主要用于粮食和棉、油、糖、蔬菜等农产品及饲草饲料生产，永久基本农田重点用于粮食生产，高标准农田原则上全部用于粮食生产。已经在永久基本农田和高标准农田上种植林果、苗木、草皮和挖塘养鱼的，逐步恢复种粮或置换补充。加强耕地转为建设用地和其他农用地的双重用途管制，严格控制新增建设占用耕地，严格控制耕地转为林地、草地、园地等其他类型农用地及农业设施建设用地，严格落实耕地年度"进出平衡"要求。

规范实施耕地占补平衡。严格落实耕地占补平衡制度，做到"占一补一、占优补优、占水田补水田"，对重大建设项目占用永久基本农田进行严格论证并补划到位。开展耕地后备资源调查评价，挖掘新增耕地潜力。编制全省土地整治规划，实施土地整治项目，强化项目日常监管及新增耕地后期管护，严格新增耕地核实认定和监管，所有新增耕地落实到项目、图斑，向社会公开并接受监督。开展"向水要地—旱改水"垦造工程，新垦造水田2万公顷。规范补充耕地指标易地流转，完善指标交易办法，研究制定统一的指导价格，建立全省易地补充耕地交易平台。

（二）巩固提升耕地质量

加强耕地提质改造，增强抗灾能力，制定耕地质量保护与提升实施方案，加快开展耕地质量分类。开展耕地质量等级调查评价工作，定期更新全省耕地质量等别评价数据库。完善耕地质量保护与提升补助政策，支持各类农业经营主体因地制宜采取增施有机肥、保护性耕作、机械深耕（松）、秸秆还田、轮作休耕等措施，积极开展土壤改良、地力培肥和退化耕地治理等工作。大力实施高标准农田建设工程，新建66万公顷以上集中连片高标准农田。健全耕地轮作休耕制度,有序推进轮作休耕,对秦巴山区、长江中上游岩溶地区、盆周山地等水土流失、石漠化极严重区内 15~25 度坡耕地实施休耕。开展农村撂荒地集中整治。

(三)加强耕地生态保护

保护农田生态系统。强化农田生态保育,提高耕地生态功能。加强耕地与周边生态系统协同保护,探索农林牧渔融合循环发展模式,恢复田间生物群落和生态链,建设健康稳定的农田生态系统。强化种养系统内部废弃物循环利用,降低农业生产对氮、磷化肥的过度依赖,丰富农田生物多样性,提高农田生态系统自净能力。

加强污染耕地修复治理。开展耕地污染程度调查评价,严格污染土地准入管控。开展受重金属污染耕地的综合治理试点示范,在耕地重金属污染较重、农产品质量安全风险较高的重点区域,因地制宜开展种植业结构调整、退耕还林还草试点等综合修复治理。以岷江、沱江、嘉陵江等流域为重点,建成一批流域尺度农业面源污染治理综合示范区。

(四)完善耕地保护机制

健全"党委领导、政府负责、部门协同、公众参与、上下联动"的耕地保护共同责任机制,压实地方各级党政主要领导责任,实行耕地保护党政同责,加强耕地保护责任目标考核。全面推行"田长制",推动实现省、市、县、乡、村五级联动全覆盖的耕地保护网格化监管。加强耕地保护执法监管,扎实开展土地卫片执法检查,深入推进农村乱占耕地建房专项整治行动,从严查处各类违法违规占用耕地特别是永久基本农田行为。健全耕地数量和质量监测监管机制,实行"空天地"一体化全覆盖耕地动态监测。完善耕地保护补偿机制,探索建立跨区域补充耕地利益调节机制,鼓励地方统筹安排财政资金,对承担耕地保护任务的农村集体经济组织和农户给予奖补,充分调动农村集体经济组织、农民和新型农业经营主体保护耕地的积极性。

完成耕地身份认证与监测工程。根据国家下达的耕地保护目标任务,建立耕地和永久基本农田保护矢量台账,锁定耕地和永久基本农田图斑,开发县、乡、村、户四级耕地和永久基本农田信息数据库及二维码,对每宗耕地和永久基本农田实行"身份证"管理。实施耕地和永久基本农田动态监测,每两个月为一个周期，及时掌握耕地变化情况。

完成耕地后备资源调查评价工程。以第三次全国国土调查和2020年度变更调查成果为基础，结合林草部门"林地一张图"成果，以其他草地、盐碱地、沙地、裸土地等为评价对象，逐地块开展调查评价，形成集面积、类型和分布于一体的耕地后备资源潜力数据，全面摸清全省补充耕地潜力、恢复耕地潜力、垦造水田潜力状况，为落实耕地占补平衡和耕地进出平衡提供支撑。

完成耕地质量提升工程。在土地平整、土壤改良、灌溉排水、田间道路、农田防护与生态环境保持、农田输配电、科技服务和建后管护等方面加大建设力度，新建高标准农田面积66万公顷以上，力争产生新增耕地指标1万公顷。

五、促进资源节约集约利用

树立节约优先、集约利用的理念，全面实施总量和强度双控，优化资源开发利用结构，提高节约集约和高效利用水平，推动经济绿色低碳转型发展。

（一）提高建设用地集约利用水平

高效利用新增建设用地。严格控制新增建设用地，坚持要素跟着项目走，加大土地指标省级统筹力度，完善重大项目、民生工程用地保障机制，优先保障国省重点项目用地需求。完善行业节约集约用地标准，严格建设用地标准管控和项目审批。开展建设用地节约集约利用调查评价，完善节地考核评价标准体系，推广节地技术、节地模式，推动单位地区生产总值建设用地使用面积持续下降。

积极盘活城乡存量建设用地。深化"增存挂钩"机制，加大批而未供和闲置土地处置力度，探索完善闲置土地处置盘活机制。推进城镇低效用地再开发，充分运用市场机制盘活存量土地。完善盘活农村存量建设用地政策，优先保障乡村产业发展用地。规范开展城乡建设用地增减挂钩。完善"人地挂钩""增违挂钩"。

推行土地复合利用、立体开发。按照国土空间规划和用途管制要求，推动不同产业用地类型合理转换。探索增加混合产业用地供给。明确地下空间开发利用原则，制定地下空间专项规划编制指南，强化地上地下空间综合开发，探索公交优先发展（TOD）综合开发模式，推进建设用地立体开发、综合利用。

强化节约集约监督考核。结合"增存挂钩"机制、"亩均论英雄""标准地"改革等工作，加强督促指导，严格工作奖惩。加大存量土地消化盘活力度，提高土地利用效率，按照相关规定给予相应用地奖惩。积极创建自然资源节约集约示范县（市、区），对创建成功的县（市、区）适当奖励建设用地计划指标。

（二）提高矿产资源开发利用水平

增强矿产资源安全保障能力。编制实施《四川省矿产资源规划（2021—2025）》《四川省地质勘查规划（2021—2030）》，优化矿产资源勘查、开发利用与保护布局，开展战略性矿产资源调查评价，实施新一轮战略性矿产找矿行动。按照国家部署，加强国家级能源资源基地建设，推进国家规划矿区建设，加大天然气（页岩气、煤层气）勘探力度，持续推进川南地区页岩气勘查开发，加快建设国家天然气（页岩气）千亿立方米产能基地。鼓励合理开发利用铁、钒、钛、铜、金、银、磷、稀土和锂、铌、钽等矿产，鼓励开发新型非金属矿产和非金属矿物材料，探索建设砂石资源开发基地，提高重点工程建设项目砂石资源保障能力，完成全省矿产资源国情调查，加强资源储备和保护，强化国家战略性资源安全保障。

提升矿产资源综合利用水平。严格落实矿山最低开采规模，以及重要矿产资源开采回采率、选矿回收率、综合利用率等要求，提升矿业开发规模化集约化水平。强化矿产资源节约与综合利用监管，推进矿业领域合理开发利用矿产资源的诚信体系建设。大力推广矿产资源节约和综合利用先进适用技术，提高矿产资源利用水平。积极推进钒钛磁铁矿、锂辉石矿等资源的创新开发和综合利用，支持攀西战略资源创新开发试验区建设。

推动绿色矿业发展。建立政府引导、部门推动、企业主建、第三方评估、社会监督的绿色矿山建设工作体系，健全矿业绿色发展长效机制，全面推进绿色矿山建设。研究出台四川省绿色矿山建设实施意见和创建指南，创建省级绿色矿山名录库。贯彻《绿色地质勘查工作规范》等行业标准，进一步推进绿色勘查，开展绿色勘查示范项目。深入推进攀枝花市、会理市、马边县绿色矿业发展示范区建设。重点开展四川可尔因—甲基卡稀有金属矿、冕宁—德昌稀土矿、西昌—攀枝花钒钛磁铁矿、会理—会东铜（钴镍）矿、木里梭罗沟金矿、丹巴—康定金镍铜矿、德格—甘孜—新龙—理塘金矿、巴塘—理塘铍锡铅锌多金属矿、冕宁泸沽铁矿以及马边—雷波磷矿、攀枝花石墨矿、攀西纤维用玄武岩矿等规划勘查区矿产勘查。重点开展攀西地区钒钛磁铁矿中铁钒钛钴和川西高原锂辉石矿中锂铍铌钽等重要共伴生矿产综合利用。

（三）提高林草资源合理利用水平

加强森林资源保护利用。编制实施《四川省林草发展"十四五"规划》，构建高质量发展的林草保护利用体系。全面推行林长制，建立以党政领导负责制为核心的保护发展森林草原资源责任体系。严格林地用途管制、林地审核审批和使用林地定额制度，实施分类分级管理。深化农村集体林权制度改革，加快推进国有森林资源有偿使用。推行森林休养生息，坚持林木采伐限额管理和凭证采伐制度。加强林草种质资源保护，着力构建"育、繁、推"一体化现代林草种业体系。巩固提升林下经济产业发展水平，加快推动木材加工业转型升级，着力推进木本粮油、特色林果等经济林产业提质增效。建设美丽竹林风景线，打造一批以竹林为特色的体验基地和景区。推进花卉产业、林草中药材和生态旅游高质量发展，全面延伸产业链，提升基地培育及加工利用水平。

推进草原资源可持续利用。建立健全基本草原保护制度，科学划定并保护基本草原，确保基本草原面积不减少。加强征占用草原管理，推进建设项目用地审查和草地审核协调联动。持续推进退牧还草，继续实施草原休养生息，分类推进禁牧轮牧休牧。严格落实草畜平衡，严控草原牲畜超载现象。积极发展草原旅游、休闲和生态养殖等产业，有序推进中草药材产业发展。稳妥推进国有草原资源有偿使用制度改革。

加强森林草原防灭火能力建设。坚持人民至上、生命至上，按照"统一领导、分级负责，科学处置、安全第一，以专为主、专群结合"的原则，落实党政森林草原防灭火责任，不断加快物防、人防和技防综合能力建设，建立健全科学高效的预防体系和快速反应的扑救体系。加强火灾隐患排查和整治，加强野外火源管理，推进数字熊猫监测即报系统（DPS）建设。加强森林消防队伍、地方专业防灭火队伍和半专业防灭火队伍建设。

完成森林质量精准提升工程。实施森林抚育，在盆周山地区、盆地丘陵区、川西南山地区和川西高山峡谷区，采取优化密度、调整树种组成、人工促进天然更新等方式，实施森林抚育30万公顷。实施退化林修复，在大小凉山、秦巴山区、川西藏区，采取间伐改造、补植补造、调整树种、更替改造等措施，修复退化林13万公顷。实施封育管护，在盆周山地区、盆地丘陵区、川西南山地区等，实施封育管护13万公顷。依托乐山岷江大渡河、秦巴山等森林质量精准提升示范项目，建成巨桉改造、竹林抚育、森林可持续经营等森林质量精准提升示范样板基地50个。

（四）提高水资源保护利用水平

加强水资源管理。落实最严格水资源管理制度，坚持以水定城、以水定地、以水定人、以水定产，加强水资源刚性约束。优化完善江河流域水量分配方案，完善覆盖流域和行政区域的取用水总量控制指标，严格控制流域和区域取用水总量。开展水资源承载能力评价，建立水资源承载能力监测预警机制，严格执行取水许可制度，加强水资源统一调度管理，强化流域水库和水电站联合调度，构建覆盖防洪抗旱、蓄水保供、饮水、灌溉、工业、水生态、发电、航运等调度的"大水调"工作协调机制。

维护水生态安全。科学划定涉水空间范围和水生态保护红线边界，严格水域岸线分区管理和用途管制，保留和扩大河湖生态空间。科学合理确定河湖重要断面生态流量目标，加强生态流量监督性监测，完善监测预警机制，实现重点河湖生态流量保障目标满足程度大于90%。加强河湖生态调度，维持河湖基本生态用水需求。强化地下水保护，划定重要地下水源保护空间。开展河湖健康评价，加强饮用水源保护。

深入实施节水行动。全面落实国家节水行动方案和四川省节水行动实施方案，加强农业节水增效、工业节水减排、城镇节水降损，开展县域节水型社会达标建设，实现县域节水型社会建设达标率大于40%。推动用水方式由粗放向节约集约转变，健全节水标准和用水定额体系，完善国家、省、市三级重点用水单位监控名录，强化高耗水行业用水定额管理，坚决抑制不合理用水需求。健全水资源产权制度，完善水资源有偿使用制度。加强节水宣传，提高全民节水意识。

六、强化国土空间支撑作用

以成渝地区双城经济圈建设为战略牵引，深化拓展"一干多支"发展战略，深入实施主体功能区战略，强化国土空间规划和用途管控，增强对区域协调发展、重大战略实施、重大项目建设的保障能力，推动国土空间开发保护更高质量、更有效率、更加公平、更可持续。

（一）建立健全国土空间规划体系

落实主体功能区战略。根据资源环境承载能力和国土空间开发适宜性评价，优化调整全省主体功能区布局，统筹谋划全省人口分布、经济布局、国土利用和城镇化格局。优化完善主体功能区划分，完善主体功能区分区体系。分类提高城市化地区发展水平，推动农业生产向粮油主产区、特色农产区、特色农牧区集聚，优化生态安全屏障体系，逐步形成城市化地区、农产品主产区、生态功能区三大空间格局。

高质量编制国土空间规划。按照"生态优先、绿色发展，以人为本、提升品质，统筹兼顾、协调联动，科学编制、严格实施"的原则，完成省、市、县、镇（乡）四级国土空间总体规划编制，按需开展特定区域和特定领域的专项规划编制，有序推进详细规划编制，全面建立全省"四级三类"国土空间规划体系，为各类开发保护建设活动提供基本依据。在国土空间规划中统筹划定永久基本农田保护红线、生态保护红线和城镇开发边界等控制线，将其作为调整经济结构、规划产业发展、推进城镇化不可逾越的红线，强化传导落实、加强底线约束。

构建国土空间规划编制审批、实施监督、法规政策和技术标准体系。根据国土空间开发保护法等法律法规出台情况，研究制定符合四川实际的实施办法。研究制定四川省国土空间规划管理办法，明确市县国土空间总体规划成果审查要点、审批流程、监督实施等规定。研究制定乡镇级国土空间规划编制指南等一批国土空间规划技术规范。建立省市县三级联通的国土空间规划"一张图"实施监督信息系统，健全国土空间规划评估制度，完善国土空间规划动态监测评估预警和实施监管机制及技术体系，提升国土空间规划全生命周期管理能力。

完善国土空间用途管制制度。探索开展全域全类型国土空间用途管制，建立差异化的空间准入机制，构建国土空间用途管制法规政策体系、技术方法体系和运行体系，形成以国土空间规划为基础，以统一用途管制为手段的国土空间开发保护制度。在城镇开发边界内实行"详细规划＋规划许可"的管制方式，在城镇开发边界外按照主导用途分区，实行"详细规划＋规划许可"和"约束指标＋分区准入"的管制方式。以耕地保护和生态保护为重点，分区分级优化细化相关管控规则。

（二）高效服务重大战略落地实施

促进区域协调发展。协同推进成渝地区双城经济圈国土空间规划落实，协调优化四川、重庆两省市资源要素配置，以两大都市圈、成渝主轴地区、两翼城镇组群和区域中心城市为优势地区，盆周山地地区为主要生态保护地区，统筹形成开发与保护相协调的国土空间格局。编制实施五大片区国土空间规划，加强规划、政策、项目统筹，推动差异化协同发展。推动成都平原经济区一体化发展，继续提高人口承载能力，充分发挥极核带动作用，加快建设现代化成都都市圈，强化经济区内圈外圈联动，推进内圈同城化、全域一体化发展保护龙门山—邛崃山生态核心功能区，开展岷江、大渡河、沱江、涪江四大水系廊道系统保护与综合治理。

推动川南经济区一体化发展。突出区域中心城市带动作用，发挥重要节点城市支撑作用，推进宜泸沿江协同发展、内自同城化发展，拓展城市发展空间，加快推进沱江、金沙江、岷江等绿色生态廊道建设，加强经济区南部盆周地区生态斑块保护修复，以及长江干流和沱江等重要支流岸线生态修复。推动川东北经济区振兴发展，培育南充、达州区域中心城市，发挥广安、广元、巴中重要节点作用，加快阆苍南一体化进程，促进人口和产业集聚，统筹推动经济区南部城市化地区、中部农产品主产区和北部生态功能区的空间协同，建设嘉陵江、渠江绿色生态走廊，筑牢秦巴山、华蓥山等绿色生态屏障。推动攀西经济区转型发展，引导国家战略资源开发合理布局，推进安宁河谷综合开发，提升攀枝花市主城区、西昌市综合承载能力，强化各类资源要素集聚，推进安宁河谷经济走廊、大小凉山生态走廊协调发展，加强安宁河谷东西两侧生态功能区保护，协调兼顾安宁河谷沿线的城市化地区和农产品主产区布局。加快川西北生态示范区建设，坚持生态功能区的主体地位，引导资源适度开发、产业适度集聚、人口适度集中，持续推进国家生态文明示范区建设，推进川滇森林及生物多样性、若尔盖草原湿地两大重点生态功能区建设，加强草原、森林、湿地等重要生态系统保护修复，增强生态产品供给能力。

推动以人为核心的新型城镇化。深入实施以人为核心、以提高质量为导向的新型城镇化战略，推动构建以城市群为主体、国家中心城市为引领、区域中心城市和重要节点城市为支撑、县城和中心镇为基础的现代城镇体系，促进大中小城市和小城镇协调发展。编制实施成都都市圈国土空间规划，推动形成中心城市引领型、组团式多层次网格化空间结构，引导资源要素合理流动和高效集聚，促进成德眉资同城化发展，支持成都建设践行新发展理念的公园城市示范区，严格控制成都主城区发展规模，支持优化空间结构，提升城市空间品质。支持区域中心城市建设，适度加大空间资源供给，优化功能布局，引导主导产业特色化集群化发展，在环成都经济圈、川南和川东北经济区培育形成全省经济副中心。支持重要节点城市发挥自身优势，进一步增强人口、经济、要素承载能力，加强通道、产业、生态等功能协作，打造成渝地区双城经济圈建设的重要支撑。加大对省级新区的空间保障，打造带动区域经济高质量发展新增长极。着力提升城镇宜居品质，以国土空间详细规划和专项规划为基础，合理调整完善城市内部用地结构，引导和促进城市有机更新。研究制定引导历史文化遗产合理利用的规划、土地等支持政策，加强历史文化保护传承，促进历史文化遗产活化利用。落实公园城市理念，促进公共空间与自然生态相融合，保护城市山体自然风貌，修复河湖水系和湿地，完善城市生态系统。统筹城市水资源利用和防灾减灾，提升城市安全韧性。完善支持新型城镇化发展的土地政策，健全农村转移人口市民化土地支持政策，引导建设用地资源向都市圈和区域中心城市倾斜，支持以县城和中心镇为重要载体的城镇化建设。坚持房子是用来住的、不是用来炒的定位，建立住房和土地联动机制，完善城镇建设用地增加规模同吸纳农业转移人口落户数量、提供保障性住房规模挂钩机制。

支持乡村振兴战略实施。加强乡村建设县域统筹，科学编制县级国土空间规划，明确村庄布局分类。做好乡镇行政区划和村级建制调整改革"后半篇"文章，有序推进以片区为单元的乡村国土空间规划编制，优化县域经济地理版图。持续推广"小规模、组团式、微田园、生态化"模式，优化乡村生产生活生态空间布局，引导农村居民点适度集聚，保护和延续小尺度、低密度的乡村肌理。跨行政区域统筹水利、交通、市政、公共服务等设施布局建设，建立健全城乡基础设施统一规划、建设、管护机制，推动市政公用设施向乡村延伸。依托历史文化名镇名村和传统村落保护利用，支持繁荣乡村文化。完善土地出让收入分配机制。建立巩固拓展脱贫攻坚成果同乡村振兴有效衔接保障机制，用好农村一、二、三产业融合发展土地支持政策，保障乡村产业发展用地。完善农业设施建设用地政策，规范农业设施建设用地管理。集中支持一批乡村振兴重点帮扶县，给予建设用地指标安排、耕地占补平衡指标交易等政策倾斜。开展土地综合整治，激活配优各类自然资源要素，促进农村土地资源有序开发利用、农村生态环境有效保护。

（三）加强重大项目空间支撑

坚持项目跟着规划走。加强各类专项规划与国土空间总体规划的衔接，统筹做好重大项目用地保障。聚焦构建"5+1"现代工业体系、"4+6"现代服务业体系、"10+3"现代农业体系，引导资源要素向优势产业集中集聚，优先支持重大制造业项目、战略性新兴产业项目，做好延伸产业链稳定供应链用地保障工作。围绕提升公共服务水平，统筹规划、合理布局医疗、教育、养老、治安、文旅、体育、生态环保、就业和社会保障、社区服务等公共服务设施，多渠道保障用地需求。围绕构筑现代基础设施体系，强化国土空间规划基础作用，合理预留建设廊道空间，支持"四向八廊"出川战略大通道建设，保障现代能源网络体系建设，支持引大济岷、长征渠引水工程为骨干的水网工程建设。

七、深化自然资源领域改革

以自然资源资产产权制度改革为重点，坚持问题导向，持续深化自然资源领域改革，加强改革系统集成、协同高效，建立健全自然资源保护和利用制度体系。

（一）完善全民所有自然资源资产管理制度

开展全民所有自然资源资产清查。建立统计调查和年度更新机制，摸清全民所有自然资源资产家底。按照国家规定探索建立全民所有自然资源资产所有权委托代理制度，参照中央政府直接行使所有权的自然资源清单，组织编制省级、市级政府代理履行所有者职责的自然资源清单。完善全民所有自然资源资产配置制度，深化全民所有自然资源有偿使用制度。建立健全全民所有自然资源资产收益管理制度，落实并维护所有者权益。依法依规合理调整全民所有自然资源资产收益分配比例和支出结构，加大对生态保护修复、资源安全保障和乡村振兴的支持力度。开展全民所有自然资源资产平衡表编制试点，落实县级以上人民政府向同级人大常委会报告国有自然资源（资产）管理情况制度。

（二）深化土地管理制度改革

创新土地管理方式。争取中央赋予省级更大用地自主权，深化成渝地区双城经济圈城乡土地制度改革，建立与国家战略相适应的土地管理体制机制。加强土地计划指标精细化管理，实施年度建设用地总量调控制度。开展市（州）土地管理水平综合评估，依法依规有序下放省级用地审批权。实施全面提升土地管理水平三年行动，在建设用地审批提质增效、耕地保护补短板、土地节约集约利用等方面实现突破。在东西部协作和对口支援框架下，继续做好新增耕地指标和城乡建设用地增减挂钩节余指标跨省域调剂。规范开展耕地指标和城乡建设用地增减挂钩节余指标省域内流转。加强和改进征地管理工作，建立土地征收公共利益用地认定机制，缩小土地征收范围，有序推进成片开发征地工作，完善土地征收多元化补偿方式和保障机制。多渠道保障农村一、二、三产业融合发展合理用地需求，为农村产业发展壮大留出用地空间。

深化土地要素市场化配置改革。健全完善国有建设用地市场化配置机制，进一步扩大国有建设用地有偿使用范围。按照国家统一部署，稳妥有序推进农村集体经营性建设用地入市，推进城乡统一的建设用地市场建设。深化农村宅基地改革试点，探索宅基地所有权、资格权、使用权分置实现形式，结合改革进程做好宅基地确权登记。深入推进产业用地市场化配置改革，健全长期租赁、先租后让、弹性年期供应、作价出资（入股）等工业用地市场供应机制。开展工业用地"标准地"改革，深入推进"亩均论英雄"考核评价，加强土地利用全生命周期监管。完善建设用地使用权转让、出租、抵押二级市场，健全服务体系、征信体系和监管体系。建立健全城乡公示地价体系，探索建立全类型自然资源的政府公示价格体系。

（三）推进矿产资源管理改革

深化矿产资源市场化配置改革，进一步完善矿业权交易规则，

全面推进矿业权竞争性出让，严格控制矿业权协议出让。优化矿业权出让流程，积极推进"净矿"出让。推行矿业权三级联网审批和"一网通办"。深化矿产资源储量管理改革，推进储量管理一体化建设，加强矿山储量动态监管。贯彻落实国家矿产资源权益金制度改革要求，探索推进按收益率征收矿业权出让收益。探索建立符合市场经济要求和矿产资源勘查高风险特点的投融资机制。深化地矿信用体系建设，加强地勘行业规范管理。加强对矿业权人的监管，实施和完善矿业权人勘查开采信息公示制度，落实矿业权出让转让信息公开制度。创新地质矿产管理机制，探索"矿地综合利用"新模式。

（四）深化林业和草原改革

推进集体林地草地"三权分置"。落实林地草地集体所有权、稳定承包权、放活经营权，引导各种社会主体通过出租、入股、合作等形式参与林权流转，促进适度规模经营。完善集体林发展支持体系，放活集体商品林经营，推广"林业共营制"模式。推进成都市全国林业改革发展综合试点市建设。深化国有林场改革，完善国有林场经营机制。巩固和扩大国有林区改革成果，推动国有林区持续发展。

（五）建立健全生态产品价值实现机制

探索生态产品价值核算。开展生态产品信息普查，探索形成生态产品目录清单。探索开展以生态产品实物量为重点的生态价值核算，探索不同类型生态产品经济价值核算。针对生态产品价值实现的不同路径，探索开展行政区域单元生态产品总值和特定地域单元生态产品价值评价。探索开展基于生态产品价值核算的生态产品价值实现成效评估，梳理总结生态产品价值实现的有效路径和模式，探索建立生态产品价值核算结果发布制度。

健全生态产品经营开发机制。推动生态产品交易中心建设，拓宽生态产品交易渠道，促进生态产品供需精准对接。编制生态产品开发利用负面清单和产业发展指引，因地制宜推动生态农业、生态工业、生态旅游、生态康养、自然教育等新产业新业态发展。依托不同地区独特的自然禀赋，生产特色生态农产品，实施精深加工，拓展延伸产业链和价值链。鼓励打造特色鲜明的生态产品区域公用品牌，促进生态产品价值增值。支持在生态本底优良、资源环境承载能力相对较好的地区探索建设一批生态产品价值实现机制试点示范、生态产业创新示范区、绿色发展示范带、森林康养基地等"两山"转化功能平台。鼓励创新吸引社会资本投入生态产品供给的政策措施、产权安排和运作模式。探索开展碳排放权、排污权、用能权交易，试点推进阿坝州、甘孜州林草碳汇交易，推动完善重点流域水权交易机制。

健全生态保护补偿机制。完善纵向生态保护补偿制度，支持基于生态环境系统性保护修复的生态产品价值实现工程建设。完善森林、草原、湿地、荒漠、耕地、水域等自然生态系统生态保护补偿制度，探索自然保护地生态保护补偿制度。建立健全长江川渝段、黄河川甘段、赤水河等跨省流域生态补偿机制，深化沱江、岷江、嘉陵江、安宁河等省内流域生态补偿机制，鼓励受益地区和保护地区、流域上下游通过园区共建、资金补偿、产业扶持等多种方式开展横向生态保护补偿。健全生态环境损害赔偿制度，加强生态环境修复与损害赔偿的执行和监督，提高破坏生态环境违法成本。

（六）健全自然资源监管体制机制

健全完善共同责任机制。落实领导干部自然资源资产管理和生态环境保护责任，加强领导干部自然资源资产离任审计。开展生态文明建设目标评价考核，对不同区域主体功能定位实行差异化绩效评价考核。完善生态环境公益诉讼制度。加强企业自然资源保护和利用治理责任制度建设，完善公众监督和举报反馈机制，引导社会组织和公众共同参与自然资源治理。

加强自然资源督察执法。系统梳理自然资源领域相关地方性法规和规章，推动土地管理、矿产资源管理、国土空间规划、永久基本农田保护、自然资源督察、地质灾害防治、不动产登记等地方性法规和规章的制修订，完善执法依据，明确权责边界。健全省市县三级自然资源督察机构，加快推进自然资源综合执法改革，建立重大典型案件查处通报制度。落实自然资源行政执法与刑事司法衔接机制，加强部门间协作配合，协同推进公益诉讼、行政非诉执行监督工作。建立健全自然资源、农业农村、纪检监察、公检法等部门执法联动协调机制，完善自然资源违法发现机制、处置机制、治理机制、评价（考核）机制，构建"大督察""大执法"格局。加强对自然资源领域依法行政监督，强化以耕地保护和节约集约利用为重点的土地督察，积极开展国土空间规划督察和矿产、森林、草原、水资源等督察，推进自然资源全面督察。探索定期监测和动态监管，发挥监管反馈预警功能，推动执法关口前移。建立健全"早发现、早制止、严查处"的长效监管机制。加强基层人员科技装备水平和能力建设，全面提升基层执法效能。

（七）持续深化自然资源领域"放管服"改革

纵深推进"放管服"改革，持续深化行政审批制度改革，建设完善政务服务大厅实体窗口，集中办理行政审批，切实做到"审管分离"，实现"一窗受理、一网通办、一次办结"，持续推进"一网通办"前提下"最多跑一次"改革，全面实现审批事项"全程网办"，逐步实现政务服务"市内通办""省内通办""川渝通办""跨省通办"，建立完善全省不动产登记平台，全面推进"互联网＋不动产登记"，全面实施"一窗受理、并行办理"，实现不动产登记相关业务"跨省通办"，深化规划用地"多审合一、多证合一、多验合一"改革，加快实现用地用矿用林用草手续同步办理，加快推动自然资源领域工程项目审批"一件事一次办"落地落实，不断优化自然资源系统营商环境，进一步提升人民群众和企业的获得感。

八、增强基础支撑保障能力

坚持固根基、扬优势、补短板、强弱项，全面加强自然资源统一调查监测评价和确权登记、地质调查、基础测绘等工作，不断提升科技创新能力和信息化建设水平，持续增强地质灾害防治能力，为提升自然资源保护利用、管理决策和公共服务水平提供有力支撑。

（一）构建自然资源统一调查监测评价体系

建立健全统一的自然资源调查评价监测制度。规范调查监测工作标准和技术要求。开展年度国土变更调查，持续更新第三次全国国土调查成果。统筹开展自然资源专项调查，掌握各类自然资源的数量、质量、结构、功能、空间分布、开发利用、生态状况等多指标信息。持续开展地理国情监测、各类自然资源专题监测，探索开展重点区域监测、重点项目监测、管理业务监测，适时开展应急监测。开展重点区域、重点生态系统的生态状况调查评价和监测预警。加强专业技术队伍建设和信息化建设，构建"空天地"一体化的调查监测网络，提升自然资源调查监测综合保障能力。

（二）开展自然资源统一确权登记

全面推进自然资源统一确权登记。基本完成重点区域自然资源确权登记工作，重点推进国家公园等各类自然保护地、国有重点林区、湿地、大江大河重要生态空间确权登记工作。健全自然资源权属多元化纠纷解决机制，积极稳妥清理规范林权登记历史遗留问题，推动将林权登记纳入不动产登记实行"一窗受理"。完善自然资源确权登记系统，探索三维自然资源确权登记模式，推动自然资源确权登记日常变更智慧化、智能化。规范做好农村不动产登记，全面完成房地一体宅基地确权登记，稳妥做好土地承包经营权纳入不动产登记。健全贯穿土地管理全生命周期的地籍调查工作机制，统一技术标准，逐步实现"一码管地"。

（三）开展基础地质调查

加强区域地质调查。配合开展全省15万区域地质调查和矿产调查，加强重大工程、重要交通干线工程地质调查，完成川藏铁路、西部陆海新通道、国家水网等重大工程建设地质安全评价。加强城市地质调查，完成全省地级以上城市15万基础性综合地质填图，实现地级以上城市地质调查全覆盖。加强成都和区域中心城市地质安全风险评估和地下空间资源调查评价，全面推进城市三维地质调查。加强生态地质调查，开展全省主要流域水资源综合调查及动态变化监测，推进长江、黄河等重点流域水文地质调查。加强对粮食主产区、耕地和牧草地分布区等区域土地质量地球物理和地球化学勘查，开展精细化土地质量地质调查和天然富硒土地资源详查，建立土地质量地质调查数据库。持续加强全省实物地质资料目录信息数据库建设，推动实物地质资料信息共享、有效保存和高效利用。

（四）加强基础测绘和地理信息建设

完善现代化测绘基准体系。建设北斗导航高精度基础数据中心。丰富基础地理信息数据资源，以省级基础测绘成果为基础，升级改造四川省地理空间大数据中心。深化地理信息综合应用服务，加强以"天地图四川"为核心的地理信息公共服务平台体系建设。加快构建新型基础测绘体系，创新新型基础测绘产品，推进三维实景数据库建设，形成全省新型基础测绘成果数据库和服务底图。推进成渝地区双城经济圈空间定位基准和高精度动态定位导航一体化建设，深化地理信息共建共享机制，实现卫星定位基准服务系统互联互通、基础地理信息互认互用。

（五）增强科技创新能力

开展重大科技攻关和成果转化。加强生态保护修复、生物多样性保育、耕地保护、林草、自然资源综合利用、自然灾害综合防治等领域新技术研发和应用，研究推广土地、矿产资源等节约集约和高效利用先进适用技术。加强卫星应用技术中心、工程技术创新中心等科技创新平台建设，支持创建自然资源保护和利用重点实验室，建设博士后创新基地，提高自然资源管理科技支撑和技术保障能力。加强与国内外高校、科研院所等专业机构的合作，建立自然资源高端智库。加强土地、矿产、测绘地理信息、林业、地灾防治、生态修复等业务领域标准建设，建立自然资源标准体系。健全创新激励和保障机制，完善科研技术人员职务发明成果权益分享机制。

第四节　"三线一单"与四川省高质量发展

改革开放四十年多年来我国经济建设取得了举世瞩目的成绩，但是也留下了很多生态环境问题。目前我国经济已经由高速增长阶段转向高质量发展阶段，但高质量发展缺乏指标体系和具体路径。"三线一单"是一套生态环境分区管控体系，其主要目的是统筹地方社会经济与环境保护的矛盾，促进经济结构转型。

2019 年 10 月 12 日，生态环境部在北京组织召开会议，审核验收四川省

"三线一单"编制成果。四川省"三线一单"工作基础扎实，资料数据翔实，技术方法适宜，成果文件和成果数据达到了生态环境部印发的有关技术规范要求。通过"三线一单"编制工作，初步建立了覆盖全省、"落地"到市（州）和区县的生态环境分区管控体系，根据四川特点创新性地研究了重点发展产业的环境准入指标，促进了生态环境管控要求的针对性和操作性，是构建生态环境分区管控体系的创新实践，有助于推进生态环境治理体系和治理能力现代化，促进生态环境保护和推动高质量发展。

一、明确区域绿色高质量发展标准

四川省正处于由经济大省向经济强省转型的关键时期，近年来区域发展水平显著提升，但仍存在发展不平衡不充分的问题。"三线一单"即生态保护红线、环境质量底线、资源利用上线和生态环境准入清单，是一套针对全空间、全活动、全要素的完整的生态环境分区管控体系，具有高度集成化和清单化的特点，对人类活动有着强有力的硬约束作用。科学合理地编制"三线一单"对调整产业结构、优化产业布局及破解四川经济发展不平衡不充分问题具有重要作用。四川省在"三线一单"编制过程中，通过"生态保护红线、环境质量底线、资源利用上线"建立了环境保护指标体系，为地区高质量发展提供了量化标准；通过"生态环境准入清单"中的差异化管控要求，为地区高质量发展提供了具体路径。

四川省构建的"三线一单"指标体系主要集中在生态层面，从环境保护、绿色发展的角度出发，明确了高质量发展的标准。与目前已经研究中的指标体系不同，四川省"三线一单"并没有将生态环境指标作为评价高质量发展程度的一部分，而是充分发挥"三线一单"的约束作用，将生态环境指标作为判别是否为高质量发展的前置条件。四川省"三线一单"指标体系包括管控单元指标体系和重点行业指标体系。管控单元指标体系是针对国土空间的管控，其指标适用对象为管控单元；重点行业指标体系是针对生产活动的管控，其指标适用对象为企业或生产活动。

（一）管控单元指标体系

管控单元指标体系主要由"三线"中的环境质量底线和资源利用上线构

成。该指标体系中各指标的来源主要有两部分，一部分为国家或地方现行政策法规中的指标，例如受污染耕地、地块安全利用率目标指标等；另一部分为测算指标，如污染允许排放量指标、水环境容量指标等。"三线"构建指标体系见表4-5。

表4-2   "三线"构建指标体系

"三线"内容	表征指标
大气环境质量底线	各市（州）分阶段 $PM_{2.5}$ 浓度目标指标、大气污染物允许排放量指标、大气污染物减排比例指标
水环境质量底线	地表水水质目标指标、水环境容量指标、水污染物允许排放指标
土壤环境风险管控底线	分阶段受污染耕地、地块安全利用率目标指标
水资源利用上线	水资源承载能力指标、水资源开发利用强度指标、水资源开发利用效率指标
土地资源利用上线	土地开发强度指标、土地资源开发利用效率指标
能源资源利用上线	能源消费总量指标、能源效率指标、能源结构指标
自然资源利用上线	自然资源资产控制性指标

管控单元指标体系具体通过生态环境准入清单实现。在准入清单编制过程中，根据不同单元特点及突出生态环境问题，选用不同的指标，因此不同单元所适用的指标体系是存在差异的。这种以生态环境准入清单为出口的管控方式，使得指标体系可以落到实处，体系中的每一项指标都对单元起着约束作用。但是该指标体系存在着与管控单元无法完整衔接的问题，部分指标难以细分至单元。这是由于诸如污染物排放总量、用水总量等指标难以以街道、乡镇等单位进行考核，大多统一分配至市级，而"三线一单"的管控单元大多为区县级甚至乡镇级，"三线一单"难以将市级指标再继续细分至区县及乡镇。

（二）重点行业指标体系

为了提高指标体系的针对性，加强对重点产业的管控，四川省"三线一单"对电子信息、白酒酿造、竹浆造纸及山区河流小水电等地方特色产业开展了环境准入指标体系的探索性研究。在企业现状调查、现有政策法规梳理基础上，进行横向对比分析及整合，提出重点行业/开发活动环境准入体系的约束性和参考性指标。

以电子信息产业的指标体系为例，四川省"三线一单"在分析了 12 英寸集成电路行业发展现状基础上，分有环境承载力和无环境承载力两区制定了 12 英寸集成电路行业的指标体系，见表 4-3。

表 4-3　　　　　　　12 英寸集成电路行业生态环境准入指标

指标类型	指标名称	单位	掩膜层数 35 层及以下	
			有环境承载力的区域	无环境承载力的区域
约束指标	配套建设中水回用工程	/	推荐	必须
	废水污染物排放标准	/	按国家及地方相关要求执行	对未达标废水因子进一步提标，以达到相应水环境功能区要求
	中水占生产用水比例	%	/	≥ 20%
	清洗水回用率	%	≥ 50%	≥ 60%
	工业用水重复利用率	%	≥ 92%	≥ 95%
参考指标	废水量	米³/片	11	9
	COD	克/片	2310	1800
	氨氮	克/片	440	270
	氟化物（废水）	克/片	165	90
	总磷	克/片	66	54
	总氮	克/片	660	450
	氟化物（废气）	克/片	20	30
	氮氧化物	克/片	85	100
	VOCs	克/片	150	210
	单位工业用地面积工业增加值	元/米²	900	900
	单位工业用地面积工业增加值三年年均增长率	%	≥ 6	≥ 6

该指标体系主要为污染物产排指标。由于不同企业产品类型、产品线宽、产品尺寸、光刻次数以及所使用的工艺不同，不同企业污染物产排指标相差较大。同时，电子产品更新换代较快，致使企业的工艺制程亦更新较快。因此，该指标体系的污染物排放指标主要采用近三年内引进的相关典型企业的产排污数据进行建议。这种针对特定行业的指标体系具有可操作性强、落地性强

的优点，且随着社会经济的发展和重点行业的转变，该指标体系可以进行灵活调整。

（三）"一单"实施差别管控

四川省五大区域及 21 市州存在巨大差异，不同区域基础条件、资源禀赋、人文底蕴、发展阶段不完全相同，高质量发展需求与路径也有所不同。成都平原经济区 8 市以占全省 17.8% 的面积承载了全省 45.8% 的人口，贡献了 60.6% 的经济总量；而"三州"地区占全省面积的 60.3%，人口仅占 8.4%，经济总量仅占 5.3%，却是重要的生态功能区与生态屏障。对于成都平原经济区，其高质量发展路径是高质量现代化产业体系改革；对于"三州"地区，其高质量发展路径是生态及生态旅游体系建设。

在编制"三线一单"过程中，四川省根据不同区域高质量发展的差异及特点，构建了区域级、市州级和单元级的多级生态准入体系。各级准入体系在满足上一级编制思路与总体要求的基础上，根据区域特征、发展定位和突出生态环境问题，明确差别化准入要求。在该体系中，区域总体准入与四川省"一干多支、五区协同"区域发展战略相衔接，在四川省高质量发展需求的指导下进行制定。市州总体准入在满足区域总体准入的前提下，与市州发展战略相衔接；同时，各市州清单可根据各自的不同特点实行差异化管控。这既保证了各区域、各市州清单的差异性，又保证了同一区域、同一市州的准入清单具有统一的标准。

二、因地制宜推进区域差异化管控

生态环境准入清单的差异化管控主要通过管控单元划分的差异化、管控重点差异化两部分体现。

（一）管控单元划分差异化

管控单元采用三级划分标准。岷沱江流域主要城市成都市、德阳市、眉山市、乐山市、宜宾市、泸州市是四川省人口和工业的集中区域，同时也是环境污染与环境风险问题突出的区域。因此，此区域环境管控单元划至"乡镇级"行政边界，其中工业重点管控单元细化至县级工业园区边界；甘孜州、凉山州、阿坝州"三州"地区国土面积大，总体开发强度较低，环境质量良好，因此适当放宽尺度。其他城市环境管控单元划至"区（县）"行政边界，其中工业重点管控单元细化至市级工业园区边界。

基于这一划分标准，四川省共划定 951 个综合环境管控单元，其中优先保护单元 291 个，占全省国土面积的 50.1%；重点管控单元 538 个，占全省国土面积的 14.3%；一般管控单元 122 个，占全省国土面积的 35.6%。四川省五大经济区综合环境管控单元分布见表 4-4。

表 4-4　　　　　　　四川省五大经济区综合环境管控单元面积分布情况

	优先保护单元		重点管控单元		一般管控单元	
	面积（平方千米）	占区域国土面积比例（%）	面积（平方千米）	占区域国土面积比例（%）	面积（平方千米）	占区域国土面积比例（%）
成都平原经济区	25930	30.0%	33841	39.1%	26747	30.9%
川南经济区	4938	14.0%	16391	46.5%	13960	39.6%
川东北经济区	14293	22.3%	13558	21.2%	36172	56.5%
攀西经济区	29847	44.1%	5416	8.0%	32415	47.9%
川西北生态经济区	168664	72.5%	89	0.04%	63951	27.5%
全省	243672	50.1%	69296	14.3%	173245	35.6%

从四川省五大经济区的分布情况来看，成都平原经济区和川南经济区是重点管控单元的主要分布区，其面积分别占其对应区域国土面积的 39.1% 和 46.5%，这两个区域也是四川省的经济发展和人口聚集中心，GDP 和总人口分别占全省的 76% 和 64%。优先保护单元主要分布在川西北生态经济区和攀西经济区，面积分别占其对应区域国土面积的 72.5% 和 44.1%，这两个地区是四川省重点生态功能区和重要生态功能区的集中分布区域，也是四川省生态保护红线在空间分布上的关键区域。川东北经济区属于未来发展与保护并重的区域，该区域重点管控单元和优先保护单元面积占对应区域国土面积的比例处于成都平原经济区和川南经济区以及川西北经济区和攀西经济区之间，而一般管控单元占比较多（56.5%）。

（二）清单管控重点差异化

基于四川省五大经济区不同的高质量发展需求，生态环境准入清单管控重点分为三类，具体分类见表4-5。

表 4-5　　　　　　　　　　　分区域生态环境准入清单编制

区域	成都平原及川南经济区	川东北经济区	川西北及攀西经济区
区域特点	四川省经济发展和人口聚集中心，人口密度大、工业化及城镇化水平较高，但大气和水环境污染较为严重，污染物减排压力较大	环境质量现状优于成都平原和川南经济区，生态和环境问题制约相对较少，但未来有较大发展需求，产业转移承接压力大	地广人稀、工业化程度较低，但分布有大量重点及重要生态功能区，生态环境敏感度高
重点发展产业	电子信息、装备制造、食品饮料等	能源化工、食品饮料、装备制造、先进材料等	生态旅游、清洁能源及矿产资源开发等
主要生态环境问题	沿江临城产业聚集，环境安全风险隐患较大；水资源分布不均，岷江、沱江及一些小流域污染突出，开发活动相对集中；以成都平原为中心的区域灰霾污染问题突出	小流域污染；部分城市大气环境不能稳定达标；输入性污染	生态系统较脆弱，生态屏障构建与生态安全保障任务重大；资源开发活动与生态保护矛盾突出，区域生物多样性保护受威胁
环境管控单元分布	环境重点管控单元集中分布区	环境优先保护单元集中分布区	环境一般管控单元集中分布区
生态环境准入清单编制思路	侧重解决环境污染问题，实施最严格的产业准入要求，并严控污染排放	兼顾发展与保护的需求，从布局上严格承接产业的准入，预防大规模发展带来的环境污染	侧重解决生态保护问题，以预防为主，防治结合，限制开发活动，开展生态修复

成都平原经济区和川南经济区是四川省的经济发展和人口聚集中心，人口密度大、工业化及城镇化水平较高，但大气和水环境污染较为严重，污染物减排压力较大。该区域要实现高质量发展必须先解决环境污染问题，严控污染排放；川西北生态经济区和攀西经济区是长江上游的重要屏障，这两个地区地广人稀、工业化程度较低，但分布有大量重点及重要生态功能区，生态环境敏感度高。该区域的高质量发展需侧重解决生态保护问题，坚持"绿水青山就是金山银山"的指导思想，在保护的基础上发展生态经济；川东北经济区环境质量现状优于成都平原和川南经济区，生态和环境问题制约相对较少，但未来有较大发展需求，产业转移承接压力大。该区域的高质量发展路径需兼顾发展与保护的需求。

　　四川省作为"三线一单"编制工作的先导省份之一，在整个长江经济带"三线一单"的编制过程中起到了先行先试的作用。在编制"三线一单"过程中，四川省构建了包含管控单元指标和重点行业指标的高质量发展体系，构建了区域级、市州级和单元级的多级生态准入体系。管控单元的指标体系由"三线"中的环境质量底线和资源利用上线构成，重点行业指标提高了体系的针对性，加强了对重点产业的管控。通过管控单元划分差异化和管控重点差异化体系实现了准入清单的差别管控。

　　由于四川省"三线一单"实践工作刚刚起步，且各区域的环境管理水平与管理需求差异较大，建议在后续"三线一单"的研究和实践过程中，结合管理实践效果与所遇问题，及时对"三线一单"的内容进行调整，不断优化完善"三线一单"技术方法，发挥"三线一单"精准管控的作用，助力地方经济高质量发展。

第五章　四川省区域绿色发展

第一节　典型绿色区域规划

一、成都市绿色发展

位于川西平原上的成都市，河流纵横，沟渠交错，良好的水利和气候条件让这里成为了一个绿意盎然的"天府之国"。岷江、沱江两江环绕，龙门山脉、龙泉山脉两山环抱，构筑起了成都平原最为坚实的生态本底，让成都这座历史文化名城传承千年，繁荣至今。

（一）成都市"十三五"绿色发展成绩

污染防治攻坚战取得新成效。坚持"铁腕治霾"，实施大气污染防治"650"工程，2020 年空气质量优良天数比例 76.5%、$PM_{2.5}$ 平均浓度 41 微克 / 米 ^{3}，比 2015 年分别提高 9.6 个百分点和下降 28.1%，基本消除重污染天气；6 个市县实现空气质量 6 项指标全达标，占市域面积 54.5%，再现"窗含西岭千秋雪"往日盛景。坚持"重拳治水"，实施水污染防治"626"工程，地表水市控及以上断面达到或好于Ⅲ类水体比例提升到 95.4%，全部消除 V 类和劣 V 类水质断面，府河黄龙溪国考断面水质从劣 V 类改善为Ⅲ类，20 年来首次稳定达标。坚持"科学治土"，实施土壤污染防治"62"工程，受污染耕地安全利用率、污染地块安全利用率达到 94%、90%，土壤环境质量总体保持稳定。主要污染物排放总量减少目标超额完成，全市二氧化硫、氮氧化物、化学需氧量、氨氮排放总量分别下降 38.3%、12.0%、22.6%、35.3%。

绿色发展取得新进展。深入落实主体功能区战略，研究制定"三线一单"，守牢生态资源环境底线。加快构建绿色制造体系，燃煤锅炉基本全域清零，持续推进砖瓦、铸造、造纸等落后产能淘汰，处置"散乱污"工业企业 1.6 万家，累计获评国家和省级绿色工厂企业 87 户、绿色园区 4 个、绿色供应链 3 户、绿色设计产品 1 个，产业功能区绿色发展水平不断提高。积极构建生态环境产业生态圈，制定环保产业发展规划和节能环保技术装备推荐目录，持续推进"一展、一会、一馆、一院、一基金、三基地"措施。全面促进资源节约集约利用，单位 GDP 能耗五年累计降低 14.2%，清洁能源占比从 2015 年的 56.5% 提升至 62.6%。

应对气候变化开创新局面。制定实施低碳城市建设"636"工程，出台《成都市人民政府关于构建"碳惠天府"机制的实施意见》《成都市"碳惠天府"机制管理办法（试行）》，国内首创公众碳减排积分奖励、项目碳减排量开发运营"双路径碳普惠建设思路，编制完成商超、餐饮、景区、酒店 4 个低碳场景评价规范，以及造林管护、节能改造等 8 个碳减排项目方法学，扩围开展 200 家企业碳排放核查。启动"C40 气候行动规划"成都项目，连续两年发布城市级绿色低碳发展蓝皮书，作为国内首个地方政府代表成功加入"一带一路"绿色发展国际联盟，荣获首批"全球绿色低碳领域先锋城市蓝天奖"。

治理体系与治理能力现代化迈上新台阶。研究制定新时期成都生态环保"1234567"工作思路，探索环保工作"产学研宣治"生态圈，谋划搭建国家级生态环保平台，指导形成一批特色亮点工作迈入全国"第一方阵"。出台《成都市三岔湖水环境保护条例》《成都市机动车非道路移动机械排气污染防治办法》等地方性法规，健全饮用水水源保护、山民沱江流域水环境生态补偿机制，餐饮门店清洁能源改造入选联合国教科文组织推广案例，全国首创非道路移动机械标志管理和排放监管制度，成都"数智环境"系统入选全国优秀案例。

生态保护与建设呈现新亮点。蒲江、金堂、温江、大邑、金牛、邛崃市成功创建国家生态文明建设示范区（市、县）。开展"绿盾"自然保护地强化监督，推进大熊猫国家公园、龙泉山城市森林公园、白鹤滩国家湿地公园等重大标志性生态工程建设，持续完善五级城市绿化体系，龙泉山城市森林公园增绿增景 9147 万公顷，森林覆盖率提升至 40.2%，启动川西林盘生态管护与修复项目 546 个，累计建成天府绿道 4408 千米，建成区绿化覆盖率提升至 43.9%，人均公园绿地面积增加到 14.9 平方米，公园城市生态本底愈发亮丽。

（二）存在挑战

生态环境结构性矛盾仍然较为突出。三次产业结构为 3.7：30.6：65.7，第二产业中石化、冶金、建材仍属于特色优势产业，低碳技术和产业发展仍有短板。化石能源消费总量较 2016 年增加 9.1%，油品、天然气分别增加 10.7%、21.8%，化石能源消费占比超 55%，以化石能源为主的能源结构没有根本改变，短期内难以实现能源消费增长与碳排放脱钩。公路货运量在货运总量中的占比长期在 90% 以上，公路货运比例明显偏高，运输结构存在优化空间。

生态环境质量距离公园城市要求还有差距。空气质量优良率和 $PM_{2.5}$ 平均浓度在 19 个副省级以上城市中排名靠后，优良天数（280 天）较全国 337 个地级以上城市平均值（317 天）少 37 天，蓝天治理还处于"气象影响型"阶段，臭氧已成为制约全市空气质量优化提升的首要污染物。受环境用水总体较少、污染排放总量加大、城市污水处理设施建设滞后、农业面源污染和沱江输入性污染较重等影响，少数区域仍有黑臭水体存在，持续提升山民、沱江流域水生态环境质量任务艰巨。土壤风险管控压力大，农用地安全利用和管控任务重，污染地块再开发利用环境风险仍然存在。城市开发建设与自然生态保护的矛盾依旧突出，生态系统功能发挥不足，生态环境保护修复亟待加强。

生态环境管理的精细化程度还不够高。机动车保有量持续高速增长，加大 NO_x、$PM_{2.5}$ 等污染物治理难度。建筑、地铁施工面积仍处高位，施工管理绿色化水平有待提高，扬尘排放量不断攀升。木材加工、家具制造、石油加工等涉 VOCs 企业数量大（占全市工业企业五分之一以上），VOCs 排放总量大，管控水平有待加强。油烟、噪声等涉及生活质量的投诉呈上升趋势，邻避效应复杂性进一步凸显，舆情引导与生态环境精细化管理程度有待提升。

超大城市防范生态环境风险任务更为艰巨。成都已成为常住人口超 2000 万的超大城市，污染治理设施建设存在短板，污水、垃圾、危险废物处理处置能力不足、分布不均，环保基础设施多元化投入机制有待完善。环境治理的复杂性不断增加，环境治理边际成本上升，新型污染物日益凸显，生态环境监测网络尚未健全，生态环境风险全过程、全链条防范体系有待健全。

绿色发展区域协同带动作用亟待加强。成都都市圈生态环境保护工作尚未有效凝聚合力，常态化的协同治理长效机制建立仍面临挑战，成都发挥核心引擎作用的路径仍在探索。为了更好发挥成都都市圈建设的辐射引领作用，带头推动成德眉资同城化发展生态环境保护联防联控，统筹解决跨区域生态环境问题，迫切需要推动区域同步保护与发展。

（三）主要目标

到 2025 年，生态环境质量总体优良并稳步提高，空气环境质量、水环境质量进一步改善，土壤环境质量总体保持稳定，辐射和声环境质量保持良好，主要污染物排放总量进一步削减，碳排放强度持续下降，生态环境风险得到有效管控，生态系统服务功能持续增强，绿色生产和绿色生活方式基本建立，生态环境治理体系和治理能力现代化初步实现，生态文明建设水平进一步提升，经济高质量发展和生态环境高水平保护融合的绿色发展格局基本形成，为实现碳达峰、碳中和奠定坚实基础。

——生态环境质量持续改善。空气质量优良天数比例达到 83.7% 以上，$PM_{2.5}$ 年均浓度控制在 35 微克/米^3 以下。集中式饮用水水源地水质达标率保持 100%，地表水市控及以上监测断面达到或优于Ⅲ类比例达到 96.5%。受污染耕地安全利用率达到 94% 以上，重点建设用地安全利用得到有效保障。

——生态系统稳定性显著增强。生态空间格局稳固，生态保护红线面积不减少、功能不降低、性质不改变，生物多样性得到有效保护。森林覆盖率达到 41%，绿化覆盖率不低于 45%。

——绿色发展水平稳步提升。资源能源节约、高效、循环利用水平不断提高，万元GDP能耗、水耗、二氧化碳排放强度完成省政府下达降低目标任务。

——生态环境治理能力持续提升。城市、县城、重点乡镇污水集中处理率分别达到 98.5%、95% 和 85% 以上，生活垃圾无害化处理率、污泥无害化处理率稳定达到 100%，公众对生态环境满意率稳步提升。

到 2035 年，生态环境质量实现根本好转，节约资源和保护生态环境的空间格局、产业结构、生产方式、生活方式总体形成，生态文明建设水平全面提升，生态环境治理体系和治理能力现代化基本实现，经济社会发展与资源环境承载能力更加协调，全面建成践行新发展理念的公园城市示范区。

表 5-1　　　　　　　成都市"十四五"生态环境保护规划重点指标

指标类型	序号	指标名称	2020年现值	2025年目标	指标属性
环境治理	1	空气质量优良天数比率（%）	77.1	>83.7	约束性
	2	细颗粒物（$PM_{2.5}$）年均浓度（微克/米^3）	42.5	<35	约束性
	3	空气质量重污染天数比率（%）	0.5	力争消除	预期性
	4	县级及以上城市集中式饮用水水源地水质达到或好于Ⅲ类比例（%）	100	100	约束性
	5	岷江、沱江成都流域市控及以上断面水质达到或好于Ⅲ类比例（%）	95.4	96.5	约束性
	6	地表水质量劣于Ⅴ类国、省考核断面水体比例（%）	0	0	约束性
	7	地下水质量Ⅴ类水比例（%）	–	完成省政府下达目标任务	约束性
	8	城市黑臭水体比例（%）		0	预期性
	9	氮氧化物重点工程减排量（万吨）	–	1.0700	约束性
	10	挥发性有机物重点工程减排量（万吨）	–	0.7410	约束性
	11	化学需氧量重点工程减排量（万吨）	–	3.8402	约束性
	12	氨氮重点工程减排量（万吨）		0.2591	约束性
应对气候变化	13	单位GDP二氧化碳排放降低（%）	21	完成省政府下达目标任务	约束性
	14	单位GDP能源消耗降低（%）	14.2		约束性
	15	非化石能源占能源消费总量比重（%）	44.2	>50	约束性
环境风险防控	16	受污染耕地安全利用率（%）	94	>94	约束性
	17	重点建设用地安全利用		有效保障	约束性
生态保护	18	生态保护红线占国土面积比例（%）		不降低	约束性
	19	生态质量指数（EQI）		稳中向好	预期性
	20	森林覆盖率（%）	40.2	41	约束性

　　注：①各项指标最终目标以省政府下达为准；②空气质量优良天数比率和细颗粒物（$PM_{2.5}$）年均浓度指标的基准值是2018—2020年的平均值。

（四）加强引导调控，促进绿色发展转型

坚持源头防控，充分发挥生态环境保护的引导、优化和促进作用，严格落实"三线一单"约束，强化生态环境空间管控，推进四大结构调整，大力实施产业建圈强链行动，加快形成节约资源和保护环境的空间格局、产业结构和生产生活方式，以绿色低碳发展为引领推动经济高质量发展。

1. 构筑绿色发展格局

优化城市发展布局。落实主体功能区战略，巩固"一山连两翼"城市格局，推动城市空间结构向多中心、组团式、网络化转型，空间治理更加注重全域统筹、差异管控、精细集约，构建与城市绿色低碳、可持续发展相适应的空间格局。做优做强中心城区，疏解非核心功能、加速城市有机更新和产业重构，打造具有超大城市国际竞争力影响力的核心功能集聚高地；做优做强城市新区，提升人口经济承载能力，打造超大城市高质量发展的动力引擎和新增长极；做优做强郊区新城，推进以人为中心的新型城镇化，打造超大城市持续健康发展的重要战略支撑。

严格生态环境空间管控。全面建成以"三线一单"为核心的生态环境分区管控体系，加强与国土空间规划、行业发展规划、招商引资政策的衔接，作为区域资源开发、布局优化、结构调整、城镇建设、重大项目选址和审批的重要依据，将生态环境分区管控要求融入决策和实施全过程。建立完善"三线一单"数据应用管理平台，建立健全动态更新调整机制及数据资源共享机制，积极探索应用场景，推进分区管控数据应用系统与生态环境质量监测、污染源管理等系统的互联互通和业务协同。

2. 推进产业绿色发展

提升产业绿色化水平。大力发展光伏、组电、新能源汽车、节能环保产业，建强新能源产业国家高技术产业基地，打造全国重要的新能源汽车研发制造基地。全面开展清洁生产评价认证和审核，建设国家绿色产业示范基地。到 2025 年，力争绿色低碳产业规模达到 3000 亿元。按照最新《产业结构调整指导目录》持续开展落后低效和过剩产能淘汰工作，严格控制粗钢、平板玻璃、水泥等行业产能。以石化、化工、工业涂装、包装印刷、建材、农副食品加工等行业为重点，强化能耗、水耗、环保、安全等标准约束，开展全

流程清洁化、循环化、低碳化改造。推行企业激励与绿色绩效挂钩，建立"两高"项目全链条管控机制。

推进产业园区循环化发展。加快建材、化工、医药、加工制造等产业集群和工业园区整合提升，持续推进园区循环化改造，到2025年，力争省级以上重点产业园区全部实施循环化改造。推动园区基础设施绿色化改造，探索"绿岛"环境治理模式，鼓励建设共享的环保公共基础设施或集中工艺设施。以成都电子信息产业功能区、龙泉驿汽车产业功能区资源环境绩效评价为基础，探索建立以"环境效益论英雄"的产业园区资源利用效率和污染物排放强度评价制度，通过"正向激励＋反向倒逼"的政策，加快园区和产业聚集区绿色循环发展，积极创建绿色低碳循环发展示范园区。

加快培育环保产业集群。重点发展环保技术与装备、环保综合服务、资源循环利用、环保产品生产与开发等四大产业领域。以龙泉长安静脉产业园和高新、锦江、青羊等环保服务业园区等为基础，着力打造一批规模经济效益显著、专业特色鲜明、综合竞争力较强的环保产业基地，力争将淮州新城节能环保产业园打造成国内一流的节能环保产业示范基地。推动环保产业链上下游整合，积极发展环境服务综合体，深化中日（成都）生态环保服务业开放合作。力争到2025年，全市环保产业营业收入突破1400亿元。

3. 建立清洁低碳能源体系

持续优化能源消费结构。严格能源消耗总量和强度"双控"，强化节能预警。充分发挥能源消费的牵引作用，大力推进减煤、控油、稳气、增电、发展新能源。实施清洁能源替代攻坚，开展"煤改电""气改电"行动，重点削减散煤、工业炉窑等非电用煤。推进川西水电、川西北光伏风电输入通道扩容，建设热电联供为主的天然气分布式能源站。加快发展氢能应用，积极构建半小时加氢网络。积极推进可再生能源发展，开展整县屋顶分布式光伏开发试点，稳步开展生物质能利用。力争到2025年，清洁能源占全市能源消费总量的比重提高到68%以上，非化石能源消费占比达到50%以上。

强化重点领域节能降耗。强化工业节能，支持企业运用数字技术实施系统节能改造和能源管理，推动工业领域重点行业企业达到国家标杆能耗水平。推进金堂电厂燃煤发电机组环保和节能改造，开展全市87台以煤为燃料的工业炉窑综合整治，绕城高速（G4202）内新上锅炉应全面使用电锅炉。积极发展健康建筑、超低能耗建筑、近零能耗建筑等绿色建筑，推广装配式建筑和全装修住宅，推进既有公共建筑节能改造，推动在淮州新城、邛崃市等地开展新型环保建材项目建设。倡导绿色低碳用能方式，推广使用节能产品，推进城市绿色照明。

4. 构建绿色交通运输体系

完善绿色交通体系。开展公园城市绿色交通体系建设试点，加快构建"轨道＋公交＋慢行"三网融合的城市绿色交通体系，探索建立"低碳交通示范区"。实施干线铁路、城际铁路、市域铁路、城市轨道交通高效融合，共建轨道上的都市圈。以轨道交通为核心优化公交和慢行网络，加强轨道公交接驳换乘，减少市民换乘步行距离，构建独立连续、安全舒适的自行车和步行体系，推进共享单车与轨道交通、常规公交体系有机有序衔接。力争到2025年，中心城区公共交通占机动化出行分担率达60%、绿色出行比例达70%以上。

推进绿色运输方式。推动不同运输方式有效衔接，构建绿色高效货物运输体系。完善铁路物流基础设施，建强铁路货运枢纽体系，畅通四向物流通道，推进铁路专用线进园区、进港区、进产业功能区，支持铁路货运"无轨站"建设，推进成品油、化工品、商品车等适铁货物"公转铁"。到2025年，全市铁路承担的货物运输量显著提高，铁路货物到发量同比2020年提升30%。创新货物运输服务模式，加快发展多式联运，积极争取高铁货运试点，深入推进绿色货运配送示范城市建设，探索设立绿色物流示范区。加快建设柴油货车绕城通道，实施过境柴油货车优化通行措施，探索扩大柴油货车禁行、限行管控区域。推广新能源汽车。制定新能源车推广应用方案及分领域新能源车激励政策措施，不断提高新能源车保有量占比。配套制定完善新能源通行便利、运营服务、充电基础设施建设等鼓励政策。研究制定年度燃油车新增总量控制政策，推进存量燃油汽车更新为新能源汽车。加快推进城市公交车、巡游出租车、城市物流配送车、环卫车、渣土车、混凝土搅拌车、公务用车等清洁化、低碳化，推进机场车辆装备油改电。到2025年，力争新能源汽车保有量达到80万辆。

提升绿色出行水平。优化传统能源汽车限行限号政策，降低传统能源汽车出行总量。适时试点实施绕城高速（G4202）及以内区域外地车早晚高峰常态化限行措施。根据夏季臭氧和秋冬季战役防控需要，适时采取外地车临时性交通管控措施。科学布局充换电设施、加口氢站，提高充电服务的智能化和便捷度。合理规划建设停车设施，推广实施分区域、分时段、分标准的差别化停车收费政策，探索建立小汽车长时间停驶与机动车保险优惠相挂钩等制度。加强站点及周边道路机动车违法停车治理，规范互联网租赁自行车停放秩序。

5. 推动用地和农业结构调整

优化调整城市用地结构。适度提高公共管理与公共服务、绿地与广场、工业用地在城市建设用地中的占比，合理确定新增用地规模、用地结构和用地时序，实现用地结构均衡合理。提升产业与环境承载匹配度，推动工业更多向龙泉山东侧集聚。推行"TOD＋"模式，深入推进产业综合体、地下综合管廊、轨道交通站点综合利用地下空间，提高土地集约利用水平。积极开展低效土地整治，加快推进绕城高速（G4202）内区域物流基地、物流集散中心和商品批发市场外迁，完成全市客运站点布局调整和关闭、搬迁。在城市功能疏解、更新和调整中，将腾退空间优先用于留白增绿。建设城市绿道绿廊，规划建设8条一级通风廊道、26条二级通风廊道和N条三级通风廊道，打造成都头顶的"新风系统"。

优化农业生产结构和布局。大力发展都市型绿色生态农业，推进绿色农业种植和生态循环养殖，突出发展粮油、蔬菜、水果、茶叶、花卉苗木、中药材等特色优势农产品，打造形成休闲旅游、农产品物流、农村电商等产业集群。推进蒲江、崇州、郫都等现代农业功能区和园区建设，共建成德眉资都市现代高效特色农业示范区，打造都市现代农业示范市和优势特色产业聚集区。

6. 践行绿色低碳生活方式

倡导绿色生活理念。建立企业、个人绿色账户，倡导简约适度、绿色低碳的生活方式。深入实施节能减排全民行动，全面开展"光盘行动""减塑限塑行动"，创建绿色餐厅、绿色餐饮企业。引导消费者购买新能源汽车，鼓励购买节能、节水、节电的绿色家庭用具。强化资源回收意识，鼓励个人和家庭养成资源回收利用习惯，自觉进行生活垃圾分类。定期开展公民环境友好行为养成评估，开展绿色低碳社会行动示范创建，深入推进"绿色细胞"、绿色生活试点示范建设。

持续扩大绿色产品和服务有效供给。实行绿色产品领跑者计划，鼓励企业开展绿色设计、绿色改造、绿色采购。在家电、汽车等实物消费重点领域，积极发展节能环保、"以旧换新"、二手产品消费、共享经济等。鼓励建立绿色批发市场、绿色商超、绿色电商等绿色流通主体。规范快递业、共享经济等新业态环保行为，鼓励快递行业使用电子运单、循环中转袋，减少二次包装。

完善绿色消费政策。完善绿色产品市场准入和追溯制度，推广生产者责任延伸制度，加快形成安全、便利、诚信的绿色消费环境。完善"碳惠天府"正向引导机制，持续拓展低碳生活消费场景，完善碳积分奖励机制。完善绿色低碳产品认证制度，提升绿色产品标识公众认可度。严格执行政府对节能环保产品的优先采购和强制采购制度，扩大政府绿色采购规模，到2025年，政府绿色采购比例达到98%。

（五）推动达峰行动，积极应对气候变化

以降碳为总抓手，制定碳排放达峰行动方案，深化温室气体与大气污染物协同控制。加快低碳城市建设，提高能源、产业、建筑、交通和生活方式低碳化水平，强化自然生态空间碳汇功能，实施适应气候变化行动，推进碳达峰行动。

1. 全力推进碳达峰行动

围绕碳达峰目标和碳中和愿景，科学制定2030年前二氧化碳排放达峰行动方案，以能源、工业、城乡建设、交通运输等领域为重点，深入开展碳达峰行动，推动梯次达峰。推动火力发电、水泥、平板玻璃等重点行业率先达峰，鼓励大型企业制定二氧化碳达峰行动方案，支持重点行业企业开展碳排放强度对标行业、对标全国先进企业活动。实施二氧化碳排放强度和总量双控机制，探索建立"低碳受益、高碳付费"的利益导向机制，推动将碳排放纳入规划及建设项目环境影响评价。加强达峰目标过程管理，强化形势分析与激励督导，确保达峰目标如期实现。

2. 加快低碳城市建设

创新低碳场景构建。推动以产业生态圈为引领的工业绿色低碳发展，建设碳中和产业生态圈，前瞻布局绿色低碳产业，创新打造绿色化产业场景。打造低碳交通、低碳消费、低碳建筑、低碳生活等应用场景。创新城市生态绿地、湿地、森林等碳汇场景，提升以生态价值转化为关键的生态碳汇能力，大力发展龙泉山城市森林公园碳汇产业，推动天府绿道、川西林盘等重大生态环境工程的碳汇向资产转化，打造四川天府新区凤栖湿地项目等碳中和城市场景。

推进低碳试点示范。深化国家低碳城市试点，率先探索建设全面领先的碳中和绿色生态试验区，推动蒲江建设"碳中和天府森林公园城市"。鼓励具备条件的城镇、园区、社区、建筑、交通和企业开展近零碳排放区示范工程试点，建设一批近零碳低碳功能区、生活社区和商业街区，打造国家绿色产业示范基地和零碳经济发展示范区。

3.强化温室气体控制

深化温室气体与大气污染物协同控制。积极参与国家减污降碳协同增效试点，开展减污降碳协同政策研究，推进能源、工业、交通、建筑、农业、服务、居民生活7大领域协同减污降碳。推进低排放改造和节能降碳改造协同路径研究，提出协同控制技术路线图，探索构建温室气体污染物排放统计体系。强化低碳科技创新与应用。建设绿色技术创新中心、绿色工程研究中心，组建碳中和实验室，探索建立近零碳产业创新研究中心、碳中和研究院等新型研究机构和技术创新平台，持续提升低碳技术创新和产业应用能力。加大二氧化碳减排重大项目和技术创新扶持力度，推动金堂电厂、四川石化等重点企业开展二氧化碳捕集、利用与封存全流程示范工程。落实低碳产品认证管理办法，扶持企业开展低碳产品认证工作，引导企业加快低碳转型。

（六）深入协同治理，持续改善空气质量

实施空气质量全面达标计划，以$PM_{2.5}$和O_3协同控制为主线，推进多污染物协同减排，进一步降低$PM_{2.5}$和O_3浓度，以工业源、移动源、扬尘源等为重点控制对象，推动多污染源综合防治，持续提升空气质量，实现"蓝天常见、雪山常现"。

1.加强细颗粒物和臭氧协同治理

深化$PM_{2.5}$和O_3污染协同控制。以持续改善大气环境质量为目标，推动

$PM_{2.5}$ 浓度持续下降，有效遏制 O_3 浓度增长的趋势。统筹考虑 $PM_{2.5}$ 和 O_3 污染特征，强化协同管控，加强重点区域、重点时段、重点领域、重点行业治理，深化固定源、移动源、面源治理，实施 NO_x 与 VOCs 协同减排，强化分区分时分类差异化精细化协同管控措施。加强环境空气质量目标管理。建立环境空气质量分类管理体系，已达标区（市）县巩固现有成果，进一步改善大气环境质量，未达标区（市）县编制实施大气环境质量限期达标规划，明确"十四五"空气质量改善阶段目标，加强达标进程管理。

2. 深化工业污染治理

严格控制 VOCs 排放。制定 VOCs 总量控制计划，对 VOCs 指标实行动态管理，加快石化、化工、包装印刷、工业涂装、油墨涂料、家具制造等重点行业 VOCs 分类治理。推行重点监管企业"一企一策"，推广使用低（无）VOCs 含量的原辅料，加强 VOCs 排放企业生产过程管理，建立管理台账，提高治污设施"三率"，

实现厂区和厂界 VOCs 排放稳定达标。针对中小型企业 VOCs 排放源，探索实行第三方监督帮扶服务。加强重点源污染防治。加快推进重点行业污染治理升级改造，推进平板玻璃、水泥、砖瓦等行业深度治理，严格控制物料储存、输送及生产工艺过程无组织排放。推进高污染燃料工业炉窑清洁替代，开展全域工业燃气锅炉低氮改造，新建燃气锅炉同步安装低氮燃烧装置并达到排放标准。加强"散乱污"监管工作，开展新增疑似企业排查，推进专项整治"回头看"行动，实现"散乱污"企业动态清零。

强化园区污染治理。实行"一园一策"，推进长安静脉产业园废气治理，2022 年前，市域内省级及以上园区完成"一园一策"废气治理方案编制。强化园区大气监测监控能力，推进成都医学城等监测监管体系建设。对标国际先进水平，打造一批涉

VOCs "绿岛"项目，统筹规划建设一批集中涂装中心、吸附材料集中处理中心、溶剂回收中心等基础设施，加快成都医学城 VOCs 废气集中治理示范项目建设，适时推广到龙泉驿汽车产业功能区、邛崃天邛产业园等园区。

3. 严格移动源污染防控

加强机动车排气污染防治。完善在用汽车排放检测与强制维护制度（I/

M 制度），加强机动车进口、注册登记、检验等环节的监督管理。启动国Ⅳ以下排放标准老旧车淘汰工作，探索制定老旧车提前淘汰奖励补贴办法。提前实施重型柴油车国Ⅵ标准，推广使用新能源纯电动或氢燃料电池重型货车。开展新登记的柴油车环保信息系统前置核查，严格实施重型柴油车燃料消耗量限值标准，不满足标准限值要求的新车型禁止进入道路运输市场。构建重型车排放精准监管体系，推进重型车远程排放监控系统建设。提高燃油燃气货车使用条件，给予新能源纯电动或氢燃料电池货车充分的通行权支持。加强油品质量管控。

深化非道路移动机械污染治理。调整优化禁止使用高排放非道路移动机械的区域，分步提高准入标准。鼓励销售、使用节能环保型、清洁能源型非道路移动机械。推动老旧工程机械淘汰报废，推进高排放机械清洁化改造和淘汰。推进工程机械安装实时排放监控装置。

4. 强化扬尘污染控制

狠抓施工扬尘治理。合理规划全市重点片区开发建设进程，降低单位面积扬尘排放强度，大力推进"智慧工地"建设，完善文明施工和绿色施工管理工作制度，严格建筑工程日常监管，打造绿色标杆工地。施工工地渣土和粉状物料实现全面封闭运输，开展降尘量考核。

加强道路扬尘控制。制定更高的道路保洁作业标准，在全市主要道路开展道路积尘负荷监测考核。完善垃圾收运系统，更新优化机械化清扫设备，到 2025 年，中心城区建成区道路机械化清扫率达到 85% 以上，近郊县（市）建成区道路机械化清扫率达到 75% 以上。持续开展运渣车智慧监管，合理规划渣土运输线路，严查运渣车各类违法行为。

5. 加强其他涉气污染源整治

深化餐饮油烟污染控制。优化餐饮产业发展，深化餐饮油烟科技化、精细化治理，建设餐饮服务业油烟综合管理平台，推行餐饮油烟在线监控和第三方治理，探索实施餐饮商户"一户一档"。推广集中式餐饮企业集约化管理，采用安装独立净化设施、配套统一处理设施、建设公共烟道等方式，推广高标准油烟净化设备。加强居民家庭油烟排放环保宣传，推广使用高效净化型家用吸油烟机。

提升秸秆综合利用水平。引导农民因地制宜采取田边地角就近机械化粉碎还田、集中堆放腐熟还田、腐熟剂快熟还田、免耕覆盖沃土还田等方式开展秸秆综合利用。积极探索秸秆能源化、资源化研发应用，提高秸秆利用规模化、产业发展水平，到2025年，秸秆综合利用率达到98.5%以上。

加强油气回收治理。推进液化品（油品）密闭装卸。加大储油库、加油站、油罐车油气回收和油气处理系统的监督检查，确保油气回收装置和油气处理装置长期稳定有效运行。逐步推进全市范围内储油库和所有加油站建设安装油气回收在线监测系统并联网。推动加油站安装油气处理装置并与生态环境部门联网。引导重点区域内加油站在O_3预警时段错峰营业。强化企业自建油罐和挥发性有机溶剂罐的监管。

加强大气氨排放控制。探索建立大气氨规范化排放清单，摸清重点排放源。深化工业源氨排放控制，严格农业源氨排放管理，实施种植业和养殖业主要污染源或污染环节氨排放水平监测监控。研究最佳防控技术，制定氨排放标准及污染防治管理办法。

加强恶臭、有毒有害大气污染物防控。强化化工、制药、工业涂装、橡胶、塑料、食品加工等行业恶臭气体收集和治理；加大垃圾、污水集中式污染处理设施等密闭收集力度，因地制宜采取脱臭措施；探索研究小规模养殖场和散养户粪污收集处理方式；推进恶臭投诉集中的工业园区、重点企业安装在线监测，实时监测预警。探索建立有毒有害大气污染物管理体系和工作机制。

二、遂宁市绿色发展

遂宁，地处成渝经济圈核心经济带，区位独特、交通便利，是成渝间重要的节点城市和综合交通枢纽。遂宁人被评为中国十佳宜居城市，是西部唯一的国家首批海绵城市试点地级市，拥有全国文明城市、国家卫生城市、全球绿色城市、国际花园城市等20余张城市名片，绿色已成为遂宁实现高质量发展最厚重的底色、最鲜明的特质和最持久的优势。

（一）"十三五"成效显著

生态环境质量改善明显。全市国控、省控地表水断面Ⅰ～Ⅲ类达标比例达到 100%，全面消除劣 V 类水体；县级及以上集中式饮用水水源地水质达标率全面提升达到 100%，乡镇集中式饮用水水源地达标率大幅提升，达到 97.37%。全市环境空气质量全面达标，优良天数比例大幅上升，主城区达到 95.1%；PM$_{2.5}$、PM$_{10}$ 浓度降幅分别较 2015 年下降 32.6%、39.0%；县（市、区）空气质量优良天数比例在 93.7%~94.8%。土壤环境质量总体保持稳定，区域生态环境状况稳定为"良"。

污染治理能力不断加强。"十三五"期间，全市围绕污染防治攻坚"八大战役"，加快基础设施建设，目前已建成 10 个城市生活污水处理厂，处理能力 40 万吨 / 日，集中处理率 96.32%；72 个乡镇污水处理设施，处理能力 7.64 万吨 / 日；74.4% 的行政村生活污水得到有效处理，新（改）建农村无害化卫生厕所 15.77 万户。已建成垃圾中转站 106 座，投放智能垃圾箱 6600 余个，投入运营使用的各类作业车辆 194 辆，生活垃圾发电处理能力达到 1500 吨 / 日，垃圾无害化处理率达到 100%。建成投运园区工业污水处理厂 8 座，处理能力 12.3 万吨 / 日。落实饮用水水源"划、立、治"专项行动，全面完成饮用水水源保护区划分，规范化建设取得积极进展。全面消除明月河、米家河黑臭水体；取缔"10+1"小企业 18 家，清理整治"散乱污"企业 402 家，淘汰燃煤锅炉 131 台、合计 459.84 蒸吨。全市建成 120 座加油站，2 个储油库全部完成油气回收改造，油气回收率达 90% 以上。畜禽粪污综合利用率 96.62%，规模养殖场粪污处理设施装备配套率 100%；农用化肥、农药使用量实现"零增长"，农药包装废弃物回收率 71%，废旧农膜回收率 92%。推动秸秆综合利用率达 92.16%。开展农用地土壤污染状况详查和耕地土壤环境质量类别划定工作，全面完成农用地土壤污染情况调查，确定全市有污染地块 11 个。2020 年全市工业固体废物综合利用处置率 100%，危险废物处置利用率 100%，医疗废物集中处置率为 100%。

生态建设与保护取得成效。全市森林面积 157228 公顷，森林覆盖率 29.53%；累积新增水土流失治理面积 693.81 平方千米；划定生态保护红线 33.9872 平方千米。成功申报四川遂宁观音湖国家湿地公园、四川射洪硅化木国家地质公园国家级自然保护地 2 个，申报四川射洪涪江湿地自然保护区、广德灵泉省级风景名胜区等省级自然保护地 9 个。申报大鲵、胭脂鱼和岩原鲤等国家和省级重点保护动物 8 种，水杉、红豆杉等国家一级保护植物 4 种。多措并举加快小水电清理整改，依法依规清理小水电 39 座。

生态环境监管能力不断提升。完善全域生态环境监测点位。共建成水生态自动监测站 8 个、4 个国控、5 个省控空气质量自动站、空气微站（子站）18 个，布设土壤环境质量省控监测点位 11 个，完成农用地污染状况监测点位 316 个、农产品协同监测采样点位 18 个，完成 161 个重点行业企业用地地块的基础信息采集、录入、风险筛查、风险分级、优先管控名录工作。强化监测基础设施。市本级及 5 个县（市、区）生态环境监测站实验用房面积达 4700 余平方米，监测人员 130 余人，仪器设备 600 余台（套），建成机动车尾气遥感监测设备 2 套、机动车黑烟抓拍设备 2 套、机动车尾气遥感监测车 1 台、（颗粒物、挥发性有机物）雷达走航车 1 台、机动车尾气抽测便携式设备 7 台，建成生活垃圾收集转运体系和运行监管信息化平台。落实环保监管制度。完成 292 家企事业单位排污许可证核发；严格落实环境影响评价制度，累计审批新、扩、改建环境影响报告书（表）项目 795 个。

生态文明建设持续推进。印发《遂宁市生态文明体制改革方案》《遂宁市环境保护工作职责分工方案》，完成生态环境保护机构垂直管理市县两级改革，生态环境保护工作纳入领导干部年度政绩考核，形成上下联动、齐抓共管的"大环保"工作格局。全覆盖实施河（湖）长制，设立市、县、乡、村四级河长 2000 余名。出台《遂宁市城市管理条例》《遂宁市观音湖保护条例》《遂宁市文明行为促进条例》。紧盯生态环境保护督察反馈意见整改落实情况，大力开展环保督察工作。坚持问题导向，出台《遂宁市生态环境问题整改销号管理办法》，实行"清单制 + 责任制 + 销号制"，持续深入推进整改，累计完成 1040 个突出生态环境问题整治。

（二）存在的问题与不足

环境质量持续改善压力大。生态环境质量持续改善难度逐年增加，气象影响更加突出，2020 年遂宁市城区环境空气达标天数不升反降，臭氧污染影响逐年加剧，已占总污染天数 61.1%。白鹤桥、涪山坝、后河大桥、达祥桥等断面仍未实现稳定达标，总磷、高锰酸盐指数、氨氮和化学需氧量存在超标现象，坛罐窑河、芝溪河等小流域环境问题仍然突出。

结构性污染矛盾较为突出。经济总量小、人均低、欠发达、不平衡的基本市情没有改变，经济转型与保护环境的矛盾依然存在，产业快速发展对能耗需求剧增，能源消费总量持续走高，进一步压减石油天然气消费量的难度加大。2020年全市能源消费总量为548.19万吨标煤、同比上升4.1%，其中油品消费量为172.99万吨标准煤、同比增长80.6%；碳排放总量为694.8万吨，同比上升8.19%；单位GDP二氧化碳排放为0.55吨/万元，同比上升3.74%。传统产业占比依然较大，农业面源污染治理较困难，主要污染物排放总量维持高位水平。

环境基础设施监管存在短板。生活污水处理能力空间分布不均衡，老城区雨污分流不彻底、污水管网破损问题突出，污水处理厂进水浓度较低。乡镇污水处理厂运营能力亟待提升，投入不足等问题普遍存在。大宗工业固废本地消纳能力较弱，资源综合利用产业的统一规划与布局尚未形成。

环境安全风险仍然较高。各县（市、区）饮用水水源地突发环境事件应急物资储备、应对处置能力有待提升，流域环境风险防控压力大。受污染地块治理难度大、周期长，隐患突出。应急能力有待提升。

（三）主要目标

"十四五"时期，全市以推进经济社会全面绿色转型，实现减污降碳协同增效、改善生态环境质量、应对气候变化，加强生态系统保护，强化污染风险防范和提升环境治理能力为生态环境保护主要目标，推动生态文明建设迈上新台阶。

——生产生活方式绿色转型。国土空间开发格局不断优化，绿色低碳发展加快推进，能源资源配置更加合理、利用效率大幅提升，碳达峰碳中和有序推进，绿色低碳生产生活方式基本形成。

——生态环境质量持续改善。空气、水环境质量持续改善，受污染土壤安全利用能力明显提升，集中式饮用水水源地水质全面达标，城乡人居环境显著改善。

——生态系统保护不断加强。加强长江上游生态保护，统筹推进涪江流域生态系统保护修复，加强林地、湿地、绿地等生态系统建设，深化小流域和坡耕地水土流失治理，加大珍稀动植物保护力度，生态质量稳中向好。

——污染风险防范不断强化。构建完善的生态安全体系，以沿江化工企业和园区为重点，强化流域、区域环境风险防控，加强行业、园区、企业风险防控。提升环境应急管理、应急储备和应急响应能力，守住生态环境安全底线。

——环境治理能力明显提升。落实最严格的生态环境保护制度，全面实行排污许可制，生态环境短板加快补齐，推进跨区域流域生态环境保护协同立法和联合执法，监管能力、治理效能有效提升。

表 5-2　　　　　　　　　　遂宁市"十四五"生态环境保护规划指标体系

指标类型	序号	指标名称	2020年现值	2025年目标	指标属性
环境治理	1	空气质量优良天数比率（%）	95.1	95.4	约束性
	2	细颗粒物（$PM_{2.5}$）年均浓度（微克/米^3）	29	27.7	约束性
	3	重污染天数比率（%）	基本消除	基本消除	预期性
	4	国控、省控地表水监测断面水质达到或优于Ⅲ类水体比例（%）	100	100	约束性
	5	地表水质量劣Ⅴ类水体比例（%）	0	0	约束性
	6	城市黑臭水体比例（%）	0	0	约束性
	7	地下水质量Ⅴ类水比例（%）	0	完成省政府下达目标任务	约束性
	8	农村生活污水有效治理率（%）	74.4	完成省政府下达目标任务	预期性
	9	氮氧化物重点工程减排量（万吨）	60.15	[1340]	约束性
	10	挥发性有机物重点工程减排量（吨）	1889.22	[620]	约束性
	11	化学需氧量重点工程减排量（万吨）	0.0363	[0.5283]	约束性
	12	氨氮重点工程减排量（万吨）	0.0064	[0.0261]	约束性
应对气候变化	13	单位地区生产总值二氧化碳排放降低（%）	[16.6]	完成省政府下达目标任务	约束性
	14	单位地区生产总值能源消耗降低(%)	0.17		约束性
	15	非化石能源占一次能源消费比例(%)	31.24	完成省级下达目标	约束性
环境风险防控	16	受污染耕地安全利用率（%）	95	完成省级下达目标	约束性
	17	污染地块安全利用率（%）	90	完成省级下达目标	约束性
生态保护	18	森林覆盖率（%）	29.53	完成省级下达目标	约束性
	19	生态质量指数（EQI）	63.6	基本稳定	预期性
	20	生态保护红线占国土面积比例（%）	0.64	面积不减少、功能不降低、性质不改	约束性

注：表中 [] 数值表示 5 年累计数量

（四）强化源头调控，加快推动绿色低碳发展

1. 构建绿色低碳发展格局

优化国土空间开发保护格局。落实主体功能区战略，构建以生态保护红线、环境质量底线、资源利用上线和生态环境准入清单为核心的"三线一单"生态环境分区管控体系，将生态保护红线、环境质量底线、资源利用上线的硬约束落实到环境管控单元，建立差别化的生态环境准入清单。依据资源环境承载能力，将"三线一单"作为区域资源开发、布局优化、结构调整、城镇建设、重大项目选址和审批的重要依据，统筹安排城市建设、产业发展、生态涵养、基础设施和公共服务，优化国土空间开发布局和强度，规范国土空间开发行为，减少人类活动对自然生态空间的占用，推动形成合理有序的城市化地区、农产品主产区、生态功能区格局。城市化地区转变开发建设方式，加强永久基本农田和生态空间保护，合理确定城市规模和空间结构，严守城镇开发边界。合理规划布局重点产业，将资源环境承载力、环境风险可接受度等作为各产业规划布局的约束性条件。对人口密集、资源开发强度大、污染物排放强度高的区域实施重点管控。重点实施遂宁高新区、船山区等21个生态环境导向的开发（EOD）模式试点项目，探索建立城市生态产品价值实现新路径。强化生态保护红线监管，推进生态保护红线勘界定标。

优化农业生产布局。大力发展生态农业，优化农业生产布局和种植结构，加强产地环境保护治理，保障农产品安全。将集中连片耕地作为区域生态廊道的重要组成部分，提升耕地生态功能和价值。强化受污染耕地安全利用和管控修复，严格控制土壤污染。加强农业面源污染治理和农村环境整治。

完善绿色发展环境政策。强化绿色发展的法规和政策保障，完善有利于推进产业结构、能源结构、交通运输结构和农业投入与用地结构调整优化的政策体系。不断健全环境影响评价等生态环境源头预防体系，对重点区域、重点流域、重点行业依法开展规划环境影响评价，落实规划环评与项目环评联动机制，严格建设项目生态环境准入。开展重大经济、技术政策生态环境影响分析和重大生态环境政策社会经济影响分析。对高耗能产业和产能过剩行业实行能源消费总量控制，抑制高耗能产业无序增长，推动能耗指数更趋生态合理。推进华润雪花、盛马化工燃气锅炉低氮燃烧改造，淘汰天齐锂业现有燃煤锅炉。

2. 加快产业结构优化调整

坚决淘汰落后动能。严格控制新、改、扩建高耗能、高排放项目，新建高耗能、高排放项目应按相关要求落实区域削减。精准聚焦重点行业，加快淘汰低效落后动能。进一步健全并严格落实环保、安全、技术、能耗、效益标准，各县（市、区）制定具体措施，重点围绕废旧塑料再生、砖瓦等行业，分类组织实施转移、压减、整合、关停任务，依法淘汰落后产能。

严把准入关口。坚持环境质量"只能更好，不能变坏"底线，严格落实污染物排放总量和产能总量控制刚性要求。实施"四上四压"，坚持"上新压旧""上大压小""上高压低""上整压散"。"两高"项目确有必要建设的，须严格落实产能、煤耗、能耗、碳排放和污染物排放"五个减量替代"要求，新、改、扩建项目要减量替代，已建项目要减量运行。

3. 深化能源清洁低碳高效

优化能源供给结构。积极推进能源生产和消费革命，加快构建清洁低碳安全高效能源体系，推进能源低碳化转型。严控化石能源消费总量，推动煤炭等化石能源清洁高效利用。加快发展清洁能源，鼓励发展天然气分布式能源系统，加快光伏、农村沼气等应用，稳步提高非化石能源占比，构建多元化清洁能源体系。加快发展清洁能源利用产业，推动蜂巢能源动力锂电池等重大项目建设，形成全产业链锂电产业集群。提升清洁能源消纳和储存能力，加大清洁能源的本地消纳力度。统筹规划循环经济产业园，支持船山区建设循环经济产业园。

压减煤炭消费总量。提速煤炭减量步伐，实施煤改电、煤改气等工程，严格实施煤炭消费减量替代，制定煤炭消费压减方案，实现全市煤炭消费总量及比重持续下降。禁止新建 35 蒸吨/小时及以下燃煤锅炉，对新建 35 蒸吨/小时以上的燃煤锅炉严格执行煤炭减量替代办法。新建生物质锅炉不得掺烧煤炭等化石燃料。

实施终端用能清洁化替代。完善清洁能源推广和提效政策，推行国际先进的能效标准，加快工业、建筑、交通等各用能领域电气化、智能化发展，推行清洁能源替代。按照集中使用、清洁利用原则，重点削减小型燃煤锅炉、民用散煤与农业用煤消费量。对以煤炭为燃料的锅炉和工业炉窑，实施清洁低碳能源、电力等替代。实施乡村清洁能源建设工程。加大农村电网建设力度，全面巩固提升农村电力保障水平。推进燃气下乡，支持建设安全可靠的乡村储气罐站和微管网供气系统。推动煤炭等化石能源清洁高效利用。发展农村生物质能源。

4. 推进低碳交通运输建设

优化交通运输结构。大力发展绿色交通，倡导大宗货物中长距离运输以铁路和水路运输为主格局，推动公路运输绿色发展，鼓励大宗货物运输"公转铁""公转水"，提升大宗货物绿色运输方式比例。推广节能和新能源车辆，加快充电基础设施建设。

推动车船升级优化。逐步实施国Ⅵ排放标准，鼓励将老旧车辆和非道路移动机械替换为清洁能源车辆，持续推进清洁柴油车（机）行动。加快车用LNG加气站、充电桩布局，在交通枢纽、批发市场、快递转运中心、物流园区等建设充电基础设施。推进新能源或清洁能源汽车使用。开展港口、机场、铁路货场、物流园区等重点场所非道路移动机械零排放或近零排放示范应用。构建高效集约的绿色流通体系。深入实施多式联运示范工程，发展高铁快运等铁路快捷货运产品，鼓励开展集装箱运输、商品车滚装运输、全程冷链运输、交邮快融合发展等多式联运体系。加强商贸流通标准化建设和绿色发展。推进城市绿色货运配送示范工程建设。发展绿色仓储，鼓励和支持在物流园区、大型仓储设施应用绿色建筑材料、节能技术与装备以及能源合同管理等节能管理模式。完善仓储配送体系，建设智能云仓，鼓励生产企业商贸流通共享共用仓储基础设施。

5. 大力发展绿色低碳产业

提升产业发展质量。做新做优环境服务业，推行环境污染第三方治理、环保管家、环境医院、环境综合治理托管服务等模式，提升环境治理市场化、专业化水平。做精做专资源综合利用业，加强秸秆、建筑垃圾等综合利用，完善可再生资源回收体系，构建协同高效的资源综合利用产业发展新格局。促进节能环保产业与5G、物联网、人工智能等产业深度融合，提高产业信息化、智能化水平，推动产业升级。支持环保产业链上下游整合，积极发展环境服务综合体。扶持劳动密集型环保产业健康发展。加快培育环保产业集群。

大力发展绿色农业。深入实施农药化肥减量增效行动，全面实施节水、减肥、控药一体推进、综合治理工程。加强农业投入品规范化管理，健全投入品追溯体系，严格执行化肥、农药等农业投入品质量标准。提高测土配方施肥技术普及率、推广应用配方肥。大力推广缓控释肥、生物肥等新型肥料。推广水肥一体化、机械深耕、种肥同播等施肥技术。禁止生产、销售、使用国家明令禁止或者不符合强制性国家标准的农膜，鼓励和支持生产、使用全生物降解农膜。鼓励引导发展高标准化规模生态养殖。加快推进绿色种养循环农业，推广畜禽粪污全量收集还田利用等技术模式。推广生态治理、健康栽培、生物防治、物理防治等绿色防控技术。推广植保无人机等先进施药机械。扶持社会化服务组织开展专业化统防统治。着力构建"收集—转化—应用"三级网络体系，提高农业农村生产生活有机废弃物资源化、能源化利用水平。

6. 倡导绿色低碳生活方式

把绿色低碳发展纳入国民教育体系。增强全民节约意识、环保意识、生态意识。开展节约型机关、绿色家庭、绿色学校、绿色社区、绿色商场、绿色建筑等绿色生活创建行动，探索生态价值实现机制。扎实推进生活垃圾分类，加快建立覆盖全社会的生活垃圾收运处置体系，全面实现分类投放、分类收集、分类运输、分类处理。推进城市生活垃圾源头减量，加强塑料污染全链条治理，限制过度包装。建立绿色消费激励机制，推进绿色产品认证、标识体系建设。倡导绿色消费，严格制止餐饮浪费行为。严格实施运输车船燃料消耗量限制准入制度，严禁技术等级低、耗能高的车船进入营运市场。积极推广新能源车辆船舶的使用，扩大全市新能源车船占比。开展绿色出行城市创建，加快实施公交优先发展战略，大力提倡绿色出行、优选公交的出行生活方式，增加公交车辆运力投放和公交线路，不断优化拓宽公交线网覆盖率，持续推进公交智能化、信息化建设，同步优化共享单车、网约车服务和管理，改善公众出行体验。加大政府绿色采购力度，推广使用高效节能节水产品，推行绿色办公。让绿色消费、绿色出行、绿色居住成为行动自觉，加快形成全民参与的良好格局。

（五）推动碳达峰，加强应对气候变化管理

1.积极推进碳达峰行动

制定实施碳达峰碳中和行动方案。科学研判碳排放变化态势，开展二氧化碳排放达峰路线图研究，探索符合遂宁战略定位、发展阶段、产业特征、能源结构和资源禀赋的绿色低碳转型路径。制定能源、化工、建材、交通、建筑等行业（领域）碳达峰实施方案。将碳达峰碳中和目标要求全面融入经济社会发展中长期规划，强化国土空间规划和专项规划的支撑保障。梯次推进各县（市、区）、领域行业碳达峰。鼓励已经或提前实现碳达峰的重点领域及行业制定控制二氧化碳排放或降碳行动方案，推动碳排放稳中有降。

积极开展碳达峰行动。推动建材、化工等重点行业尽早实现碳达峰。鼓励大型企业制定碳达峰行动方案、实施碳减排示范工程。加大对企业低碳技术创新的支持力度，鼓励降碳创新行动。开展多层级"零碳"体系建设，深化低碳试点示范，开展低碳社区试点、近零碳排放示范工程建设。提升生态系统碳汇能力，实施集中式饮用水水源地保护、涪江水域治理建设等生态保护和生态修复工程，有效发挥森林、湿地、土壤的固碳作用。

2.有效控制温室气体排放

控制工业过程二氧化碳排放。鼓励油盐气化工、建材企业升级工艺技术，控制工业过程碳排放，推动开展二氧化碳捕集、利用与封存，推进重点工业企业建设二氧化碳废气综合利用设施。加大对二氧化碳减排重大项目和技术创新扶持力度。

控制建筑领域二氧化碳排放。构建绿色低碳建筑体系，全面推行绿色建筑，大力发展装配式建筑，推广绿色建材。积极发展超低能耗建筑、近零能耗建筑，完善技术标准和评价指标体系。持续推进既有居住建筑和公共建筑节能改造，加强对公共建筑用能监测。

控制非二氧化碳温室气体排放。加强甲烷、氧化亚氮控制。开展石油天然气开采、油气化工输送、生产过程甲烷泄漏检测与修复。加强标准化规模种植养殖，选育高产低排放良种，推广测土配方施肥，控制农田和畜禽养殖甲烷和氧化亚氮排放。加强污水处理和垃圾填埋场甲烷排放控制和回收利用，加快建设遂宁经开区污水处理沼气回收利用系统。

3. 有序适应气候变化影响

构建适应气候变化工作新格局。在农业、林业、水资源、基础设施等重点领域积极开展适应气候变化行动。推动适应气候变化纳入经济社会发展规划政策体系，并与可持续发展、生态环境保护、消除贫困、基础设施建设等有机结合。提升城乡建设、农业生产、基础设施适应气候变化能力。

加强气候变化风险评估与应对。开展气候变化风险监测评估，识别气候变化对敏感区水资源保障、粮食生产、城乡环境、生命健康、生态安全及重大工程的影响，开展应对气候变化风险管理。完善防灾减灾及风险应对机制，提升风险应对能力。着力增强农业抗御自然风险能力，提高农业生产适应气候变化能力。统筹提升城乡极端气候事件监测预警、防灾减灾综合评估和风险管控能力，制定应对和防范措施。

4. 强化应对气候变化管理

推动应对气候变化融入生态环境管理体系。开展温室气体统计核算工作，编制温室气体排放清单。加强单位地区生产总值二氧化碳排放降低目标管理，做好目标分解和定期评估工作。将应对气候变化要求纳入"三线一单"生态环境分区管控体系，通过规划环评、项目环评推动区域、行业和企业落实煤炭消费削减替代、温室气体排放控制等政策要求，将碳排放影响评价纳入环境影响评价体系。推动低碳产品政府采购、企业碳排放信息披露。

实施温室气体和污染物协同控制。推动应对气候变化与环境污染防治统筹融合、协同增效，推进多污染物协同控制。制定工业、农业温室气体和污染减排协同控制方案，减少温室气体和污染物排放。加强污水、垃圾等集中处置设施温室气体排放协同控制。

（六）加强协同控制，持续改善环境空气质量

1. 持续改善环境空气质量

协同开展 $PM_{2.5}$ 和 O_3 污染防治。强化分时分区分类协同管控治理区域大气污染。以夏季和秋冬季为重点控制时段，推动 $PM_{2.5}$ 和 O_3 协同达标。强化科技支撑，开展 $PM_{2.5}$ 和 O_3 的来源和成因研究，制定 $PM_{2.5}$ 和 O_3 复合污染协同治理方案，提升空气环境质量精细化管理水平，确保细颗粒物浓度保持达标，尽力遏制臭氧污染天数。

2. 强化污染协同防控联动

优化重污染天气应对体系。持续完善市级环境空气质量预报能力建设。健全"市—县"污染天气应对两级预案体系。探索 O_3 污染应急响应机制。推进重点行业绩效分级管理规范化、标准化，健全差异化管控机制。完善应急减排信息公开和公众监督渠道。完善区域大气污染综合治理体系。健全完善大气环境生态补偿机制。

强化联防联控，有效应对污染天气。积极参与区域大气污染联防联控和重污染应急联动。推进成渝地区双城经济圈—遂潼一体化区域大气污染协同治理，健全区域联合执法信息共享平台，实现区域监管数据互联互通，开展区域大气污染专项治理和联合执法，联合制定区域重污染天气应急预案与区域重污染应急减排清单，实现无差别重污染应急管控。

3. 持续推进涉气污染源治理

大力推进重点行业 VOCs 治理。严格新增 VOCs 排放建设项目环境准入，更新、优化 VOCs 和 NOx 排放清单，制定 NOx 与 VOCs 协同减排计划，建立 VOCs 治理台账，加快推进整改。突出抓好化工、涂装、包装印刷、油品储运销等行业（领域）关键环节 VOCs 治理突出问题排查整治，推进建设高效治污设施，深入推行"一厂一策"，提高 VOCs 治理效率。

加强交通移动源污染防治。深入实施清洁柴油车（机）行动，加快淘汰报废老旧车辆。严格执行油品质量标准，加强机动车排污监控平台建设。综合运用现场抽检和遥感监测等手段强化机动车排气路检，加大机动车集中停放地、维修地的尾气排放监督抽检力度。持续推进油气回收治理，定期开展加油站、储油库和油罐车油气回收治理设施运行维护情况监督检查。加快老旧非道路移动机械更新淘汰，具备条件的实施治理改造。

强化大气面源污染治理。全面加强各类施工工地、道路、工业企业料场堆场扬尘精细化管控。在县（市、区）城市范围内试点推行绿色施工，将绿色施工纳入企业资质评价。严格落实建筑施工"六个百分百"，道路等线性工程科学有序施工。加大城市出入口、城乡接合部、支路街巷等道路冲洗保洁力度，提高机械化清扫率和洒水率，扩大主次干道深度保洁覆盖范围，实施道路分类保洁分级作业方式。落实餐饮油烟系统治理、源头治理、综合治理和分类治理，建立城管执法、生态环境、商务、自然资源和规划、住房城乡建设、市场监管、科技等部门共同参与的管理制度。严控餐饮油烟污染，建设遂宁市餐饮油烟在线监控系统。到 2023 年，全市实现油烟净化设施有效运行率 90% 以上。建立全覆盖网格化监管体系，严禁秸秆露天焚烧，大力推进秸秆综合利用，到 2024 年，秸秆综合利用率保持在 90% 以上。

推动大气氨排放控制。探索建立大气氨规范化排放清单，摸清重点排放源。严格执行重点行业大气氨排放标准。推进养殖业、种植业大气氨排放控制，加强源头防控，优化肥料、饲料结构。开展大型规模化养殖场大气氨排放总量控制试点。加强其他涉气污染物治理。加强恶臭、有毒有害大气污染物防控，对恶臭投诉较多的重点企业和园区安装监控设施。加大其他涉气污染物的治理力度，强化多污染物协同控制。加强生物质锅炉燃料品质及排放管控，禁止掺烧垃圾、工业固废，对污染物排放不能稳定达到锅炉排放标准和重点区域特别排放限值要求的生物质锅炉进行整改或淘汰。

三、内江市绿色发展

"十四五"时期是我国在全面建成小康社会、实现第一个一百年奋斗目标之后，乘势而上开启全面建设社会主义现代化国家新征程、向第二个百年奋斗目标进军的第一个五年；是内江市深入贯彻落实新发展理念，全力助推经济高质量发展，实现成渝地区生态环境共建共保的重要时期，也是内江市深入打好污染防治攻坚战、推进美丽内江建设的关键期。

（一）"十三五"成效显著

1. 生态环境质量持续改善。

水环境质量明显好转。2020 年，沱江干流国控出境断面脚仙村、支流球溪河河口 2 个断面水质从 2015 年的Ⅳ类改善为Ⅲ类，威远河廖家堰断面水质从 2015 年的劣Ⅴ类改善为Ⅲ类，4 个省控断面水质均达到Ⅲ类，国、省控断面水质达标率 100%，市控及以上断面全面消除Ⅴ类和劣Ⅴ类水质。县级及以上城市集中式饮用水水源地水质达标率 100%，乡镇集中式饮用水水源地水质达标率由 2015 年的 63.76% 提升至 88.9%。

大气环境质量持续改善。2020 年，内江城区可吸入颗粒物、细颗粒物平均浓度分别为 48 微克 / 米^3、34.3 微克 / 米^3，比 2015 年分别下降 36%、37.6%。环境空气质量优良天数 328 天，优良天数比率 89.6%，比 2015 年提高 12.2 个百分点。全市无重污染天气，环境空气质量连续两年达到国家二级标准。

人居环境质量稳步提升。累计造林 2.03 万顷，森林覆盖率达 32.8%，成功创建为国家卫生城市、省级森林城市。2020 年，内江城区城市区域噪声昼间平均等效声级值为 55.1 分贝，道路交通噪声昼间平均等效声级值为 70.3 分贝，声环境质量状况总体稳定。全市功能区噪声监测点次昼间达标率 100%，夜间达标率 85.7%。危险废物跨省、市转移处置率 100%，土壤环境质量总体稳定。

2. 污染防治攻坚不断深化。

水污染防治全面加强。获批全国首批流域水环境综合治理与可持续发展试点、全国黑臭水体治理示范城市，累计新改建城镇生活污水处理厂 120 座，新建城镇污水管网 900 余千米，新增污水处理能力 19.6 万立方米 / 天。建成内江城镇生活污水运行监管信息平台，大力推进城镇污水处理提质增效工作。创新"一并两改三建"农村生活污水治理模式，63.55% 的行政村农村生活污水得到有效治理。采用"互联网＋监测"模式新建重点流域水质自动监测站，完善环境应急监测设备。对球溪河等重点小流域实行枯水期水质管控和挂牌整治，全市 Ⅲ 类水质断面由 2015 年的 7 个增加至 2020 年的 20 个。通过截污控源、垃圾清理、清淤疏浚、生态湿地建设等整治措施，11 条城市黑臭水体全部消除黑臭，达到"长治久清"。消除劣 Ⅴ 类水质水库 108 座，全市城市污水处理率达 95.84%。实施畜禽养殖污染治理，规模化养殖场（户）占比逐年增加，全市畜禽粪污综合利用率 83.48%，大型规模养殖场粪污处理设施装备配套率 100%，养殖面源污染得到有效控制。2020 年，全市氮氧化物、二氧化硫、化学需氧量、氨氮排放量较 2015 年分别削减 15.16%、25.80%、14.8%、18.6%。

大气污染防治深入实施。持续实施"减排、抑尘、压煤、治车、控秸"五大工程，强化建筑工地扬尘和道路扬尘管控，狠抓秸秆禁烧和烟花爆竹禁放，加强餐饮油烟监管和机动车污染防治。全力推动火电、水泥、钢铁等行业深度治理和超低排放改造，推进挥发性有机物整治、燃煤锅炉淘汰。开展工业窑炉整治，节能降耗力度不断加大。2020年，全市农作物秸秆综合利用率91.09%；二氧化硫排放量58769.6吨，较2015年削减25.8%；氮氧化物排放量为31900.27吨，较2015年削减15.16%，单位GDP二氧化碳排放量比2015年累计下降25.56%，全面完成"十三五"目标任务。

土壤和固体废物污染防治稳步推进。推进基础调查和监测网建设，实施农用地土壤环境分级管理。加强建设用地环境风险分类管控，逐步建立土壤环境污染风险管控名录。矿山矿企生态环境问题整治、清废行动、"三磷整治"等专项整治行动成效显著。严格危险废物规范化管理，开展危险废物管理督查考核，持续推广应用固体废物管理信息系统和危险废物专项整治手机APP系统，确保危险废物依法、安全、规范转移处置利用。2020年，受污染耕地安全利用率100%，污染地块安全利用率100%。危险废物转移处置率100%。主城区生活垃圾无害化处理率100%，95%以上的行政村生活垃圾得到有效处理，土壤环境质量总体稳定。

3. 生态修复力度不断加大。

强化"三线一单"硬约束，实施生态环境分区管控。开展大规模绿化内江行动，大力实施湿地保护和流域生态修复工程，治理水土流失面积543平方千米。深入实施沱江流域十年禁渔管控，国家核定的418艘渔船回收处置率100%，834名渔民全部退捕。划定禁养区面积699平方千米，农村卫生厕所普及率89.2%，畜禽粪污资源化利用率91.58%。

4. 环境监管能力不断提升。

"十三五"期间，环境监管能力不断提升，环境保护队伍不断壮大，监管能力建设取得明显进步。在全省率先将生态环境网格与综治网格整合，设置环境监管网格2275个，环境信访数量较2015年下降61.04%。开展长江生态环境保护修复驻点跟踪研究，完成环境信息化省市县三级统筹项目、重点污染源自动监控系统等信息化平台建设，15个环境自动监测站全部完成布点建设。深化环境保护队伍规范化、标准化、专业化建设，完成生态环境综合行政执法、环境监测、环境应急服务机构调整。督促重点排污单位全部安装在线监控设备，将全市519个污染源纳入"双随机"监管，进一步压实企业主体责任。与重庆市荣昌区签订生态环境保护框架协议，与重庆市永川区、荣昌区和泸州市签订大气污染防治联防联控合作协议，积极融入成渝地区双城经济圈建设。

5. 环境风险得到有效管控。

"十三五"期间，开展全市放射源安全专项检查行动，送贮废旧放射源88枚，安全收贮率100%。编制完成《内江市行政区域突发环境事件风险评估报告》，与自贡、眉山等毗邻地区签订《共同应对跨区域环境污染及突发环境事件框架协议》，环境安全"防线"不断筑牢。建成全市环境应急物资储备库，扎实开展突发环境事件应急演练，全市突发环境事件应急联动处置能力有效提升。完成675家重点企业的环境风险应急预案备案，企业自身环境突发事件应对能力稳步提高，"十三五"期间全市未发生一起较大及以上突发环境事件。

6. 绿色发展取得新进展。

"十三五"期间，全市深入贯彻落实习近平生态文明思想，牢固树立生态文明理念，绿色发展取得新进展。大力发展新材料、新装备、新医药、新能源和大数据"四新一大"产业，推动以新能源汽车、页岩气为重点的节能环保产业快速发展。全面淘汰建成区内10蒸吨及以下燃煤小锅炉，新增国家级新型工业化产业示范基地1个、国家级绿色园区1个，国家级绿色工厂1个，省级绿色园区3个，省级绿色工厂4个，国家低碳产品认证2个。持续调整优化产业和能源结构，2020年，全市三次产业结构由2015年的15.9∶59.9∶24.2调整为18.4∶32.7∶48.9，万元GDP综合能耗比2015年下降19.2%。

7. 环境保护制度不断健全

调整市生态环境保护委员会成员单位并成立4个专项工作委员会，将生态环境保护在综合目标考核中所占的比重提高到16.5%，生态环境保护"党政同责、一岗双责"落地落实。贯彻落实固定污染源排污许可制度，核发排污许可证（限期整改通知书）702张，实施排污许可登记备案3556家。严格执行《环境保护法》等环保法律法规，颁布实施《内江市甜城湖保护条例》等3部地方性法规，生态环境保护法制保障不断强化。制定实施《内江市生态环境损害赔偿制度改革实施方案》，生态环境损害担责、追责机制初步建立。

（二）存在的主要问题

1. 生态环境质量持续改善压力较大。

"十三五"期间，全市水环境质量持续改善，但成果还不稳固。内江市多年人均水资源占有量为351立方米，在全省排名靠后，是典型的资源性、工程性缺水地区。农村生活、畜禽养殖以及农业面源污染负荷较重，乡镇污水收集率偏低，环保基础设施建设仍待完善。隆昌河、球溪河等主要河流年径流量小，缺乏水源补充，水体自净能力弱，隆昌河等部分支流及中小型湖库水质仍未达标。同时，内江地处川南地区和成渝地区两个污染传输通道上，虽然已连续两年进入环境空气质量达标城市行列，但进一步改善空间较小，极易反弹。特别是部分县（市、区）受城市建设施工扬尘、道路扬尘、机动车尾气等复合型污染因素影响，细颗粒物仍存在不同程度超标。随着近年来细颗粒物浓度下降，大气主要污染物由颗粒物逐步转变为臭氧，特别是春夏季节比较突出。

2. 经济发展与生态环境保护矛盾依然存在。

内江市是典型老工业城市，经济增长方式较为粗放，钢铁、火电、水泥等高能耗、高排放产业比重较大，现有产业结构调整任务较重，产业布局历史遗留问题多，结构性污染问题较为突出。化石能源占能源消费总量比重高于全省平均水平，煤炭占能源消费的比重较大，虽有页岩气生产，但尚未达到大量利用电能、天然气等能源而舍弃煤炭的客观条件，原煤消费占主导地位的格局短期难以改变，污染物排放量短期内仍将处于高位。规划实施过程中，随着工业化、城镇化进程加快和消费结构持续升级，能源需求刚性增长，资源环境问题仍是制约全市经济社会发展的瓶颈之一，实现产业低碳转型升级，完成"碳达峰、碳中和"的远景目标任务艰巨。区域基础设施建设强度不断增加，开发活动挤占生态空间带来的植被破坏、栖息地侵扰等压力日益增大。内江人口密度大，水环境容量严重不足，2020年水环境承载力指数为81.34%，总体处于临界超载状态，资源环境承载压力持续上升。

3. 环境治理能力和水平有待提升。

"十三五"期间，全市生态环境监测能力信息化、自动化水平有所提升，但随着人工智能、大数据等信息化技术的不断发展，以及对生态保护和修复关注度的持续上升，传统人工监测方式无法满足当前生态环境保护工作需求。水生态相关监测工作尚未开展，缺乏水生态方面历史监测数据，水生态监测体系和水生态恢复保护措施有待加强。建设用地调查尚未完成，污染地块修复压力大。土壤污染监测能力不足，尤其是县级环境监测机构监测能力较为缺乏。现有执法设备智能化水平较低、设备更新不够及时，环境执法机构标准化建设有待加快，综合执法能力有待进一步提升，全市各级网格工作职责仍需进一步明晰。

（三）目标指标

到 2025 年，生态环境持续改善，主要污染物排放总量和单位地区生产总值二氧化碳排放持续下降，资源利用效率进一步提高，重污染天气、城市黑臭水体基本消除，环境风险得到有效防控，生态系统质量和稳定性持续提升，生态环境治理体系更加完善，绿色生产生活方式蔚然成风，生态文明建设迈出新步伐。

——产业绿色转型升级。优化能源结构、运输结构以及农业结构，推动页岩气、钒钛、氢能等清洁能源及相关产业快速发展。以国家、省级开发区等为依托，建设一批主导产业明确、专业分工合理、差异发展鲜明的成长型绿色产业园区。

——碳达峰取得重要进展。单位地区生产总值二氧化碳排放降低值、单位地区生产总值能源消耗降低值达到省上下达要求，非化石能源占一次能源消费比例达到 39%，碳达峰工作取得重要进展。

——空气质量持续提升。空气质量优良天数比率不低于 91.1%，细颗粒物年平均浓度不超过 30.7 微克 / 米 ^{3}，基本消除重污染天数，挥发性有机物、氮氧化物重点工程减排量分别达到 1260 吨、4000 吨。在成渝地区双城经济圈、川南经济区一体化发展的引领下，细颗粒物和臭氧协同治理取得显著成效，协同治理能力大幅提升。

——重点区域水环境质量显著改善。国省考断面达到或好于Ⅲ类水体比例不低于 91.7%，地下水质量 V 类水比例达到省上下达要求，地表水质量劣 V 类水体比例为 0。行政村农村生活污水有效治理比例不低于 85%，化学需氧量、氨氮重点工程减排量分别达到 0.4916 万吨、0.0222 万吨。隆昌市九曲河断面及周边水系等重点区域水环境质量显著改善。

　　——土壤环境质量持续改善。全面完成土壤污染状况详查。到2025年，受污染耕地安全利用率不低于94%，重点建设用地安全利用完成省上下达要求。加快推进历史遗留工矿废弃地复垦利用工作。

　　——生态服务功能有效提升。落实生态红线要求，优化绿地系统空间布局，加强生物多样性保护与生态修复。到2025年，生态保护红线占国土面积比例不减少、功能不降低、性质不改变，森林覆盖率、生态质量指数完成省上下达要求，"一带、三地、三区、多廊多斑"生态安全格局基本形成。

　　——环境风险得到有效防控。风险防控体系不断完善，突发环境事件应急处置能力持续提升，有毒有害物质污染得到防控，核与辐射安全监管持续加强。

　　——环境治理体系与能力提升。建立健全环境治理领导责任体系、企业责任体系、全民行动体系、监管体系、市场体系、信用体系、法规政策体系、风险防控体系、区域协作体系，推动形成导向清晰、决策科学、执行有力、激励有效、多元参与、良性互动的环境治理体系。

　　展望2035年，广泛形成绿色生产生活方式，碳排放达峰后稳中有降，生态环境根本好转，能源资源配置更加合理，生态安全屏障体系基本建成，生态环境治理体系与治理能力现代化水平全面提升，美丽内江建设目标基本实现。

表 5–3　　　　　　　　　内江市生态环境保护目标指标体系

指标类别	序号	指标（单位）	2020年现状值	2025年目标值	指标属性
环境治理	1	空气质量优良天数比率（%）	89.6	≥ 91.1	约束性
	2	细颗粒物（$PM_{2.5}$）浓度（微克/米^3）	34.3	≤ 30.7	约束性
	3	重污染天数比率（%）	0	基本消除	约束性
	4	地下水质量V类水比例（%）	—	完成省上下达要求	约束性
	5	国省考断面达到或优于Ⅲ类水体比例（%）	—	≥ 91.7	约束性
	6	行政村农村生活污水有效治理比例（%）	63.55	85	预期性
	7	城市建成区黑臭水体比例（%）	0	完成省上下达要求	约束性
	8	地表水质量劣V类水体比例（%）	—	0	约束性
	9	氮氧化物重点工程减排量（吨）	5479.06	4000	约束性

续表

指标 类别	序号	指标（单位）	2020年 现状值	2025年 目标值	指标属性
环境 治理	10	挥发性有机物重点工程减排量（吨）	—	1260	约束性
	11	化学需氧量重点工程减排量（万吨）	1.160437	0.4916	约束性
	12	氨氮重点工程减排量（万吨）	0.156465	0.0222	约束性
应对 气候 变化	13	单位地区生产总值二氧化碳排放降低（%）	2.64	完成省上下达要求	约束性
	14	单位地区生产总值能源消耗降低（%）	8.6		约束性
	15	非化石能源占一次能源消费比例（%）	—	≥39	预期性
环境 风险 防控	16	受污染耕地安全利用率（%）	100	≥94	约束性
	17	重点建设用地安全利用	—	完成省上下达要求	约束性
生态 保护	18	森林覆盖率（%）	32.8	完成省上下达要求	约束性
	19	生态质量指数（EQI）	—		预期性
	20	生态红线占国土面积比例（%）	0.646	面积不减少、功能不降低、性质不改变	约束性

（四）推动社会发展绿色转型，促进经济高质量发展

1. 优化产业结构，推动生产方式绿色转型

加快淘汰落后产能。强化落后产能淘汰退出机制，对长期超标排放的企业、无治理能力且无治理意愿的企业、达标无望的企业依法予以关闭淘汰。推进化解产能过剩，严控钢铁、水泥、煤炭、平板玻璃等过剩行业新增产能，严格执行产能减量置换。推进"两高"企业常态化整治，加快落后产能出清。开展差别化环境管理，清理"僵尸企业"的同时，对能耗、物耗、污染物排放等指标提出最严格的管控要求，倒逼竞争乏力产能退出。

推动产业转型升级。通过存量的优化和高质量的增量注入，由"高消耗、高排放、高污染"的传统发展模式向绿色发展模式转型，坚决遏制各县（市、区）盲目上马高耗能、高排放项目。优化产业结构，全面提升产业供给的质量、效率和效益。围绕构建"5+5+5"现代产业体系，积极培育页岩气综合利用循环经济千亿产业集群、钒钛千亿产业集群以及氢能产业集群。把握"新基建"契机，促进节能环保产业与5G、物联网、人工智能等产业深度融合，推动产业升级。以装备制造、汽摩产业、冶金建材等传统优势产业为重点，整合先进环境治理方案，推动传统产业升级改造，提高清洁生产、绿色生产

水平。到 2025 年，国民生态总值（GEEP）省内排名有所提升，绿色生产方式蔚然成风。

构建绿色空间格局。强化生态环境空间分区管控。全面实施以"三线一单"为核心的生态环境分区管控体系，实施"三线一单"动态更新和定期调整，及时开展分区管控效果的跟踪评估。加强生态环境空间分区管控在政策制定、环评审批、园区管理、执法监管等方面的应用。适时将碳排放总量控制和强度控制融入到"三线一单"生态环境分区管控体系，强化协同减污降碳要求。引导构建与生态环境相适应的产业空间布局，将资源环境承载力、环境风险可接受度等作为各产业规划布局的约束性条件。推进长江经济带产业布局优化和绿色转型发展，禁止在长江干支流岸线一千米范围内新建、扩建化工园区和化工项目。推动园区提档升级，以国家级、省级绿色园区为依托，建设一批主导产业明确、专业分工合理、差异发展鲜明的成长型绿色产业园区。学习借鉴国内低碳城市、园区、社区试点示范经验，依托新城新区、园区景区社区、建筑厂区等建设零碳、近零碳示范区，打造零碳、近零碳示范工程。

2. 优化能源结构，推动能源利用方式绿色转型

持续调整能源结构。严格控制化石能源消费，对内江市传统重污染钢铁、化工及建材等企业进行节能升级改造，支持和鼓励企业采用先进工艺和设备。推进能源供给侧结构性改革，继续在工业、交通、农业等重点领域持续推进"煤改电、煤改气"，推动页岩气等清洁能源的开发利用，构建清洁低碳的能源网，稳步提高非化石能源占比，打造全省清洁能源生产利用高地。建设成渝氢走廊内江"氢港"，积极发展氢燃料电池及整车制造产业。强化能源消费总量和能源消耗强度"双控"，突出抓好"冶金、化工、建材"三大高耗能重点行业的用能管理和节能监察工作，探索推行用能预算管理制度，严格实施项目节能审查制度，强化重点用能单位节能管理。

推动页岩气绿色化发展。加快建设威远港华 LNG 生产及储气调峰，做好全市 LNG/CNG 加气站点与重点物流园区布局协同，充分利用工业副产氢和页岩气资源优势，全力建设威远连界页岩气综合利用循环经济园区，实现"气、钢、化、氢"联产配套和循环发展。强化气田开发的环境管理，推动甲烷减排和回收利用，提高废弃油基泥浆、含油钻屑及其他钻采废物资源化利用和安全

处置，强化地下水污染防治，重视废水回注过程中的环境风险控制。

实施煤炭消费总量控制。鼓励玻璃、陶瓷等重点工业领域实施天然气替代、电能替代。加快推进天然气管网、电网等设施建设，促进工业炉窑实施清洁能源改造。优化新增天然气使用方式，有序发展天然气调峰电站等可中断用户。压减煤炭消费总量，重点削减散煤、锅炉、工业窑炉等非电用煤，禁止新建自备燃煤机组，县级及以上城市建成区原则上不再新建 35 蒸吨/小时以下的燃煤锅炉。

3. 优化运输结构，构建绿色出行模式

不断优化运输结构。重点加强货物运输结构调整力度，有效降低公路货运比例。大力推进大宗货物运输公转铁，支持构建以高速铁路和城际铁路为主体的大容量快速客运体系，逐步减少重载柴油货车在大宗散货长距离运输中的比重。加强新能源汽车推广力度，加大新能源和清洁能源车辆在城市公交、出租汽车、城市配送、邮政快递、机场、铁路货场等领域应用，加强城市充电设施的规划建设，积极探索推进氢燃料电池汽车试点应用和加氢站布局建设。加强柴油货车、施工机械等非道路移动机械源等新重点移动污染源治理，加快淘汰国Ⅲ及以下排放标准柴油货车。到 2025 年，全市清洁能源汽车在公共交通领域使用率力争达到 80%。

构建绿色出行结构。积极推广公交优先战略，在内江城区各主干道规划出公交专用通道或公交优先通道，实现公交提速。大力推动城市步行和自行车交通系统建设，积极鼓励、引导、规范共享自行车健康有序发展，优化公共交通和步行、自行车接驳换乘的设施条件，构建"公交＋自行车＋步行"出行模式，到 2025 年，绿色出行比例不低于 50%。

4. 优化农业结构，建立健全生态农业发展体系

大力发展生态农业。充分运用现代信息技术、生物技术和农业技术，大力推广新模式，积极发展智能农业、感知农业、精准农业，加速传统农业向现代农业转变，打造具有内江特色的"种养加"生态循环农业发展新模式。通过稻田养鱼、动物粪便还田等方式提供天然饵料、高效有机肥料，推广土壤少耕、免耕技术，提升农田土壤的有机质含量，培育有机动植物，真正实现绿色产业协同发展。以内江黑猪、资中血橙、威远无花果和特色水产"四

大特色农业产业"为核心，加快培育绿色产品市场的步伐，促进区域绿色产品创新，打造绿色产品品牌，推动区域绿色经济发展。

（五）有序推进碳达峰碳中和，深入贯彻低碳发展理念

1. 加快实施碳达峰行动，稳步推进碳中和

加快推进碳达峰碳中和顶层设计。对标 2030 年碳排放达峰目标，建立完善应对气候变化工作协调机制，建立内江市应对气候变化工作领导小组，统筹开展全市碳减排、碳达峰、碳中和等应对气候变化工作。开展人口增长、城镇化、产业发展、能源结构现状分析，在研判当前形势及未来发展态势基础上，科学提出碳排放达峰目标、制定碳达峰路线图。系统对接国家和省上的指导意见和政策体系，编制内江市"十四五"应对气候变化规划，编制碳排放、碳达峰实施方案，明确各部门的工作重点和工作任务。依托科研院所、三方机构等专业团队，强化碳核查、监测、报告、评估等技术工作，建立温室气体排放清单并实施动态化更新，不断提升管理能力和水平。鼓励有条件的行业及领域率先碳排放达峰。制定能源、工业、交通、建筑等重点领域二氧化碳排放达峰专项方案，推动钢铁、焦炭、水泥等重点行业提出明确的达峰目标并编制达峰行动方案，鼓励已经或提前实现碳达峰的重点领域及行业制定控制二氧化碳排放或降碳行动方案，加快成渝钒钛科技有限公司超低排放改造等工程进度，推动碳排放稳中有降。到 2025 年，力争实现煤炭消费和煤电、焦化、水泥等行业碳排放达峰，支持有条件的企业实现碳中和。

推动重点区域碳排放率先达峰。在成渝地区双城经济圈碳达峰碳中和联合行动方案的带领下，推动内江市中心城区尽快达峰。推动内江经开区、内江高新区等重点区域制定二氧化碳排放达峰行动方案，明确达峰年份、峰值水平和达峰路线图。支持已经或提前达峰的县（市、区）继续推动碳排放稳中有降。

2. 严格低碳准入，有效控制温室气体增量

控制重点行业二氧化碳排放。通过能评、环评等手段严格低碳准入，控制化石能源密集型产业盲目扩张，坚决遏制低效用能，强化能源消费总量控制，确保煤炭消费只降不增。升级钢铁、建材等行业工艺技术，控制生产过程碳排放，鼓励川威集团等钢铁企业制定实施碳减排示范工程。开展水泥生

产原料替代，鼓励利用工业固体废物、转炉渣等非碳酸盐原料生产水泥。推动火电、钢铁、焦化、水泥、陶瓷、砖瓦等行业开展二氧化碳捕集、利用与封存。抢抓成渝地区双城经济圈建设、"气大庆"、成渝"氢走廊"等重大战略机遇，依托威远经开区连界园区（省级经济开发区），规划拓展建设内江市页岩气综合利用循环经济园区，申报认定省级化工园区，加大就地转化利用力度。

控制重点领域二氧化碳排放。从构建绿色低碳产业体系、绿色低碳能源体系、绿色低碳城市体系、生态系统碳汇体系、绿色低碳消费体系和绿色低碳制度能力体系六个方面推进低碳城市建设。调整交通运输结构，大力培育氢能和新能源汽车推动交通运输电气化，推动货运"公转铁"，制定实施以道路运输等为重点的绿色低碳交通行动计划。推广绿色建筑，加大既有建筑节能改造，依托新城新区、园区景区社区、建筑厂区等建设零碳、近零碳示范区，打造零碳、近零碳示范工程。到 2025 年，城镇新建民用建筑中绿色建筑面积占比达到 80%。有序开发农村沼气、太阳能，发展光伏农业，推进农业农村领域"煤改气""煤改电"，推动化肥使用量零增长行动，支持具备条件地区发展零碳农业。

控制非二氧化碳温室气体排放。加强甲烷、氧化亚氮、氢氟碳化物、全氟碳化物、六氟化硫、三氟化氮控制，实施控制甲烷排放行动。开展油气领域甲烷泄漏检测与修复，减少威远页岩气勘探开发过程甲烷放空。统筹控制消耗臭氧物质与氢氟碳化物，加强氢氟碳化物自动监控、资源化利用或无害化处置管理。控制农田和畜禽养殖甲烷、氧化亚氮排放，加强污水处理和垃圾填埋甲烷排放控制和回收利用。到 2025 年，非化石能源占一次能源消费比例达到 39% 以上。推进碳排放权交易。坚持低碳导向、达峰引领，组织开展

"十四五"重点化石能源消费项目摸底，对煤电、炼焦、煤化工等可能纳入国家下一步禁止清单的项目进行投资风险提示。继续推进重点用能企业温室气体排放的统计和报告工作。加强碳排放权交易政策解读和宣贯，指导纳入碳排放权交易试点的 2 家火电厂从管理、调度、技术、监测、交易等方面协同发力，降低履约成本，加快提升企业碳排放、碳资产管理能力和水平。全面推进排污权、用能权、用水权、碳排放权市场化交易，提高能源利用效率。

3. 增加生态系统碳汇，提升应对气候变化能力

积极推进全域绿化。强化国土空间规划和用途管控，严守生态保护红线，稳定现有森林、草原、湿地、耕地等固碳作用，巩固提升生态系统碳汇能力。实施重大生态保护修复工程，开展山水林田湖草一体化保护和修复。实施"城乡增绿"行动，统筹布局城区公园绿地、防护绿地、生产绿地，推进村庄见缝插绿、田间地头种植增绿，建设"绿色社区""绿色家庭"，推行"互联网 +义务植树"，引导群众积极投身全域绿化。强化森林资源保护管理，切实增加森林面积和蓄积量，巩固提升生态系统碳汇能力，提升生态系统碳汇增量。

强化应对气候变化的科技支撑。加大投入力度，强化应对气候变化基础研究，特别是人类适应气候变化的战略与对策等方面的研究。加快先进太阳能发电、风力发电、绿色氢能、新型储能页岩气开发、煤炭清洁高效开采利用等前沿技术研发，促进适用技术的规模化应用和产业化。大力开展应对气候变化科技合作，共享信息化成果，推动大数据、区块链、云计算等数字技术赋能应对气候变化，提高信息化、数字化、智能化水平。

提升对极端天气和气候事件的处理能力。加强高温热浪、持续干旱、极端暴雨、低温冻害等极端天气和气候事件及其诱发灾害的监测预警。完善输变电设施抗风、抗压、抗冰冻应急预案，增强夏、冬季用电高峰电力供应保障及调峰能力，加快布局抽水蓄能等储能项目。积极应对热岛效应和城市内涝，建设海绵城市，加强雨洪资源化利用。加强极端天气气候健康风险和流行性疾病监测预警，完善应对极端天气气候事件的卫生应急预案，提高脆弱人群防护能力。

（六）深入打好蓝天保卫战，持续改善大气环境质量

1. 着力打好重污染天气消除攻坚战，实施污染物协同治理

提升重污染天气应急响应能力。适时修订完善重污染天气应急预案。实施重点行业企业绩效分级管理，推行差异化减排，全面提升全市重点行业企业绩效水平，打造一批绿色标杆企业。鼓励错时生产、错季作业，监督错峰生产落到实处，依法严厉打击不落实应急减排措施行为。继续向重点企业和建筑工地等宣传重污染天气预警信息，指导应对工作，着力打好重污染天气消除攻坚战。

实施大气污染联防联控。以《川南地区联防联控工作协定》《大气污染联防联控工作协议》为基础，继续推动区域联防联控。积极推动与泸州、宜宾、自贡共同制定政策和同步协调，实现川南地区大气环境管理制度的整体对接。推动建立健全区域内大气环境状况信息共享机制，建立共享信息平台，互通大气环境信息和重大项目审批、执法等信息。公开跨界重点大气污染源信息、联合整治工作计划及实施进度。

开展污染物协同控制。推进"减排、压煤、抑尘、治车、控秸"五大工程，尤其是涉及氮氧化物和挥发性有机物排放的重点行业、重点领域的污染物减排，加强挥发性有机物的治理。以医药加工、水泥制造等行业领域为重点，安全高效推进挥发性有机物和细颗粒物的综合治理，实施原辅材料和产品源头替代，减少形成臭氧污染的前体物。持续更新优化挥发性有机物和氮氧化物排放清单，制定协同减排计划，探索细颗粒物与臭氧浓度双下降的最优化减排方案，强化差异化、精细化协同管控。创新激励和惩罚手段，强化柴油车治理攻坚行动，加大工业源和移动源管控力度，加强绿色原料生产技术、工艺过程技术、末端治理技术的研发和推广，以最佳可行控制技术推进污染减排，力争实现细颗粒物和臭氧污染协同控制。

2. 着力打好臭氧污染防治攻坚战，推动污染物减排减量

整治挥发性有机物。开展挥发性有机物走航监测工作，对全市挥发性有机物污染形势进行全面的分析研判，精准查找臭氧污染源头，协同控制消耗臭氧层物质和氢氟碳化物，实行区域内挥发性有机物排放等量或倍量削减替代。动态更新工业企业挥发性有机物排放清单，建立臭氧前体物排放清单，推进重点企业"一企一档"动态信息管理系统建设工作。推进四川利弘陶瓷、威远华原复合材料等公司的工业炉窑综合整治，成渝钒钛科技有限公司超低排放改造等，全力减少臭氧前体物排放量，着力打好臭氧污染防治攻坚战。限制挥发性有机物高污染排放工艺、产品的使用，淘汰一批挥发性有机物高污染排放设备装置。油品存储和运输推荐使用浮动顶罐，含挥发性有机物的原辅料和产品密闭保存和装卸，加油站安装油气回收装置，加强油气回收整治。到 2025 年，臭氧日最大 8 小时滑动平均第 90 百分位浓度不超过 145 微克/米^3。

狠抓重点工程减排。推进重点行业低氮燃烧、脱硝改造、超低排放改造、提标改造，强化焦化、石化化工、工业涂装、家具制造、包装印刷、汽修、机动车、干洗、餐饮、加油站等重点行业挥发性有机物深度治理。强化工业园区和产业集群综合整治，引导和支持企业积极开展节能减排、错峰生产。力争到 2025 年实现空气质量全面达标，空气优良天数进一步提升。

3. 持续打好柴油货车污染治理攻坚战，推动移动源污染防治

全方位控制机动车污染。实施柴油货车清洁化行动，加强重型货车路检路查，以及集中使用地和停放地的入户检查。健全重点企业用车管理制度，督促指导日均使用货车超过 10 辆的重点企业，通过安装门禁和视频监控系统等方式建立运输电子台账。开展柴油货车联合执法，完善生态环境部门监测取证、公安交管部门实施处罚、交通运输部门监督维修的联合监管模式，形成部门联合执法常态化路检路查工作机制。加强机动车尾气检测机构监管、机动车环保检验和监控体系建设，要求新购置机动车注册登记并同步执行国家阶段性机动车污染物排放标准，在用机动车定期环保检验。强化新生产机动车环保达标监管，加快淘汰报废老旧车辆。

加强非道路移动机械整治。建立非道路移动机械排放情况台账及检查记录台账，完善非道路移动机械编码登记工作，实施动态监管。加快老旧非道路移动机械更新淘汰，基本淘汰国一及以下排放标准或使用 15 年以上的工程机械，具备条件的允许更换国三及以上排放标准的发动机。加大非道路移动机械监管力度，划定非道路移动机械低排放控制区，将县级及以上城市建成区纳入禁止使用高排放非道路移动机械区域。强化农业、工程建设和工业企业环保主体责任意识，制定企业内部非道路移动机械排放管理制度，在高排放非道路移动机械禁用区内，严禁高排放非道路移动机械进行作业。

加大新能源汽车推广应用。持续提高新能源汽车比重，在公交、出租、环卫、公务领域更新及新增车辆中尽量使用以液化天然气（LNG）、压缩天然气（CNG）为燃料的新能源汽车，同时重点推进隆昌市、资中县、威远县汽车充电站项目等配套设施建设。加大对渤商物流园区（货运枢纽）示范项目、新能源车辆推广应用、绿色物流智慧服务平台建设等支持力度，落实对绿色货运的补贴政策，逐步扩大"绿色货车"规模。

4. 深化面源污染治理，加强大气综合管理。

加强扬尘精细化管控。严格执行建设工地扬尘治理标准，实现管理常态化，做到工地周边围挡、物料堆放覆盖、土方开挖湿法作业、路面硬化、出入车辆清洗、渣土车辆密闭运输"六个百分之百"；大力推进装配式建筑，推广节能降耗建筑新技术和新工艺，提高绿色施工水平。加强公路、铁路等货物运输管理，采取有效的封闭措施、防风抑尘措施。持续加大道路清扫保洁和洒水雾炮降尘作业频次，优化机械化清扫设备，按需开展"洗城"行动，基本实现内江城区所有主次干道冲洗、洒水全覆盖，降低道路积尘负荷。到2025年，实现城区道路所有重点区域冲洗、洒水全覆盖，城市机械化清扫率达到90%以上。

强化油烟规范化整治。全面开展餐饮油烟整治，升级餐饮油烟管理系统，提高中型以上饮食企业油烟净化设施安装比例，在特大型饮食企业安装油烟在线监控设施试点；禁止在居民住宅楼、未配套设立专用烟道的商住综合楼以及商住综合楼内与居住层相邻的商业楼层内新建、改扩建产生油烟、异味、废气的餐饮服务项目。

加强秸秆焚烧管控及综合利用。扶持新型经营主体建设农作物秸秆综合利用示范点，开展秸秆收运服务，减少秸秆存量；研究制定秸秆处置和综合利用激励机制，制定切实可行的价格、补贴、税收优惠政策；推进东兴区秸秆收储中心建设，完善秸秆收储运体系，推广秸秆综合利用技术，加强资源化利用；继续开展区域秸秆禁烧联合执法检查，进一步完善秸秆污染区域城市联防联控机制。到2025年，实现秸秆综合利用率达到90%以上。

第二节　工业的绿色发展

"十三五"时期，四川省坚持以习近平新时代中国特色社会主义思想为指导，全面贯彻绿色发展理念，大力推动工业绿色发展，着力筑牢长江上游生态屏障，圆满完成各项目标任务。

一、取得的成就

（一）绿色发展格局加快形成

聚焦"5+1"工业体系和16个重点领域，加快构建现代工业体系，2020年工业增加值总量突破1.3万亿元，对经济增长贡献率达36.3%，五大支柱产业实现营业收入4.26万亿元，占规模以上工业比重80%以上。大力推动工业集约集聚发展，提高工业用地亩均产值，产业在园区的集中度达72%，建成国家级新型工业化产业示范基地23家，成都软件与信息服务、成德高端能源装备集群入选全国先进制造业集群。持续推动落后产能退出，累计退出1218户企业落后产能，淘汰整治2883台燃煤小锅炉，压减粗钢产能497万吨、炼铁产能227万吨，淘汰水泥、平板玻璃产能186万吨、275.53万重量箱，累计关停煤电机组170万千瓦，减少不合理用能约360万吨标准煤。

（二）工业节能降碳成效显著

认真落实节能审查制度，加大节能监察力度，持续推进工业节能节水专项行动，积极推进工业节能诊断，全面启动重点用能单位能耗在线监测系统建设。"十三五"期间，全省规上工业单位增加值能耗累计下降26.85%，单位工业增加值二氧化碳排放累计降低30%以上，万元工业增加值用水量下降68%，均大幅超额完成目标任务。面向全省484户机械、钢铁、建材、电子、石化化工等重点耗能行业企业提供公益性节能诊断服务，累计对3000余户（次）企业实施监察，依法对44家企业实施限期整改。

（三）资源综合利用水平提升

工业固废综合利用率不断提高，冶炼废渣、粉煤灰、炉渣、煤矸石等主要工业固体废物综合利用率达到较高水平；磷石膏综合利用率达100.2%，实现"产消平衡"，重点管控的沱江流域连续3年实现"产消平衡"。攀枝花、德阳市、凉山州入选国家工业资源综合利用基地名单，6家产业园区、26家企业列入省级工业固废资源综合利用基地创建名单，固废资源综合利用产业集聚发展势头向好。统筹推进再生资源回收利用体系建设，积极引导汽车生产企业积极落实生产者责任延伸制度，成立四川省新能源汽车动力蓄电池回收利用产业联盟，实施了一批动力蓄电池回收利用试点项目。

（四）绿色制造能力持续增强

大力推动制造业绿色发展，加快构建绿色制造体系，积极发展绿色评价和绿色服务，大力创建绿色制造示范单位，建立企业、园区绿色发展标杆。全省累计创建国家级和省级绿色工厂 296 家、绿色园区 35 家、绿色供应链 6 家、绿色设计产品 62 种。依托绿色制造系统集成和绿色制造系统解决方案供应商项目推动企业绿色化技术改造。围绕绿色设计平台建设、绿色关键工艺突破、绿色供应链系统构建等 3 大方向，深入开展绿色制造系统集成工作，成功申报并推进 15 项国家绿色制造系统集成项目建设，争取中央财政资金 1.9 亿元。

（五）工业污染防治纵深推进

大力推动"散乱污"企业整治攻坚战，2017 年以来全省累计排查整治"散乱污"企业 3.3 万余家，在册"散乱污"企业实现 100% 整治。除甘孜、阿坝、凉山等不具备条件的地区以外，全省县级以上城市建成区 10 蒸吨 / 小时及以下燃煤锅炉已淘汰完毕，其余区域计划 2021 年底淘汰完毕。深入推进全省工业园区污水处理设施建设，列入全省《三年行动计划》的 176 个园区中，171 个已全部建成集中污水处理设施（其余 5 个已明确不需建设或暂不建设）。全省 4312 座应改造加油站全部完成地下油罐防渗改造（或去功能化），完成 33 家人口密集区危险化学品生产企业搬迁改造。

二、主要目标

到 2025 年，工业生产方式、产业结构绿色转型取得显著成效，绿色低碳技术装备普遍应用，能源资源利用水平稳步提升，碳排放、污染物排放强度降低进一步降低，为实现 2030 年前碳达峰奠定坚实基础。

——能源利用效率稳步提升。规模以上工业单位增加值能耗下降 14%，钢铁、电解铝、水泥、平板玻璃、炼油、乙烯、合成氨、电石和数据中心等重点行业达到标杆水平的产能比例超过 30%，水泥熟料、乙烯综合能耗分别下将至 104 千克标准煤 / 吨、780 千克标准煤 / 吨。

——碳排放强度持续下降。单位工业增加值二氧化碳排放下降 19.5%，钢铁、水泥、建材等重点行业碳排放总量控制取得阶段性成果，为实现 2030

年前碳达峰目标奠定基础。

——资源利用效率大幅提高。重点行业资源综合利用、清洁生产水平显著提高，工业固废、有害物质源头管控能力持续加强，万元工业增加值用水量较 2020 年下降 16%，大宗工业固废综合利用率达到 57%，继续保持区域磷石膏"产消平衡"，主要污染物排放强度持续下降。

——绿色制造体系建设纵深推进。持续深入推进绿色制造示范单位建设，力争新创建 200 家绿色工厂、20 家绿色园区，进一步扩大行业和企业覆盖面。探索开展绿色低碳试点示范，培育 10 家绿色低碳园区、50 家绿色低碳工厂，引领带动重点行业、重点领域减排降碳。

三、重点任务

（一）实施工业领域碳达峰行动

加强工业领域碳达峰顶层设计，研究制定工业领域碳达峰方案，明确重点行业达峰路径，加大力度推进各行业落实碳达峰目标任务，实现梯次达峰。

1. 加强工业领域碳达峰统筹推进力度

深入落实国家 2030 年前碳达峰行动方案，制定工业领域碳达峰实施方案，明确工业降碳实施路径和重点任务，科学提出碳排放峰值水平，统筹谋划碳达峰的时间表和路线图。制定重点行业碳达峰实施方案，合理有序推动钢铁、建材、石化化工、有色金属等行业实现梯次达峰。加强对地方督促指导力度，严格能耗"双控"、碳排放强度和总量控制约束，及时调度各地工业领域碳达峰工作推进情况。加强与发展改革、生态环境、科技、金融等部门协作配合，形成政策合力。

2. 推动重点行业有序实现碳达峰

围绕钢铁、建材、石化化工、有色金属等重点行业，基于流程型制造、离散型制造的不同特点，明确各行业主要目标和实施路径，确保有序实现碳达峰。钢铁行业严格落实产能置换规定，合理布局发展短流程炼钢，提高电弧炉炼钢比例。注重发挥钒钛资源优势，支撑钒钛新材料向纵深发展。依托氢冶金、短流程电炉高效化等流程变革技术，推动钢铁行业智能化和绿色化发展。建材行业严格执行水泥、平板玻璃产能置换政策，常态化推进水泥错峰生产，大力推广应用节能降碳工艺技术装备。石化化工行业重点提高低碳原料比重，大力推动"减油增化"，提升高端石化产品供给水平。有色金属行业坚持电解铝产能总量约束，逐步提升短流程工艺比重，进一步提升清洁能源使用比例。

3. 推进节能降碳重大工程示范

发挥中央企业、大型企业集团示范引领作用，在主要碳排放行业和绿色氢能与可再生能源应用、新型储能、碳捕集利用与封存等领域，实施一批降碳效果突出、带动性强的重大工程。推动低碳工艺革新和成本下降，支持取得突破的低碳零碳负碳关键技术开展产业化示范应用，形成一批可复制、可推广的技术和经验。探索低成本二氧化碳资源化转化等负碳路径，鼓励和支持二氧化碳捕集利用与封存（CCUS）项目的建设和示范推广。综合利用原料替代、过程消减和末端处理等手段，实现生产过程降碳。

4. 加强非二氧化碳温室气体管控

逐步加强甲烷、氧化亚氮、氢氟碳化物、全氟化碳、六氟化硫等温室气体排放管控。落实《〈蒙特利尔议定书〉基加利修正案》，启动聚氨酯泡沫、挤出基苯乙烯泡沫、工商制冷空调等重点领域含氢氯氟烃淘汰管理计划，加强生产线改造、替代技术研究和替代路线选择，推动含氢氯氟烃削减。

完善能耗在线监测系统。持续推进全省重点用能单位能耗在线监测系统建设，组织年综合能源消费量1万吨以上的企业以及5000吨以上的化工企业全面接入在线监测系统，着力保障重点用能企业数据接入的持续性、完整性，确保系统稳定运行。依托系统探索开展综合能效、碳排放监测诊断，支持企业依托监测监控情况开展碳足迹认证、碳排放核算，逐步形成"前端监测、中端诊断、后端节能改造"管理服务模式。

低碳发展能力建设工程。大力开展工业企业碳排放信息报告与核查工作，推动企业建立健全碳资产管理体系，提升工业企业应对碳达峰、碳中和的整体能力。定期举办工业领域碳达峰培训和宣贯会，推广国内外先进经验和技术，培养一批工业领域碳达峰行业专家和企业碳排放管理骨干，助力企业提升低碳管理能力。加大低碳绿色人才培养力度，培育急需紧缺的管理和专业技术人才，打造低碳领军人才队伍。

（二）推动产业体系绿色低碳转型

持续推进产业结构调整，加快构建以"5+1"产业为重点的现代制造业新体系，大力推动绿色低碳优势产业高质量发展，坚决遏制"两高"项目盲目发展，依法依规推动落后产能退出，全面提升产业绿色化、低碳化水平。

1. 加快构建现代产业体系

聚焦"5+1"现代产业体系重点领域，培育电子信息、装备制造、特色消费品等具有国际竞争力的制造业集群，建设先进材料、能源化工、汽车产业研发生产制造、医药健康等全国重要的高水平产业基地。围绕新一代信息技术、生物技术、新能源、新材料、高端装备、智能网联汽车、新能源汽车、绿色环保、航空航天等领域，大力发展战略性新兴产业，抢占未来产业战略制高点。坚持以成渝地区双城经济圈建设和"一干多支"发展战略为牵引，科学谋划"5+1"现代工业体系空间布局，促进区域制造业协调发展。

2. 推动绿色低碳优势产业高质量发展

聚焦实现碳达峰、碳中和目标，立足"一地三区"发展定位，以能源绿色低碳发展为关键，以清洁能源产业、清洁能源支撑产业和清洁能源应用产业为重点，大力发展清洁能源、动力电池、晶硅光伏、钒钛、存储等产业，落实支持绿色低碳优势产业高质量发展若干政策，加快推动清洁能源优势转化为高质量发展优势。坚持以区域发展战略引领产业布局，立足资源禀赋和产业基础因地制宜发展绿色低碳优势产业。发挥成都平原经济区先发优势，布局发展锂电材料、晶硅光伏、清洁能源装备、新能源汽车、大数据等产业。推动川南经济区、川东北经济区协同发展，重点布局动力电池、天然气（页岩气）绿色利用、节能环保、新材料等产业。立足攀西经济区绿色转型升级，重点布局钒钛等先进材料和水风光氢储清洁能源产业。推动川西北生态示范区绿色发展，重点布局水风光多能互补的清洁能源产业，大力发展碳汇经济。

3. 推动传统产业绿色低碳改造提升

推进产业优化升级，运用先进适用技术和现代信息技术，加快原材料、轻工、纺织、建材、食品等传统产业技术升级、设备更新和绿色化升级改造。对于能效低于本行业基准水平且未能按期改造升级的项目，限期分批实施改造升级和淘汰。推广应用节能、节水、清洁生产新技术、新工艺、新装备、新材料的。推进石化、钢铁、有色金属、稀土、装备制造、危险化学品等重点行业智能工厂、数字化车间和智慧园区改造，推动新一代信息技术与制造业深度融合，提升产业绿色化、智能化水平。

4.遏制"两高一低"项目盲目发展

健全完善技术改造项目节能审查制度，严把高耗能高排放低水平项目准入关，坚决抑制高碳用能冲动。对高耗能高排放低水平项目实行清单管理、分类处置、动态监控，严格落实能耗等量替代、减量替代要求，坚决拿下不符合要求的"两高一低"项目。严格执行《产业结构调整指导目录》等规定，支持引导能耗量较大的新兴产业项目应用绿色低碳技术、提高能效水平，依法依规推动落后产能退出，引导低效产能有序退出。

5.积极承接制造业有序转移

积极承接发展符合生态环境分区管控要求和环保、能效、安全生产等标准要求的高载能行业。鼓励成都平原经济区等创新要素丰富、产业基础雄厚地区承接引进一批技术溢出明显、渗透能力强的创新研发及产业化应用项目。以数字化、智能化、高端化、品牌化为方向，鼓励川南、川东北等劳动力丰富、区位交通便利地区有序承接优质白酒、绿色食品、轻工纺织等消费品产业，积极引进具备数字赋能、龙头引领和品牌建设能力企业和项目，推动产业向智能高端升级。以推动产业向数字赋能、绿色低碳、服务增值等高端转型为方向，引导承接软件开发、信息服务、工业设计等生产性服务业和制造业协同转移。

（三）加快能源消费低碳化转型

以碳达峰、碳中和目标为引领，把节约能源放在首位，加快实施节能降碳技术改造，强化重点企业用能管理，完善节能服务机制，优化工业用能结构，全面推动工业能效变革，从源头减少重点行业二氧化碳排放。

1.持续提升能源利用效率

实施重点领域企业节能降碳专项行动，支持建设节能降碳示范项目，全面推动节能降碳标杆企业创建，深挖重点领域企业节能降碳技术改造潜力，逐步建立起以能效约束推动重点领域节能降碳的工作体系。以钢铁、建材、石化化工、有色金属等行业为重点，加快重点用能行业的节能技术装备创新和应用，持续推进典型流程工业能量系统优化。推动锅炉、变压器、电机、泵、风机、压缩机等重点用能设备系统的节能改造。支持富氧冶金、高效储能材料等先进工艺技术研发。对重点工艺流程、用能设备实施信息化数字化改造升级。鼓励企业、园区建设能源综合管理系统，实现能效优化调控。

2. 提高清洁能源利用水平

稳步提高清洁能源利用水平，鼓励氢能、生物燃料、垃圾衍生燃料等替代能源在钢铁、水泥、化工等行业的应用。推动煤炭等化石能源清洁高效利用与多元替代，加强煤炭集中使用、清洁利用。优化工业用能结构，加快推进终端用能设备"电气化"和"燃煤燃油替代"改造，加快热泵、电窑炉等推广应用，提升工业终端用能电气化水平。有序推进重点地区、重点行业燃煤自备电厂和燃煤自备锅炉"煤改气"工程。加快推进工业绿色微电网建设，鼓励园区和企业加快光伏、风电、生物质能、储能、余热余压利用等一体化系统开发，推进产业园智能微电网建设。

3. 完善能源管理和服务机制

强化技改项目能源评估审查技术改造项目节能审查，完善节能审查工作程序，将节能审查制度执行情况纳入节能监察计划，强化节能验收。加强节能监察能力建设，健全省、市、县三级节能监察体系，探索建立部门联动、信息共享、联合执法等工作机制。进一步加强节能监察工作力度，持续组织实施重点用能企业日常监察、专项监察以及工业炉窑专项监察。强化节能监察结果运用，综合运用行政处罚、信用监管、绿色电价等手段，增强节能监察约束力。全面实施节能诊断和能源审计，为企业节能管理提供服务。进一步深化石化化工、建材、钢铁、有色、造纸等重点行业能效对标和碳排放对标工作，建立健全行业能效对标和碳排放对标工作机制和相关标准指南。

重点用能企业分级管控。充分应用节能监察结果和能耗在线监测平台检测结果，根据企业年度实际能效水平，对全省重点用能企业按照 A、B、C、D 四个等级类别进行分类管理。定期印发重点用能企业能效水平类别名单，综合运用有序用电、电力市场交易、错峰生产安排、信贷政策、工业资金奖励、市场开拓，项目补助、贷款贴息、集中培训，阶梯电价、错峰生产、淘汰落后等不同等级类别的手段，规范企业生产，支持企业绿色低碳发展，推动企业开展节能技术改造、提高节能管理水平，提高能效水平。

节能降碳工程示范。按照投入达一定规模、技术工艺先进、节能降碳成效显著、行业带动性强等原则，采用公开招标比选、企业自主申报、专家评选的方式，在省内钢铁、有色、化工、建材等主要高耗能行业内，分别评选出一定数量的节能降碳技术改造示范工程，采用财政、金融等政策进行支持补助。支持取得突破的节能降碳关键共性技术和具有示范带动作用的先进适用技术开展产业化示范应用，形成一批可复制可推广的技术和经验。

节能标杆企业创建活动。在全省开展节能标杆企业创建活动，组织市州申报、评选全省能效标杆企业，推荐全国能效"领跑者"，能效达到标杆水平以上的企业，列入能效先进清单，并向社会公开，接受监督，对获得全国能效"领跑者"、全省能效标杆企业的省级财政给予支持，形成一批可借鉴、可复制、可推广的节能典型案例。

（四）促进资源利用循环化转型

坚持总量控制、科学配置、全面节约、循环利用原则，强化资源在生产过程的高效利用，推进企业间、行业间、产业间共生耦合，打造固废综合利用、水资源循环利用、废物交换利用、企业循环式生产、园区循环式发展、产业循环式组合的循环型工业体系。

1. 推进工业固废综合利用

推进大宗工业固废规模化综合利用。推进尾矿、粉煤灰、煤矸石、冶炼渣、工业副产石膏、赤泥、化工渣等大宗工业固废规模化综合利用。拓宽磷石膏利用途径，继续推广磷石膏在生产水泥和新型建筑材料等领域的利用，在确保环境安全的前提下，探索磷石膏在土壤改良、井下充填、路基材料等领域的应用。示范推广赤泥、磷石膏、粉煤灰等工业废渣的有效资源利用技术，提高资源利用效率。鼓励有条件的园区和企业加强资源耦合和循环利用，推动钢铁窑炉、水泥窑、化工装置等协同处置大宗工业固废。实施工业固体废物资源综合利用评价，通过以评促用，推动有条件的地区率先实现新增工业固废能用尽用、存量工业固废有序减少。

推动固废利用产业集群化发展。以磷石膏、粉煤灰等大宗固体废物的综合利用为重点，以工业资源综合利用基地为依托，在固废集中产生区、煤炭主产区、基础原材料产业集聚区探索建立基于区域特点的工业固废综合利用产业发展模式。

2. 推进再生资源高值化利用

推进主要再生资源高值化利用。围绕废钢铁、废有色金属、废纸、废橡胶、废塑料、废油、废弃电器电子产品、报废汽车、废旧纺织品、废旧动力电池、建筑废弃物等主要再生资源，培育再生资源循环利用骨干企业。推动企业要素向优势企业集聚，依托优势企业技术装备，推动再生资源高值化利用。鼓励建设再生资源高值化利用产业园区，推动企业聚集化、资源循环化、产业高端化发展。统筹布局退役光伏、风力发电装置等新兴固废综合利用。

推动新能源汽车动力电池回收利用。建立完善的动力电池回收利用标准体系，形成动力电池回收利用创新商业合作模式。建设锂电池回收综合利用示范基地，打造动力电池高效回收、高值利用的先进示范项目。建立新能源汽车动力电池信息化管理平台，规范落实新能源汽车生产企业及相关参与单位的责任，提升资源化利用技术水平，打造完善的报废汽车资源化产业链。

3. 积极培育再制造产业

实施高端再制造行动，加强再制造产品认定与推广应用。推进盾构机、航空发动机与燃气轮机、重型机床等高端装备等关键件再制造，以及增材制造、特种材料、智能加工、无损检测等绿色基础共性技术在再制造领域的应用，推进高端智能再制造关键工艺技术装备研发应用与产业化推广。发展以汽车零部件、工程机械、机电产品再制造为主体的再制造产业，打造绿色拆解及再制造国家示范基地。建立再制造产品逆向智能物流等服务体系，进一步完善再制造产品认定机制和标准规范，推进再制造产业发展。

4. 推进水资源集约节约利用

优化工业用水结构。落实最严格水资源管理制度，水资源开发利用应符合流域和区域水量分配管控指标和重点河湖生态流量保障目标。严格企业用水定额管理，优化用水结构。推进中水、再生水等非常规水资源的开发利用，支持非常规水资源利用产业化示范工程，推动钢铁、火电等企业充分利用城市中水，支持有条件的园区、企业开展雨水集蓄利用、中水回用和再生水利用等水循环利用设施建设。

大力推进节水技术改造。重点开展钢铁、石化化工、造纸、印染、有色金属、食品等高耗水行业循环利用技术改造升级，组织实施一批以提高用水效率为核心和加强水循环梯级利用的节水技术改造试点示范，提升企业各环节用水效率和重复利用率。鼓励智慧化用水管理系统的应用，采用自动化、信息化技术和集中管理模式，实现取用耗排全过程的智能化控制和系统优化。开展用节水诊断、水平衡测试、水绩效评价和水效对标，培育一批水效领跑者企业、节水标杆企业和园区。

加大废水深度处理和循环再利用，减少生产过程和水循环系统的废水排放量。实施水资源循环利用和废水处理回用项目，建设废水循环利用示范企业。鼓励工业园区、经济技术开发区、高新技术开发区采取统一供水、废水集中治理模式，实施专业化运营，实现水资源梯级优化利用和废水集中处理回用。

打造工业固废综合利用产业集群。成都平原经济区，推进废旧装备和再生资源回收和再制造等配套产业发展，创建"城市矿产"基地示范建设重点工程。川南经济区，深入推进园区循环化改造，探索酒糟等固体废物的资源高效利用模式打造白酒"金三角"循环经济示范区。攀西经济区，提升以资源为主的大宗工业固体废物综合利用水平，建设以钒钛资源综合利用循环经济示范区。川东北经济区，建设集勘探开发、综合利用、精深加工于一体的天然气综合开发利用示范区。

动力蓄电池回收利用试点。发挥新能源动力蓄电池回收利用产业联盟作用，加快建立新能源汽车动力电池回收利用产业体系，大力推进动力电池梯次利用及资源化处理产业发展，积极开展新能源汽车动力蓄电池回收利用试点工作，培育一批符合《新能源汽车废旧动力蓄电池综合利用行业规范条件》的报废汽车回收拆解及综合利用企业，研发推广一批动力蓄电池回收利用关键技术，发布一批动力蓄电池回收利用相关技术标准。

行业标杆培育工程。推荐一批符合行业规范条件的再生资源回收利用企业名单，深入推进工业资源综合利用基地建设，新建一批"无废园区"和"无废企业"，培育一批工业资源综合利用"领跑者"企业。

（五）引导工业企业清洁化转型

强化源头减量、过程控制和末端高效治理相结合的系统减污理念，引领增量企业高起点打造更清洁的生产方式，推动存量企业持续实施清洁生产技术改造，引导企业主动提升清洁生产水平，提升全省清洁生产服务能力。

1. 减少有害物质源头使用

严格落实电器电子、汽车、船舶等产品有害物质限制使用管控要求，减少铅、汞、镉、六价铬、多溴联苯、多溴二苯醚等使用。强化强制性标准约束作用，大力推广低（无）挥发性有机物含量的涂料、油墨、胶黏剂、清洗剂等产品。推动建立部门联动的监管机制，建立覆盖产业链上下游的有害物质数据库，充分发挥电商平台作用，创新开展大数据监管。

2. 削减生产过程污染排放

重点推进成渝城市群（四川）建材、轻工、食品、造纸、钢铁、化工、印染、制药、制革等重点行业及重点污染物排放量大的工艺环节，研发推广过程减污工艺和设备，开展应用示范。聚焦环成都经济圈等重点区域，加大氮氧化物、挥发性有机物排放重点行业清洁生产改造力度，实现细颗粒物（$PM_{2.5}$）和臭氧协同控制。聚焦长江干流、岷江、沱江、嘉陵江等重点流域以及涉重金属行业集聚区，实施清洁生产水平提升工程，削减化学需氧量、氨氮、重金属等污染物排放。严格履行国际环境公约和有关标准要求，推动重点行业减少持久性有机污染物、有毒有害化学物质等新污染物产生和排放。大力推广低挥发性有机物原辅料源头替代，实施原辅材料和产品源头替代工程。完善挥发性有机物产品标准体系，建立低挥发性有机物含量产品标识制度。

3. 升级改造末端治理设施

在钢铁、石化化工、建材等重点行业开展末端治理设施升级改造，推广先进适用环境治理装备，推动形成稳定、高效的治理能力。在大气污染防治领域，聚焦烟气排放量大、成分复杂、治理难度大的重点行业，开展多污染物协同治理应用示范。以石化、化工、涂装、医药、包装印刷、油品储运销等行业领域为重点，安全高效推进挥发性有机物综合治理。深入推进钢铁行业超低排放改造，稳步实施水泥、焦化等行业超低排放改造。围绕高炉焦炉煤气、含氟废气、低浓度 VOCs 组分、黄磷尾气、纺织热定型机废气等方面开发回收效率高、经济效益好的废气处理技术。在水污染防治重点领域，聚焦涉重金属、高盐、高有机物等高难度废水，开展深度高效治理应用示范，逐步提升印染、造纸、化学原料药、煤化工、有色金属等行业废水治理水平。

（六）完善绿色制造支撑体系

以绿色制造体系创建作为工业领域绿色低碳转型的重要抓手，创新绿色低碳管理模式，构建高效、清洁、低碳、循环的绿色制造体系，夯实工业绿色发展基础。

1. 强化绿色制造标杆引领

进一步扩大绿色制造体系建设覆盖范围，围绕重点行业和重点领域，持续推进绿色产品、绿色工厂、绿色园区和绿色供应链建设，积极树立省级绿色制造典型。强化产品全生命周期管理，支持企业全面提升工业产品的绿色设计能力，开发绿色产品，推动国家级和省级绿色工厂、绿色园区、绿色供应链创建绿色低碳工厂、绿色低碳园区、绿色低碳供应链。定期遴选发布绿色制造名单，实施名单的动态化管理，强化效果评估，建立有进有出的动态调整机制。

2. 推进绿色供应链管理

以绿色采购和生产者责任延伸制度为支撑，引导龙头企业承担供应链绿色化管理的责任，支持电子信息、机械、汽车、大型成套装备等行业积极应用物联网、大数据和云计算等信息化手段，推广构建数据支撑、网络共享、智能协作的绿色供应链管理体系，开展工业企业绿色制造承诺机制试点，联合全产业链共同建立绿色原料及产品可追溯信息系统、绿色物流运输系统、逆向物流回收系统，提高资源利用效率，创新工业行业间、工业社会间生态连接模式，实现产业链的绿色发展。

3. 健全绿色低碳标准体系

立足四川产业特点和发展需求，研究完善低碳工厂、园区、供应链标准体系，打造一批绿色低碳发展标杆企业、园区、供应链。鼓励行业龙头企业积极开展绿色设计、绿色产品、绿色制造、新能源、新能源汽车等领域的标准开发，树立行业标杆。构建开放的绿色标准创建平台，强化先进适用标准的贯彻落实，支持学会、协会、商会和联盟等多方参与绿色标准的制修订。

4. 扩大绿色低碳产品供给

加强绿色低碳产品、绿色环保装备、绿色低碳服务供给，引导绿色消费，为经济社会各领域绿色低碳转型提供物质保障。加大绿色低碳产品供给，鼓励企业应用绿色设计方法和工具，开发推广一批高性能、高质量、轻量化、低碳环保产品。大力推动绿色环保装备制造，鼓励研发和推广应用工业节能装备、工业环保装备、污染控制及治理工艺技术装备、农村节能环保装备、工业固废智能化破碎分选及综合利用成套装备、退役动力电池智能化拆解及高值化回收资源装备、再制造装备等。创新绿色服务供给模式，积极培育绿色制造系统解决方案、工业碳达峰碳中和综合解决方案、第三方评价等专业化绿色服务机构，开展产品碳足迹评价、低碳产品认证、绿色产品认证，提供绿色诊断、碳达峰碳中和、研发设计、集成应用、运营管理、评价认证、培训等服务。

（七）实施绿色创新攻关行动

紧跟全球新一轮科技革命和产业竞争的方向，加快绿色低碳技术创新及推广应用，激发市场主体创新活力，以数字化转型驱动生产方式变革，充分发挥科技创新在工业绿色转型中的引领作用，提升企业绿色竞争力。

1. 加强绿色核心技术创新

从高质量发展战略和产业需求出发，集中行业优势资源突破关键材料、仪器设备、和新工艺、工业控制装置等瓶颈技术，推动形成一批具有自主知识产权、达到国际先进水平的关键核心绿色技术和一批原创性引领型科技成果。钢铁行业重点围绕副产焦炉煤气或天然气直接还原炼铁、高炉大富氧活富氢冶炼、熔炉还原、氢冶炼等低碳前沿技术；水泥行业加快研发绿色氢能煅烧水泥熟料关键技术、水泥窑炉烟气二氧化碳捕集与纯化催化转化利用关键技术；石化化工行业推动原油直接裂解技术、电裂解炉技术、合成气一步法制烯烃、绿氢与煤化工耦合等前沿技术开发；电子信息行业推进多晶硅闭环制造工艺、先进拉晶技术、节能光纤预制及拉丝技术、印刷电路板清洁生产技术以及废弃电子产品处理与资源化利用技术研发；食品饮料行业在采后储运保鲜、品质检测等关键共性领域再攻克一批重点技术。

2. 加大绿色技术推广应用

加大利用绿色技术改造提升传统产业，推广应用一批先进适用绿色技术，定期编制发布低碳、节能、节水、清洁生产和资源综合利用等绿色技术、装备、产品目录，鼓励企业加强设备更新和新产品规模化应用。发挥重点项目牵引示范作用，在重点行业选择一批绿色发展潜力大、成熟度高、可推广的重大绿色技术开展示范应用，激发市场对绿色技术的需求。在国家级和省级高新技术开发区、经济技术开发区等开展绿色技术创新转移转化示范，推动有条件的产业集聚区向绿色技术创新集聚区转变。深入实施增长制造业绿色竞争力和技术改造专项，鼓励企业加强设备更新和新产品规模化应用。优化完善首台（套）重大技术装备保险补偿机制试点工作和首批次绿色节能材料示范应用，运用政府绿色采购政策，支持符合条件的绿色低碳技术装备应用。

3. 优化绿色技术创新环境

强化企业创新主体地位，促进各类绿色创新要素向企业聚集，推动产业链上中下游、大中小企业融通创新。实施高新技术企业扩容倍增计划，科技型中小企业和专精特新小巨人企业培育计划，培育一批创新型头部企业、瞪羚企业、单项冠军企业和隐形冠军企业。发挥大企业引领支撑作用，支持行业龙头企业联合高校、科研院所和行业上下游企业组建创新联合体，加大关键核心绿色技术攻关力度，加快工程化产业化突破。支持创新型企业与高校和科研院所共同承接国家重点研发计划、重大科技专项、科技创新 2030 等项目。鼓励企业、高校、科研院所，在绿色技术领域，建立技术创新中心、重点实验室、工程技术研究中心等科技创新平台，加强基础研究、技术突破、成果转化等。健全绿色技术知识产权保护制度，强化绿色技术研发、示范、推广、应用、产业化各环节知识产权保护。

4. 推动生产方式数字化转型

以数字化转型驱动生产方式变革，依托国家"东数西算"工程，采用工业互联网、大数据、5G 等新一代信息技术提升能源、资源、环境管理水平，深化生产制造过程的数字化应用，赋能绿色制造。在能源化工、食品加工、冶金建材、轻工纺织等传统优势领域，开展数字化智能化改造。推动建立重点行业、重点企业能源、资源、碳排放和污染物排放等数据信息的监测和管控系统，加快信息技术在绿色制造领域的应用，推动信息数据汇聚、共享和应用。实施"工业互联网＋绿色制造"，鼓励企业、园区开展能源资源碳排放信息化管控、污染物排放在线监测等系统建设，推动主要用能设备、工序等数字化改造和上云用云。通过工业数据大脑建设，在工业领域探索节能诊断、能源监测、碳排放核算等"大数据＋绿色"应用场景。

（八）打造川渝协同发展新样本

坚持以成渝地区双城经济圈建设为战略牵引，探索全面融合、一体化绿色发展的体制机制，共建川渝工业绿色发展功能平台，推动重点领域协同发展和绿色创新能力提升，加快构建绿色低碳发展的动力系统，为区域绿色协同创新发展探索工业绿色发展的"川渝样本"。

1.推动重点领域协同发展

积极推动川渝绿色产业协同发展。坚持全产业链贯通、开放式互联，立足川渝两地共同优势，协同重庆整合提升汽车、智能制造、电子信息、重大装备制造、生物医药等优势产业，深化重大展会、品牌质量、市场拓展等领域对接，共同推动两地绿色转型发展和要素协调保障，合作打造有国际竞争力的先进制造业集群，培育一批具有国际竞争力的大企业大集团。积极推动成渝地区绿色产业高效分工、错位发展，在能源化工、新能源汽车、氢能、节能环保、资源综合利用等领域积极培育大中小企业配套、上下游协同的绿色产业生态圈。发挥川渝地区要素成本、市场和通道优势，以更大力度、更高标准协同承接东部地区和境外产业转移。

打造川渝绿色发展合作示范。拓展川渝合作示范区范围，搭建工业绿色发展合作平台，创新合作模式，开展多方式、多层次、多领域的合作共建，共建川渝工业绿色一体化发展示范区。将各类产业合作园区、基地、示范工程建设成为成渝地区双城经济圈绿色协同发展的重要载体，积极推动能源转型、资源综合利用、绿色制造、绿色生态产品、传统产业转型升级、绿色循环低碳产业等绿色发展重点领域项目建设，合作打造国家级试点示范。

2.推进川渝绿色协同创新

大力支持绿色创新的科技基础及应用基础研究。积极推动资源节约、能源替代、污染治理、生态修复等先进适用技术创新，推动绿色制造以及数字化、信息化、人工智能等多学科融合交叉，为产业提质增效和绿色发展提供技术与动力支撑。整合川渝地区资源环境、绿色环保、装备制造、人工智能等研究力量，积极推动绿色科技成果转化，鼓励企业、产业、行业通过绿色创新和绿色化改造实现转型升级和高质量发展，培育川渝工业绿色增长的新动能。

打造全国重要的绿色技术创新和协同创新示范区。坚持立足全国、放眼全球，集聚高端创新资源要素，提升战略平台综合承载能力，加快建设全国重要的绿色发展创新策源地和具有国际影响力的绿色创新型城市群。支持四川天府新区、成都高新区与重庆两江新区、重庆高新区协同创新，促进万达开、川南渝西、遂潼、高竹等毗邻区域融合创新，推动科研布局互补、绿色创新资源共享、绿色产业互动。鼓励川渝企事业单位、科研机构和企业，在生态环境保护、绿色制造、资源综合利用、新能源、人工智能等领域，共建联合实验室或新型研发机构，开展联合研究和技术转移，打造国家级"成渝城市群综合科技服务平台"。

3. 大力发展氢能产业

提升关键领域创新能力，以成都亿华通、东方电气等龙头企业为依托，加大燃料电池核心技术攻关，进一步提升燃料电池寿命、安全性和稳定性，实现关键技术和原材料完全自助可控。进一步健全产学研联合机制，加强氢能及燃料电池领域创新平台建设。不断优化和健全氢能产业链，围绕氢气制、储、运、加和应用各环节，持续壮大核心企业，引进龙头企业，培育配套企业，打造完善的产业生态。加快实现氢燃料电池汽车规模化商业应用，并探索在船舶、无人机、轨道交通、分布式能源和储能装备等多领域多场景示范应用，同时优化配置加氢基础设施建设，构建互联互通的氢能基础设施网络。强化氢能产业合作，积极打造成渝氢走廊，将四川打造成为国内国际知名的氢能产业基地、示范应用特色区域和绿氢输出基地。

4. 壮大新能源汽车产业

顺应汽车产业智能化、高端化、绿色化发展趋势，支持重点整车企业转型升级，提升产品品质、扩大销量，并加快导入畅销对路的优质新能源汽车产品，推动汽车企业品牌向上，丰富特色优势产品，进一步提升品牌影响力。推动企业和科研院所开展研发创新合作，加大核心技术攻关力度，在动力电池、驱动电机、电控系统、车联网、车路协同等关键领域实现突破。聚焦产业链缺环和弱项，加强企业培育和招商引资工作，进一步补短板、锻长板，全力保障川渝区域汽车产业链安全，加快提升供应链本地化水平。鼓励新能源汽车在公路客运、出租、环卫、邮政快递、城市物流配送、机场、港口等领域应用，积极推广新能源汽车在公共领域应用。

5. 持续深化川渝绿色合作

建立健全促进川渝工业绿色发展的政策体系，构建市场主导的川渝绿色产业发展协作机制，探索运用多种财政、绿色金融等手段支持绿色产业项目，形成川渝绿色协同发展改革示范效应。大力推动成渝氢能产业合作，推动省内不同区域和重庆市在氢能供给、氢能装备、氢能应用领域的合作发展，打造国内国际知名的氢能产业基地、示范应用特色区域和绿氢输出基地。持续推进节能环保品牌推广全川行、川渝节能环保人才技能大赛等活动，扩大活动覆盖范围，提升活动影响力，助推成渝双城经济圈绿色发展。

第三节　重点流域生态规划

四川地处长江上游，属于"三峡库区及其上游流域"的影响区、上游区。长江流域在四川境内的面积约为 47 万平方千米，占四川省总面积的97.02%。按流域划分，一般分为长江干流（四川段）、金沙江、岷江、沱江、嘉陵江五大水系。四川省境内长江水系河川年径流量 3083.4 亿立方米，约占长江河川年径流量的三分之一，占四川省河川年径流量的 90% 以上。

一、水环境质量状况

四川省河流水质总体保持稳定。2020 年，四川省 153 个省控监测断面达标率为 78.92%，其中，Ⅰ～Ⅲ类断面 146 个，占 95.4%；Ⅳ类断面 7 个，占4.6%；无Ⅴ类、劣Ⅴ类水质断面。6 个出川断面均达标，其中，嘉陵江的清平镇（从广安流入重庆）、渠江的赛龙乡（从广安流入重庆）、御临河的幺滩（从广安流入重庆）、涪江的老池（从遂宁流入重庆）为Ⅱ类水质；长江的沙溪口（从泸州流入重庆）、琼江的大安（从遂宁流入重庆）为Ⅲ类水质。

五大水系污染仍然突出。2020 年，四川省五大水系水质干流达标率为79.17%，支流达标率为 74.56%，其中，岷江、沱江水系干流达标率分别为57.18%、59.24%，支流达标率分别为 73%、42.74%。岷江干流的主要污染指标为总磷、氨氮，岷江支流的主要污染指标为总磷、化学需氧量和氨氮；沱江干流的主要污染指标为总磷、氨氮、生化需氧量，沱江支流的主要污染指标为总磷、氨氮、化学需氧量。

二、水污染物排放达标情况

四川省不同行业的重点工业企业废水排放达标差异较大。2020年，四川省国控工业污染源达标率为95%，省控工业污染源为92%。国控废水污染源共涉及23个行业，农副食品加工业、医药制造业达标率相对较低，分别为78%、64%；纺织业、非金属矿采选业、饮料制造业、有色金属矿采选业、通用设备制造业达标率均在80%~90%之间，其余15个行业的排放达标率均大于90%，其中，有10个行业排放达标率达到100%。省控废水污染源涉及11个行业，有色金属矿采选业、医药行业、畜牧业达标率相对较低，分别为75%、67%和60%；食品制造业、造纸行业、纺织业、农副食品加工业排放达标率均大于85%，其余4个行业的排放达标率为100%。

城镇生活污水处理能力偏低，达标率有待提高。2020年，四川省城市污水处理厂达标率为95%，其中，国控城市污水处理厂达标率为92%，省控城市污水处理厂达标率为89%，主要超标污染物为生化需氧量、化学需氧量、氨氮、悬浮物、总磷、粪大肠菌群。

三、水质目标分解

按照国家《重点流域水生态环境保护规划（2021—2025年）》水质目标，到2020年，四川省各主要断面水质目标分解如下：

表5-4　　　　　　　　　　"十三五"四川省主要断面水质目标分解表

序号	流域	市州	考核断面	水质现状	水质目标	断面描述	责任单位
1	长江干流（四川段）	宜宾	井口	III	II	宜宾出境	宜宾市人民政府
2	长江干流（四川段）	泸州	沙溪口	III	II（总磷浓度稳定，其余指标达II类）	泸州出川	泸州市人民政府
3	金沙江	攀枝花	金江	II	II	攀枝花出境	攀枝花市人民政府

续表

序号	流域	市州	考核断面	水质现状	水质目标	断面描述	责任单位
4	金沙江	攀枝花	雅砻江口	Ⅱ～Ⅲ	Ⅲ	攀枝花控制	攀枝花市人民政府
5	岷江	阿坝州	黎明村（界牌）	Ⅱ	Ⅱ	阿坝出境	阿坝州人民政府
6	岷江	成都市	都江堰水文站	Ⅲ	Ⅱ	成都对照	成都市人民政府
7	岷江	成都	岳店子	Ⅱ	Ⅲ（总磷浓度稳定，其余指标达Ⅲ类）	成都出境	成都市人民政府
8	岷江	成都	黄龙溪	劣Ⅴ类	Ⅲ（总磷浓度稳定，其余指标达Ⅲ类）	成都出境	成都市人民政府
9	岷江	眉山	彭山岷江大桥	Ⅳ	Ⅲ（总磷浓度稳定，其余指标达Ⅲ类）	眉山入境	成都市、眉山市人民政府
10	岷江（青衣江）	雅安	桫椤峡	Ⅱ～Ⅲ	Ⅲ	雅安出境	雅安市人民政府
11	岷江（青衣江）	乐山	姜公堰	Ⅲ	Ⅲ	乐山控制	乐山市人民政府
12	岷江（大渡河）	乐山	李码头	Ⅲ	Ⅲ	乐山控制	乐山市人民政府
13	岷江	乐山	河口渡口	Ⅲ	Ⅲ	乐山出境	乐山市人民政府
14	岷江（大渡河）	雅安	三谷庄	Ⅱ	Ⅲ	雅安出境	雅安市人民政府
15	岷江	宜宾	凉姜沟	Ⅲ	Ⅱ（总磷浓度稳定，其余指标达Ⅱ类）	宜宾控制	宜宾市人民政府
16	沱江	成都市	宏缘	Ⅳ	Ⅲ（总磷浓度稳定，其余指标达Ⅲ类）	资阳入境	成都市人民政府
17	沱江	资阳	河东元坝	Ⅲ	Ⅲ	资阳出境	资阳市人民政府
18	沱江	内江	东兴龙门镇	Ⅲ	Ⅲ	内江出境	内江市人民政府
19	沱江	自贡	李家湾	Ⅳ	Ⅲ	自贡出境	自贡市人民政府
20	沱江	自贡	怀德渡口	Ⅳ	Ⅲ	自贡出境	自贡市人民政府
21	沱江	泸州	沱江一桥	Ⅳ	Ⅲ（总磷浓度稳定，其余指标达Ⅲ类）	泸州控制	泸州市人民政府

续表

序号	流域	市州	考核断面	水质现状	水质目标	断面描述	责任单位
22	嘉陵江	广元	张家岩	Ⅱ	Ⅱ	广元出境	广元市人民政府
23	嘉陵江	南充	李渡镇	Ⅱ~Ⅲ	Ⅲ	南充出境	南充市人民政府
24	嘉陵江	广安	清平镇	Ⅱ~Ⅲ	Ⅱ	广安出川	广安市人民政府
25	渠江	巴中	江陵	Ⅱ~Ⅲ	Ⅲ	达州入境	巴中市人民政府
26	渠江	达州	团堡岭	Ⅱ~Ⅲ	Ⅲ	达州出境	达州市人民政府
27	渠江	广安	赛龙乡	Ⅱ	Ⅱ	广安出川	广安市人民政府
28	涪江	绵阳	百倾	Ⅱ~Ⅲ	Ⅲ	绵阳出境	绵阳市人民政府
29	涪江	遂宁	老池	Ⅱ~Ⅲ	Ⅲ	遂宁出川	遂宁市人民政府

（一）总量目标分解

到 2020 年，四川省主要水污染物排放量化学需氧量控制在 107.3 万吨，比 2015 年削减 12.8%，氨氮排放量控制在 12.09 万吨，比 2015 年削减 9.2%；其中工业和生活化学需氧量控制在 66.9 万吨，比 2015 年削减 6.2%，氨氮排放量控制在 7.22 万吨，比 2015 年削减 7.2%；农业污染源按照相应比例进行削减。

表 5-5   "十三五"四川省主要水污染物总量控制目标分解表

地区	COD				氨氮			
	2015 年控制量（万吨）		2015 年比 2010 年增减率		2015 年控制量（万吨）		2015 年比 2010 年增减率	
	总控制量	其中：工业和生活	增加或减少	其中：工业和生活	2015 年控制量	其中：工业和生活	增加或减少	其中：工业和生活
成都	20.7398	13.0462	-3.90%	-0.43%	2.4651	1.6229	-5.50%	-3.56%
自贡	3.9652	2.1945	-8.60%	-7.59%	0.4568	0.2988	-10.00%	-10.13%
攀枝花	1.6194	1.3276	-13.70%	-14.56%	0.1954	0.1641	-15.10%	-16.08%
泸州	6.7064	4.4635	-14.70%	-16.89%	0.6706	0.4240	-18.20%	-22.33%
德阳	5.6919	3.2364	-4.50%	-0.03%	0.6124	0.3977	-5.10%	-2.41%

续表

地区	COD				氨氮			
	2015 年控制量（万吨）		2015 年比 2010 年增减率		2015 年控制量（万吨）		2015 年比 2010 年增减率	
	总控制量	其中：工业和生活	增加或减少	其中：工业和生活	2015 年控制量	其中：工业和生活	增加或减少	其中：工业和生活
绵阳	6.6437	3.6216	−7.80%	−5.94%	0.7787	0.4095	−13.30%	−16.13%
广元	3.6265	1.5322	−14.00%	−19.24%	0.4375	0.1786	−9.90%	−10.23%
遂宁	5.3647	2.5136	−5.60%	−0.08%	0.6282	0.3054	−5.50%	−0.26%
内江	5.1544	3.2486	−11.00%	−11.64%	0.5731	0.3634	−8.40%	−7.51%
乐山	4.7109	2.7815	−15.00%	−18.20%	0.5312	0.3072	−16.50%	−20.71%
南充	9.6956	4.7305	−11.00%	−12.18%	1.0568	0.5461	−11.80%	−13.64%
眉山	8.6039	4.4978	−5.50%	−1.20%	0.6266	0.2990	−7.30%	−4.51%
宜宾	7.4651	4.9962	−7.20%	−5.87%	0.7626	0.4731	−7.50%	−6.02%
广安	5.1896	2.4104	−8.50%	−6.91%	0.5560	0.2597	−5.50%	−0.17%
达州	7.8409	4.3850	−12.00%	−13.67%	0.8126	0.5125	−10.00%	−10.24%
雅安	1.7626	1.1744	−21.00%	−25.75%	0.1829	0.1256	−22.00%	−26.66%
巴中	3.9302	1.9608	−6.20%	−7.40%	0.4386	0.2363	−7.00%	−8.67%
资阳	5.6898	2.5088	−8.10%	−5.60%	0.6878	0.2813	−11.50%	−13.61%
阿坝	1.1225	0.8884	10.00%	14.67%	0.1204	0.0971	10.00%	14.22%
甘孜	0.6647	0.6593	16.50%	16.66%	0.0888	0.0762	13.50%	16.09%
凉山	5.3423	3.4269	−3.80%	−0.09%	0.5559	0.3757	−3.40%	−0.01%

第四节　重点流域治理措施

一、长江干流（四川段）

（一）长江宜宾市控制单元

强化纺织、印染、竹纤维浆粕等工业企业废水的深度治理，推行清洁生产，实施工业园区污水及配套管网建设工程，加强工业固体废物污染防治，实施长宁县工业集中区工业固废填埋场建设工程。加快推进县级生活污水处理厂及配套管网建设，确保县县建成生活污水处理厂，同时推进李庄镇、罗龙镇、观音镇等乡镇污水处理厂及配套管网的建设。实施城镇生活垃圾填埋场建设及渗滤液处理工程。积极开展长宁河、南广河流域综合治理工程。切实保障宜宾市城市饮用水源水质安全。实施养殖场及养殖园区废水治理工程。规划骨干项目49个，估算投资26.06亿元。到2020年，该控制单元区域内化学需氧量排放量削减5.9%，氨氮排放量削减6.0%。长江井口断面水质稳定达到Ⅱ类。

（二）金沙江甘孜州控制单元

加强流域生活污染、工业污染、农村面源污染和畜禽养殖污染综合治理，确保城镇饮用水源水质安全。实施城镇及乡镇生活污水和生活垃圾处理设施建设工程，推进农村生活污水和生活垃圾处理设施建设。积极推进草地、湿地等生态保护和建设工作，开展生态畜牧养殖，推进养殖废弃物资源化利用。严格执行矿产资源开发的环境准入条件，加强工业企业重金属污染防治。严格控制该控制单元区域内化学需氧量和氨氮的新增量，确保水质目标稳定达到水环境功能区要求，水环境质量维持现有良好水平。

（三）金沙江凉山州控制单元

严格执行矿产资源开发的环境准入条件，加强矿产资源开发建设中的生态保护，防治水土流失。加强工业企业重金属污染防治。推进农村生活污水和生活垃圾处理设施建设，积极推进养殖小区、散养密集区污染物统一收集、治理，推进养殖废弃物资源化利用，大力发展现代农业和生态农业，科学施用化肥、农药。加强流域生活污染防治，确保城镇饮用水源水质安全。严格控制该控制单元区域内氨氮的新增量，实现区域内化学需氧量削减0.1%的目标，确保水质目标稳定达到水环境功能区要求，水环境质量维持现有良好水平。

（四）金沙江攀枝花市控制单元

强化工业企业和工业园区废水、工业固废的污染治理，加强企业重金属污染防治力度，以"双超双有"企业和涉重金属企业为重点，推行重点企业清洁生产审核。加强流域生活污染、工业污染、农村面源污染和畜禽养殖污染综合治理，确保城镇饮用水源水质安全。实施城镇及乡镇生活污水和生活垃圾处理设施建设工程。到2020年，该控制单元区域内化学需氧量排放量削减 8.8%，氨氮排放量削减 15.2%。金沙江金江断面水质稳定达到 Ⅱ 类。

（五）雅砻江甘孜州攀枝花市控制单元

严格执行矿产资源开发的环境准入条件，加强矿产资源开发建设中的生态保护，防治水土流失。实施九龙陇山矿业投资有限公司废水废渣综合治理改造项目，甘孜州融达锂业有限责任公司锂矿采选废水废渣综合利用改造项目。加强工业企业重金属污染防治。强化农田面源污染和规模化畜禽养殖污染治理。确保饮用水源水质安全。规划骨干项目 2 个，估算投资 4696.7 万元。到 2020 年，严格控制该控制单元区域内化学需氧量新增量，实现区域内氨氮排放量削减 2.1% 的目标。金沙江雅砻江口断面水质稳定达到 Ⅲ 类。

二、 岷江流域

（一）岷江阿坝州控制单元

全面推进汶川县乡镇饮用水源保护工程建设，强化工业园区和工业企业污水处理，实施茂县工业经济园区土门工业集中区污水处理厂及配套管网建设工程和阿坝铝厂污水处理工程，推进茂县潘达尔硅业有限责任公司闭路水循环工程和禧龙工业硅有限责任公司中水回用工程建设。规划骨干项目 5 个，估算投资 5513.4 万元。严格控制该控制单元区域内化学需氧量和氨氮的新增量，确保水质目标稳定达到水环境功能区要求，岷江黎明村（界牌）断面稳定达到 Ⅱ 类，都江堰水文站断面稳定达到 Ⅱ 类。

（二）岷江眉山市乐山市控制单元

加强饮用水源保护，积极推进黑龙潭水库保护区内小集镇生活污水治理。强化工业污染防治和城镇生活污水处理力度，重点实施吉香居、泡菜城等食品行业工业废水处理厂建设和废水深度治理工程，加快推进眉山经济开发区新区工业污水处理厂和眉山污水处理厂二期工程建设。加强现有城镇污水处理设施脱氮除磷提标扩容及配套管网完善工程，强化流域污染综合整治，全面开展思蒙河流域水环境整治工程，实施府河彭山段村庄连片整治工程和眉山市东坡湖污染整治工程。加强畜禽养殖污染防治力度，推进犍为县和凤生猪生产专业合作社虞晟养殖场粪污资源化综合利用生态示范工程建设，实施马边金凉山农业开发有限公司沙溪沟生猪养殖场粪污综合利用工程。规划骨干项目 10 个，估算投资 5.05 亿元。到 2020 年，该控制单元区域内化学需氧量排放量削减 4.8%，氨氮排放量削减 11.7%。岷江河口渡口断面水质稳定达到Ⅲ类。

（三）岷江宜宾市控制单元

加快乡镇污水处理厂及配套管网建设，完善垃圾处理设施建设，加强农业面源污染防治，强化规模化畜禽养殖污染治理。积极开展岷江宜宾段流域综合治理工程，切实保障城镇饮用水源水质安全。到 2020 年，该控制单元区域内化学需氧量排放量削减 5.9%，氨氮排放量削减 6.1%。岷江凉姜沟断面水质稳定达到Ⅲ类。

（四）青衣江雅安市乐山市控制单元

强化工业企业污染防治，加强工业园区和工业企业污水处理配套设施建设，加快推进城市及工业园区污水处理厂及配套管网建设。严格执行矿产资源开发的环境准入条件，加强矿产资源开发建设中的生态保护，防治水土流失。加强流域生活污染、工业污染、农村面源污染和畜禽养殖污染综合治理，确保城镇饮用水源水质安全。加快推进生态乡镇创建。到 2020 年，该控制单元区域内化学需氧量排放量削减 9.6%，氨氮排放量削减 18.9%。青衣江姜公堰断面水质稳定达到Ⅲ类。

（五）大渡河甘孜州雅安市控制单元

严格执行矿产资源开发的环境准入条件，加强矿产资源开发建设中的生态保护，防治水土流失。实施丹巴美河矿业废水废渣综合治理改造项目、泸定县康庄矿业发展有限公司黄金坪金矿选矿废水废渣综合利用改造工程。加强工业企业重金属污染防治。强化农田面源污染和规模化畜禽养殖污染治理。确保饮用水源水质安全。规划骨干项目 2 个，估算投资 1125.3 万元。到 2020 年，该控制单元区域内化学需氧量排放量削减 1.6%，氨氮排放量削减 5.5%。大渡河三谷庄断面水质稳定达到Ⅱ类。

（六）大渡河乐山市控制单元

推进工业污染治理，实施沙湾区工业园区污水处理工程建设，积极开展金福纸品有限责任公司制浆系统改造和节能减排改造。加强畜禽养殖污染防治力度，实施峨眉山市全林农业科技有限公司畜禽养殖污染物综合利用工程和沙湾区兴农牧业公司雨污分流、干清粪综合利用项目。规划骨干项目 4 个，估算投资 1.14 亿元。到 2020 年，该控制单元区域内化学需氧量排放量削减 11.0%，氨氮排放量削减 19.5%。大渡河李码头断面水质稳定达到Ⅲ类。

三、嘉陵江流域

（一）嘉陵江广元市控制单元

加强广元市、朝天区城区饮用水水源地污染防治项目建设和剑阁县饮用水源污染防治工程建设。实施广元纺织服装科技产业园区和苍溪县工业园区污水处理工程建设。强化区域水环境综合治理，积极推进青江河流域青川段、剑阁县区域、旺苍县东河流域、元坝区嘉陵江流域和南河流域综合整治工程建设。实施东鑫牧业、明兰养殖场白龙镇现代畜牧业园区民生万头生猪养殖场、蔚峰农业公司以及剑阁县的畜禽养殖污染治理工程。规划骨干项目 14 个，估算投资 9.81 亿元。到 2020 年，该控制单元区域内化学需氧量排放量削减 11.6%，氨氮排放量削减 10.3%。嘉陵江张家岩断面水质稳定达到Ⅱ类。

（二）嘉陵江南充市控制单元

大力实施以食品、化工、纺织行业为重点的工业企业生产废水及废渣处理工程。积极推进西充河流域、螺溪河流域水环境综合整治工程建设。加强畜禽养殖污染治理，重点实施嘉陵区、高坪区生猪养殖粪污综合治理工程和沼气工程。规划骨干项目 7 个，估算投资 4.90 亿元。到 2020 年，该控制单元区域内化学需氧量排放量削减 7.4%，氨氮排放量削减 12.8%。嘉陵江李渡镇断面水质稳定达到Ⅲ类。

（三）巴河巴中市控制单元

积极推进巴城第二水源化成水库保护工程和大佛寺饮用水源保护区防护工程。实施安庆矿业、南江煤电、南江汶川腾龙等公司矿井废水综合治理及回用工程。开展巴河流域平昌段综合治理工程和巴州区区域水环境综合治理工程。加强绿色选矿污水废渣零排放工程和矿井水治理技改工程建设。实施生猪养殖等养殖场污染综合治理和利用工程。规划骨干项目 15 个，估算投资 1.45 亿元。到 2020 年，该控制单元区域内化学需氧量排放量削减 7.4%，氨氮排放量削减 8.7%。渠江江陵断面水质稳定达到Ⅲ类。

（四）渠江达州市控制单元

积极开展达州市、万源市、宣汉县城镇集中式饮用水源及开江宝石桥水库污染防治工程。实施苎麻脱胶废水、屠宰废水深度治理工程和柳池工业园区污水处理厂建设工程。推进开江县和万源市城镇污水处理厂建设及配套管网完善工程建设，开江县垃圾填埋场渗滤液处理工程和宣汉县乡镇生活垃圾收贮设施工程建设。强化开江县明月江上游及新宁河沿岸乡镇连片村环境综合治理工程，实施大竹县东柳河治理工程。规划骨干项目 16 个，估算投资 5.27 亿元。到 2020 年，该控制单元区域内化学需氧量排放量削减 8.1%，氨氮排放量削减 10.8%。渠江团堡岭断面水质稳定达到Ⅲ类。

表 5-6　　　　　　　　　　规划分区与水质目标表

控制区	控制单元	序号	区县	类别	水体	控制断面	水质现状	水功能区要求	水质目标	备注
影响区控制区	长江宜宾市控制单元	1	宜宾市：翠屏区、南溪区、江安县、长宁县、高县、珙县、筠连县、兴文县	一般	长江宜宾市段	井口	Ⅲ	长江宜宾渔业、工业用水区（Ⅱ）	Ⅱ	
	长江泸州市控制单元	2	泸州市：江阳区、纳溪区、龙马潭、合江县、叙永县、古蔺县	优先	长江泸州市段	沙溪口 朱沱	Ⅲ（总磷 0.19 毫克/升）	长江川渝缓冲区（Ⅲ）	总磷浓度稳定，其余指标达Ⅱ类	国控、川—渝跨界
	岷江宜宾市控制单元	3	宜宾市：宜宾县、屏山县	一般	长江宜宾市段	凉姜沟	Ⅲ（总磷 0.22 毫克/升）	岷江宜宾翠屏区渔业、饮用水源区（Ⅱ~Ⅲ）	总磷浓度稳定，其余指标达Ⅱ类	国控
	沱江资阳市内江市控制单元	4	资阳市：雁江区、简阳市、安岳县、乐至县；内江市：内江市中区、东兴区、资中县	优先	沱江资阳市	内江市段东兴龙门镇	Ⅲ	沱江内江富顺保留区（Ⅲ）	Ⅲ	国控
	沱江自贡市泸州市控制单元	5	自贡市：自流井、贡井区、大安区、沿滩区、荣县、富顺县；泸州市：泸县；内江市：威远县、隆昌县	优先	沱江自贡市泸州市段	沱江一桥	Ⅳ（总磷 0.27 毫克/升）	沱江富顺泸州保留区（Ⅲ）	总磷浓度稳定，其余指标达Ⅲ类	国控

续表

控制区	控制单元	序号	区县	类别	水体	控制断面	水质现状	水功能区要求	水质目标	备注
上游区控制区	渠江广安市控制单元	6	广安市：广安区、华蓥市、邻水县	优先	渠江广安市段	赛龙乡	Ⅱ	渠江渠县广安保留区（Ⅲ）	Ⅱ	省控，川—渝跨界
						码头	Ⅱ	渠江川渝缓冲区（Ⅲ）	Ⅱ	国控、川—渝跨界
	金沙江攀枝花市控制单元	7	攀枝花市：西区、东区、仁和区	一般	金沙江攀枝花市段	金江	Ⅱ	金沙江攀枝花开发利用区（Ⅲ）	Ⅱ	省控，川—滇跨界
						大湾子	Ⅱ		Ⅱ	国控、川—滇跨界
	金沙江甘孜州控制单元	8	甘孜藏族自治州：白玉县、巴塘县、乡城县、稻城县、得荣县	一般	金沙江甘孜州段			赠曲白玉保留区、硕曲河得荣保留区、水洛河稻城保留区（Ⅱ）		暂无断面
	雅砻江甘孜州攀枝花市控制单元	9	甘孜藏族自治州：康定县、九龙县、雅江县、道孚县、炉霍县、甘孜县、新龙县、石渠县、理塘县、德格县；凉山彝族自治州：西昌市、德昌市、木里藏族自治县、冕宁县、喜德县、盐源县；攀枝花市：米易县、盐边县	一般	雅砻江甘孜州攀枝花段	雅砻江口	Ⅱ～Ⅲ	雅砻江攀枝花保留区（Ⅱ～Ⅲ）	Ⅲ	国控
	金沙江凉山州控制单元	10	凉山彝族自治州：会理县、会东县、宁南县、普格县、布拖县、金阳县、昭觉县、美姑县、雷波县	一般	金沙江凉山州段			长江上游珍稀特有鱼类保护区（金沙江干流段）（Ⅱ）		暂无断面

续表

控制区	控制单元	序号	区县	类别	水体	控制断面	水质现状	水功能区要求	水质目标	备注
	大渡河甘孜州雅安市控制单元	11	甘孜藏族自治州：色达县、泸定县、丹巴县；阿坝藏族羌族自治州：金川县、小金县、马尔康县、壤塘县、阿坝县、红原县、若尔盖县；雅安市：汉源县、石棉县；凉山彝族自治州：越西县、甘洛县	一般	大渡河甘孜州雅安市段	三谷庄		大渡河甘孜雅安乐山保留区（Ⅱ～Ⅲ）	Ⅲ	无监测数据
	岷江阿坝州控制单元	12	阿坝藏族羌族自治州：九寨沟县、松潘县、黑水县、茂县、理县、汶川县、若尔盖县、红原县	一般	岷江阿坝州段	都江堰水文站（鱼嘴）	Ⅲ	岷江都江堰市保留区（Ⅱ～Ⅲ）	Ⅱ	国控
	沱江德阳市成都市控制单元	13	德阳市：绵竹市、广汉市、旌阳区、什邡市；成都市：青白江区、新都区、金堂县、彭州市	优先	沱江德阳市成都市段	宏缘	Ⅳ（总磷0.3毫克/升）	沱江德阳金堂保留区（Ⅲ）	总磷浓度稳定，其余指标达Ⅲ类	国控
	岷江成都市控制单元	14	成都市：锦江区、青羊区、金牛区、武侯区、成华区、龙泉驿区、都江堰市、郫县、温江区、双流区、新津县、崇州市、大邑县、邛崃市、蒲江县、名山县	优先	岷江成都市段	彭山岷江大桥	Ⅳ（总磷0.26毫克/升）	岷江眉山开发利用区（Ⅲ）	总磷浓度稳定，其余指标达Ⅲ类	国控
	青衣江雅安市乐山市控制单元	15	雅安市：天全县、芦山县、宝兴县、荥经县、雨城区；乐山市：夹江县；眉山市：洪雅县、丹棱县	一般	青衣江雅安市乐山市段	姜公堰（青衣江甘岩）	Ⅲ	青衣江雅安乐山保留区、青衣江乐山开发利用区（Ⅲ）	Ⅲ	
	大渡河乐山市控制单元	16	乐山市：峨边彝族自治县、峨眉山市、沙湾区、金口河区	一般	大渡河乐山市段	李码头	Ⅲ	大渡河乐山饮用、景观、工业用水区（Ⅲ）	Ⅲ	国控

续表

控制区	控制单元	序号	区县	类别	水体	控制断面	水质现状	水功能区要求	水质目标	备注
	岷江眉山市乐山市控制单元	17	乐山市：马边彝族自治县、井研县、沐川县、乐山市中区、犍为县、五通桥区；眉山市：青神县、仁寿县、彭山县、东坡区	一般	岷江眉山市乐山市段	河口渡口	Ⅲ	岷江乐山中坝子过渡区（Ⅲ）	Ⅲ	国控
	涪江绵阳市遂宁市控制单元	18	绵阳市：平武县、罗江县、涪城区、游仙区、三台县、盐亭县、安县、梓潼县、北川羌族自治县、江油市；德阳市：中江县；遂宁市：船山区、安居区、蓬溪县、射洪县、大英县	优先	涪江绵阳市遂宁市段	百倾	Ⅱ～Ⅲ	涪江绵阳三台保留区、涪江三台开发利用区（Ⅲ）	Ⅲ	
						老池	Ⅱ～Ⅲ	涪江川渝缓冲区（Ⅲ）	Ⅲ	省控、川—渝跨界
						玉溪	Ⅱ～Ⅲ		Ⅲ	国控、川—渝跨界
	嘉陵江广元市控制单元	19	广元市：利州区、元坝区、朝天区、旺苍县、青川县、剑阁县、苍溪县	一般	嘉陵江广元市段	八庙沟	Ⅱ	嘉陵江川陕缓冲区（Ⅲ）	Ⅱ	国控
						张家岩	Ⅱ	嘉陵江广元保留区、嘉陵江广元开发利用区、嘉陵江苍溪保留区（Ⅲ）	Ⅱ	
	嘉陵江南充市控制单元	20	南充市：顺庆区、高坪区、嘉陵区、阆中市、南部县、蓬安县、西充县	一般	嘉陵江南充市段	李渡镇	Ⅱ～Ⅲ	嘉陵江阆中南部保留区、嘉陵江南部开发利用区（Ⅲ）	Ⅲ	

第六章　城市绿色发展的经验借鉴

从绿色经济发展的历史沿革来看，对绿色经济的实践探索要先于理论研究。早在传统工业经济快速发展阶段，就曾出现过田园城市、紧凑城市、低碳城市的绿色经济雏形，而2008年世界金融危机的爆发，更是催生了全球范围内的城市绿色经济实践热潮。近年来，纽约、温哥华、名古屋、哥本哈根等城市均将绿色经济提升至城市发展战略高度。本章选取了美国匹兹堡、丹麦哥本哈根及日本北九州三座城市作为研究样本来解构、对比其绿色经济实践。以上三座城市的绿色经济实践均符合城市绿色经济结构体系的路径内涵，但由于国家背景、政策环境及区位优势等差异，又决定了其绿色经济着力点各有侧重，分别对应当前城市绿色发展所面临的资源型区域转型发展、低碳型经济发展及循环型经济发展等主要难点，对比其绿色发展经验可以避免分析单一经济模式所产生的局限性。

第一节　典型城市绿色发展的经验借鉴

同所有工业化进程中的城市发展瓶颈一样，美国匹兹堡、丹麦哥本哈根及日本北九州三座城市均遭遇了环境污染或资源短缺所引发的严重危机；而面对巨大压力，三座城市分别探索出各具特色的绿色转型之路。

一、美国匹兹堡绿色发展的经验借鉴

匹兹堡（Pittsburgh）位于美国宾夕法尼亚州西南部，在奥里格纳河与蒙隆梅海拉河汇合成俄亥俄河的河口，是阿利根尼县县治，同时也是宾州仅次于费城的第二大城市。

匹兹堡曾是美国著名的钢铁工业城市，有"世界钢都"之称。但 20 世纪 80 年代后，随着中国钢铁产量上升，匹兹堡的钢铁业务已经淡出，现已转型为以医疗、金融及高科技工业为主之都市。市内最大企业为匹兹堡大学医学中心，也是全美第六大银行匹兹堡国家银行所在地。

历史上，匹兹堡工业基础及科技实力雄厚，是美国著名的钢铁工业基地，同时拥有匹兹堡大学和卡耐基梅隆大学两所著名高校，在医学、计算机、自动化等学科领域均处于全美领先地位。

（一）发展危机

空气污染严重，多诺拉工业污染曾造成数千人二氧化硫中毒；产业结构单一且过度集中，由钢铁行业低迷引发经济危机和失业浪潮；经济及环境问题导致人才、人口流失。

（二）绿色产业

针对传统工业污染治理，提升污染控制标准，改良生产工艺并缩减钢铁企业规模，逐步外迁钢厂；以高科技发展和专项资本驱动传统制造业升级，围绕"钢铁技术与服务"打造高级制造业网络；依托科技优势大力发展生物医疗、信息通信、新能源技术等新兴服务业与高新技术产业，构建多元化经济格局，提升经济抗风险能力并逐步取代传统工业及制造业。

（三）绿色增长

完善基础设施建设，包括公路、铁路、水路、航空在内的交通设施建设及关键地理位置的公共活动空间与办公用地建设为地区发展活力提供保障；大力发展文化产业与社区建设，促进文化设施、机构和组织的发展，打造文明宜居的社区形态，从文化和环境两方面综合改善城市精神风貌；提高建筑物环保与节能标准，进一步推行绿色建筑与环保工程的实施，力求实现清洁、循环与集约的社会生活形态。

（四）阶段成果

城市环境优美，经济发展态势良好且极富创新活力；绿色经济外溢效应凸显：人力资本、高新技术产业得到了持续的投入保障，吸引了大批高科技公司入驻和高端人才回流。

二、丹麦哥本哈根绿色发展的经验借鉴

哥本哈根（Copenhagen），是丹麦王国的首都、最大城市及最大港口，也是北欧最大的城市，同时也是丹麦政治、经济、文化和交通中心，世界著名的国际大都市。哥本哈根曾被联合国人居署选为"全球最宜居的城市"，并给予"最佳设计城市"的评价。哥本哈根也是全世界最幸福的城市之一。

（一）发展危机

能源结构脆弱引发经济危机，对石油依存度极高；工业废水曾对港口造成严重污染。

（二）绿色产业

调整能源结构，整合科技资源，创新发展可再生能源技术产业，形成了以风力发电、生物能源为首，具备相当规模与竞争力的新能源技术产业；新能源产业科技优势外延实现附加价值最大化，为世界各国生产涡轮机、齿轮、控制系统等可再生能源设备，形成了新能源装备制造业产业集群；以污染治理技术推动环保产业发展壮大，建有上百家污水处理与垃圾处理厂，解决工业化进程中遗留污染问题

（三）绿色增长

"海绵城市"模式注重城市功能调节作用建设，优先构建集排水与绿化功能于一体的气候区工程，预防城市污染与自然灾害；打造"骑行城市"引领绿色出行方式，给予自行车出行的路权保障和优惠政策，并建立高效、先进、环保的公共交通网络；以社区为单位进行多维度更新建设，改善居民生活条件并降低社区能耗与污染水平；以文化、娱乐为导向实现城市中心区域绿色扩张，满足多样化生活需求，焕发城市生机与活力。

（四）阶段成果

得益于先进的可再生能源技术与多目标考量的城市整体性合理规划布局，实现了低碳、低污染条件下的经济持续增长，且城市环境优美，基础设施完善，连续多年被评为"全球最宜居城市"。

三、日本北九州绿色发展的经验借鉴

北九州作为日本明治时代工业革命的起点，一直是日本最主要的工业城市和港口城市之一。北九州与世界 80 多个国家建立了航运关系。工业发达，以钢铁、化学为主，还有机械化工、食品加工、陶瓷等产业。在发展产业的同时，北九州市在城市建设、环境治理方面也有显著成绩，是联合国表彰的治理环境典型城市，创造了治理工业环境的新模板——"北九州模板"。

（一）发展危机

产业结构严重失衡，重工业与化学工业占比过高；受太平洋沿岸工业崛起与石油危机影响，经济发展丧失竞争力；受工业与化学污染影响，上万名市民染上疾病，洞海湾水域鱼虾无法存活。

（二）绿色产业

20 年间投入 8000 亿日元用于企业公害治理，通过清洁生产与末端治理技术升级降低生产负荷并提高生产率，从而保留一定传统钢铁与化工产业比重；大量投建科研与生产相结合的小型工业园区，推进技术产业化，打破原有产业结构，催生了机器人、半导体、汽车相关产业等装备制造业产业集群；依靠先进的废物处理、资源循环技术建设静脉产业工业园区，处理涉报废汽车、家电等七个领域，来自本地与全国的废物与垃圾创造巨大经济利益并完善循环型经济对接。

（三）绿色增长

改造城市环境，兴建津之森公园、响滩绿地、山田绿地等城市生态景观工程，打造城市丰富植被和水面优势；建立健全废弃物与垃圾分类回收体系，引导全民了解参与垃圾分类处理，深入贯彻循环型经济社会运行发展理念；注重城市文化振兴，举办北九州国际音乐节、戏剧节、市民仲夏祭等人文活动，提升并满足市民精神需求；提升知识与文化输出能力，进一步钻研新能源与环保技术，打造学术型城市，抓住亚洲经济形势良好契机输出循环经济发展经验。

（四）阶段成果

产业结构均衡，经济运行平稳，城市及海水生态环境得以恢复；最具代

表性的循环经济模式符合本国国情与绿色经济潮流，向发展中国家出口成型环保技术与经验创造了大量外汇。

实际上，结合三座城市的历史背景可以发现，其绿色经济战略构想的出发点及整体规划有倾向性地结合了各自的发展环境特点：在匹兹堡多元化产业结构网络中，由其高校优势学科的技术创新及科技孵化发展而来的医疗健康、机器人制造、信息技术等产业始终是匹兹堡经济增长的引擎；哥本哈根依托丹麦境内丰富的风能、太阳能及生物质能资源，辅以科技创新研发，形成了具备世界一流水平的新能源技术与环保产业；而北九州的绿色经济实践之所以选择全力打造循环经济体系，更多的是因为日本自然资源相对匮乏的现实使其很早就提倡以降低污染并提高资源利用效率为目标的经济增长方式。尽管三座城市绿色发展战略存在整体设计方面的差异，但对比其绿色经济实践可以发现，它们仍然在路径与方法层面存在共性，而这些共性正是具备规律特征的对城市绿色经济发展理论的实践检验，值得我国借鉴与学习。

第二节　国外经验对四川省绿色发展的启示

通过对三座城市绿色发展经验的对比分析与总结，其绿色产业构建呈现出以下三种相似的路径特征。

一、企业生产方式清洁化

绿色发展实践经验表明，全线退出传统领域会对经济产业造成结构性损伤并引发严重的社会问题。上述三座转型成功的城市至今都保留着一定体量的传统工业，而实现这一目标的唯一途径是清洁生产工艺及污染治理技术的提升。因此，生产方式清洁化被认为是构建绿色产业的必由之路。

清洁生产的落实有助于满足企业污染物达标排放的要求。很长一段时间以来，企业都被生产过程当中的污染问题困扰，而且也需要为污染生产行为承担责任与道义上的后果。清洁生产的落实则能够有效减少甚至是杜绝生产过程当中的污染，使得企业真正实现达标排放，为零排放目标的最终达成打下基础。清洁生产的落实能够帮助企业减少生产成本，实现节能降耗，并显著提升产品寿命。就目前而言，企业生产成本高的问题非常普遍，而导致这一情况产生的主要原因是物耗高。组织开展清洁生产工作，做好清洁生产审核，能够帮助企业改进工艺，引进以及应用高效节能机械设备，全面提升物料与各项能源的应用效能，同时控制与减少原辅材料使用量，真正实现节能降耗以及减少成本的目的。另外，利用高新工业和清洁生产方法所生产的产品，在质量与寿命上也能够得到更好的保障。清洁生产可以实现标本兼治，为企业走上环保之路提供必要条件。过去的环保治理方法走的是先污染后治理的道路，给环境带来的危害是显而易见的，而清洁生产不单单能够从源头上减少污染物，还可以在清洁生产审核之中找到清洁生产机会，利用系列方法促进污染物减量和污染物达标排放，做到真正意义上的预防污染。

二、产业发展方向高端化

就经济效益与环境效益双赢的绿色产业本质要求来说，追求资源价值最大化始终是其核心发展目标之一。因此，各地区普遍存在资源效率低下、行业产能过剩的低端产业链条不符合绿色产业发展内涵要求的问题。吸引高科技公司项目、资本投入或通过创新研发引领高新技术产业发展，是区域绿色产业愈发明显的发展方向。

以产品供给高端化为路径，加快满足高质量需求。党的十九大报告指出，建设现代经济体系，必须把发展经济的着力点放在实体经济上，把提高供给质量作为主攻方向，显著增强我国经济质量优势。一直以来，我国农产品多而不优，制造业产品结构以中低端为主，供给能力与市场需求长期错位的矛盾日益凸显。因此，要深入贯彻落实供给侧结构性改革要求和部署，围绕破解产品质量不高、品牌效益不强、标准话语权不大等问题，推动产品供给向质量高、声誉好、品牌响、竞争力强、附加值高的方向转变，引导企业顺应消费需求变化新趋势，深入实施标准、质量和品牌"三位一体"战略，以标准提升质量，以质量铸就品牌，以品牌拓展市场。着力构建多层次、高水平的标准体系，鼓励支持企业参与国标制定。加快实施"三品"专项行动，以行业龙头骨干企业、中小企业为主体，以国际先进、国内一流为目标，大力推进精品制造、品牌制造。大力推进品牌宣传工作，集中培育一批具有较强影响力和竞争力的知名品牌。

三、产业结构特征多元化

主导产业衰退后接续产业发展滞后所导致的产业接替危机是典型的单一产业结构缺陷。三座城市均经历过类似的产业结构危机，而后通过延伸传统产业、新建主导产业、带动相关产业、完善基础产业、实施多元产业顺序推进，提升了产业系统互动效应及抗风险能力。总体来说，多元产业战略是保证绿色产业持续演进的有效结构支撑。

从世界发展趋势来看，高科技与知识经济浪潮汹涌而来，如果哪一个国家不能适应这一潮流，就会被淘汰。我国虽属发展中国家，但几十年来一直在追赶世界经济发展的浪潮，也取得了一些令人瞩目的成就，在某些高科技领域处于世界的前列，如核能技术、卫星技术等。同时，我国这几十年来培养的一些高科技人才，是能够担当起这一历史重任的。唯有如此，我们才能与世界发达国家缩小距离，重振华夏民族之雄风。目前，应重点发展包括信息技术产业在内的知识经济支柱产业，尤其要重视科技创新，发展自己的原创技术。力争在信息技术、生物工程技术、航天技术等高科技领域有自己的技术专利，增加研究与开发投资，建立高科技工业园区，实现产学研一体化，促进高新技术产业化。完善政府经济宏观调控体系，实施科教兴国与可持续发展，这是向知识经济社会发展的共识。作为知识经济的一个重要指标，信息技术产业所创产值已达到相当高程度，应占国民生产总值的 30%~50%。此外，用于研究和开发的投入应占国民生产总值的 3%~5%，教育培训经费占政府总支出的 15% 等指标也是衡量一个国家是否进入知识经济的重要标志。

四、改善城市生活环境

城市环境与居民生活条件的改善既是绿色经济的直观表现，也是居民对绿色经济的基本要求。案例城市均选择以此为切入点来驱动绿色增长方式，包括开展环境污染治理、城市景观建设、社区条件改造等生态工程与惠民工程的实施办法。

城市更新主要包括全面改造和微改造两种方式。微改造通过局部拆建、功能置换、保留修缮、环境活化靓化等方式来达到更新的目的，具有投资小、见效快、包容性强等特点。重庆作为传统老工业基地，城市更新量多面广、改造任务重、改造难度大、改造要求高。需要结合正在实施的城市品质提升行动计划，因地制宜、综合施策，推进城市微改造。

五、健全城市服务能力

综合对比三座城市的绿色增长实践，可以发现其均注重城市公共、基础性服务能力的提升，包括公共医疗、公共交通、公共活动空间等具体方面，目的在于通过资源的集中循环式利用来实现绿色增长方式中综合、集约、高效的理想社会生活形态。

做好公共服务，是全面正确履行政府职能的一项重要内容。目前，我国公共服务的制度框架初步形成，读书、就业、就医、社会保障、文化生活等方面存在的问题得到了有效缓解。但随着工业化、城镇化快速推进，政府在公共服务提供中缺位等问题仍然十分突出，公共服务能力和水平难以适应经济社会快速发展的要求。落实中央部署，推进城乡基本公共服务均等化，稳步推进城镇基本公共服务常住人口全覆盖，需要不断提高政府公共服务能力和水平。

六、提升城市文化内涵

总体来看，三座城市的绿色增长实践遵循一条由基础需求建设向高层次需求建设递进的发展路径。在城市生活条件和社会基本服务得到绿色改善的基础上，三座城市注重市民文化素质的提升，通过丰富文化娱乐活动、建立健全文化服务体系等方法改善城市精神文明风貌，提升城市生态文明软实力。

完整的科学规划是城市建设的必要前提。四川省是一个文化资源和旅游资源十分丰富的省份，大力发展休闲旅游城市的空间非常广阔，因此，要组织专业人员，统筹编制四川省的休闲旅游城市建设规划，在规划中，要彰显四川特色文化，完善休闲旅游功能。当规划一经法定程序确定下来以后，就要维护规划的严肃性，防止因城市管理者的更迭而"乱翻烧饼"。

　　要树立包容的理念。决定城市包容性发展的最重要因素，是人与人之间的相互依赖，不同文化的互相融通，不同价值观的互相宽容，不同阶层的和睦相处，各种社会关系和谐共赢。近年来，吉林省不断扩大对外开放，外来学习、工作和休闲旅游的人越来越多，给我们的城市带来了无限商机。因此，我们要以更加宽广的胸怀和非凡的气度，悦纳四面来客，汇聚八方资本，吸引各类人才，宽容多元文化，从而实现人与人、人与环境之间的包容，让每一个人在回头看一看自己曾生活或逗留过的城市时，能多一份亲和力与责任感。

　　要树立传承的理念。凡是让人流连忘返的城市，大都是历史文脉深厚、地域风情独特的城市。我们知道，一座城市中的历史遗迹、空间格局、建筑风貌等，无不传承着城市文化，体现着城市地域特色，因此，在城市的建设中，要严格保护那些名胜古迹，尽量不打破城市原有肌理和格局，妥善保留具有传统地域风貌的建筑。多留遗产，少留遗憾。四川省立足实际，深入挖掘"世界文化遗产地、中国历史文化名城、中国优秀旅游城市、国家生态示范区"四个品牌的文化内涵，明确提出了"延续历史文脉，实现保护与发展的内在统一"的城市建设理念，确保做到历史文化与现代气息相结合，自然景观与人文景观相呼应，努力打造具有活力的"城市生命体"。

　　最后，相较于更多运行在市场经济规则下的绿色产业发展，绿色增长方式则更强调政府管理与服务职能的提升与转变。对城市社会、经济、文化、环境等要素的多目标考量与整体性规划，将对城市绿色增长理念的落实起到决定性作用。

第七章　四川省政策建议与实施途径

第一节　绿色发展战略对策

一、指导思想

以习近平新时代中国特色社会主义思想为指导，全面贯彻党的十九大和十九届历次全会精神，深入贯彻习近平生态文明思想和习近平总书记对四川工作系列重要指示精神，全面落实省委十一届八次、九次、十次全会精神，立足新发展阶段，完整、准确、全面贯彻新发展理念，积极融入和服务新发展格局，紧密围绕"一干多支"战略部署和建设"一地三区"战略目标，以满足人民日益增长的对优美生态环境的需要为根本目的，以筑牢长江黄河上游重要

生态安全屏障为统领，以协同推进经济社会高质量发展和生态环境高水平保护为主线，以"减污降碳协同增效"为总抓手，把碳达峰碳中和纳入经济社会发展和生态文明建设整体布局，加快推动经济社会发展全面绿色转型，积极应对气候变化，深入打好污染防治攻坚战，拓宽生态价值转化路径，加快推进生态环境治理体系及治理能力现代化，奋力谱写美丽中国四川篇章，为开启全面建设社会主义现代化四川新征程奠定坚实基础。

二、基本原则

生态优先、绿色发展。保持生态文明建设战略定力，强化上游意识，把生态环境保护和修复摆在更加突出位置，践行绿色低碳发展理念，充分发挥生态环境保护对经济社会发展的优化调整作用，加快形成绿色低碳的生产生活方式。

系统治理、精准施策。坚持山水林田湖草沙冰是生命共同体理念，统筹推进环境污染治理与生态保护修复，坚持系统治理、源头治理、综合治理，突出精准治污、科学治污、依法治污，不断提升人民群众获得感、幸福感和安全感。

区域协同、联防联治。坚持问题导向、目标导向、成效导向，建立健全生态环境协作机制，加强统筹谋划、分工协作、优势互补，解决系统性、区域性、流域性突出生态环境问题，推动区域绿色协调发展。改革创新、健全体系。

加快构建党委领导、政府主导、企业主体和公众共同参与的现代环境治理体系，强化经济和法治手段，深入推进创新驱动，大力实施环境保护智慧化、信息化建设，全面提升环境治理体系和治理能力现代化水平。

三、主要目标

"十四五"时期，绿色低碳生产生活方式基本形成，环境治理效果显著增强，大气、水和土壤环境质量持续好转，进一步筑牢长江黄河上游生态安全屏障，全国绿色发展示范区、高品质生活宜居地基本建成，美丽四川建设取得明显进展。

——绿色转型成效显著。国土空间开发保护格局不断优化，产业结构更加优化，能源资源配置更加合理、利用效率大幅提升，绿色交通格局进一步优化，绿色生产生活方式普遍推行，碳排放强度持续降低。

——生态环境持续改善。主要污染物排放总量持续减少，环境质量稳步改善。到2025年，力争21个市（州）和183个县（市、区）空气质量全面达标，基本消除重污染天气，全省国控断面水质以Ⅱ类为主，长江黄河干流水质稳定达到Ⅱ类。

——生态系统服务功能持续增强。长江黄河上游生态安全屏障更加牢固，国家和省重点保护物种及四川特有物种得到有效保护，山水林田湖草沙冰一体的生态系统实现良性循环，生态系统质量和稳定性不断提升。

——环境安全有效管控。土壤污染得到基本控制，土壤环境质量总体保持稳定，危险废物处置利用能力充分保障，核安全监管持续加强，环境应急体系不断完善，环境应急能力持续提升，环境风险得到有效管控。

——环境治理体系与治理能力现代化水平再上新台阶。生态文明体制机制改革深入推进，生态环境监管数字化、智能化步伐加快，生态环境治理效能显著提升，环境治理体系与治理能力现代化水平处于西部领先水平。

表 7-1　　　　　　　　四川省"十四五"生态环境保护规划指标体系

指标	2020 年	2025 年	五年累计	指标属性
（一）环境治理				
（1）地级及以上城市细颗粒物（$PM_{2.5}$）浓度（微克／米^3）	32	29.5		约束性
（2）地级及以上城市空气质量优良天数比率（%）	90.7	92.0		约束性
（3）地级及以上城市空气质量重污染天数比率（%）	0.16	0.1		约束性
（4）国考断面地表水质量达到或优于Ⅲ类水体比例（%）	93	97.5		约束性
（5）地表水质量劣Ⅴ类水体比例（%）	0.0	0.0		约束性
（6）地级以上城市建成区黑臭水体比例（%）	／	完成国家下达目标		约束性
（7）地下水质量Ⅴ类水比例（%）	／	完成国家下达目标		约束性
（8）行政村农村生活污水有效治理比例（%）	58.37	75		预期性
（9）氮氧化物重点工程减排量（万吨）	—	—	5.95	约束性
（10）挥发性有机物重点工程减排量（万吨）	—	—	2.53	约束性
（11）化学需氧量重点工程减排量（万吨）	—	—	14.92	约束性
（12）氨氮重点工程减排量（万吨）	—	—	0.79	约束性
（二）应对气候变化				
（13）单位地区生产总值二氧化碳排放降低（%）	—	—	完成国家下达目标	约束性
（14）单位地区生产总值能源消耗降低（%）	—	—	完成国家下达目标	约束性
（15）非化石能源占能源消费总量比重（%）	—	—	42	预期性
（三）环境风险防控				
（16）受污染耕地安全利用率（%）	／	93		约束性
（17）重点建设用地安全利用	／	完成国家下达目标		约束性
（四）生态保护				
（18）生态质量指数（EQI）	／	稳中向好		预期性
（19）森林覆盖率（%）	40	43		约束性
（20）生态保护红线占国土面积比例（%）	30.45	面积不减少、功能不降、性质不改		约束性

展望 2035 年，绿色生产生活方式广泛形成，二氧化碳排放达峰后稳中有降，生态环境更加优美，环境质量根本好转，长江黄河上游生态安全屏障更加牢固，生态环境治理体系与治理能力现代化基本实现，美丽四川画卷基本绘就。

四、推动经济社会全面绿色低碳转型，建设全国绿色发展示范区

贯彻新发展理念，充分发挥生态环境保护的引导、优化和促进作用，加快构建绿色空间格局，推动生产方式、能源利用、生活方式等绿色转型，实现经济社会高质量发展。

（一）构建绿色空间格局

强化生态环境空间分区管控。深入实施主体功能区战略，构建国土空间开发保护新格局，形成安全高效的生产空间、安逸宜居的生活空间、青山绿水的生态空间。全面实施以"三线一单"为核心的生态环境分区管控体系，建立动态更新与定期调整相结合的更新调整机制。推动建立"三线一单"生态环境分区管控跟踪评估机制，出台跟踪评估细则。加强生态环境空间分区管控在政策制定、环评审批、园区管理、执法监管等方面的应用。推动将碳排放总量控制和强度控制融入到"三线一单"生态环境分区管控体系，强化协同减污降碳要求。到 2025 年，建立较为完善的生态环境分区管控体系和数据应用系统。

推动五大区域绿色协调发展。充分发挥不同地区比较优势，全面促进"五区"协同发展、绿色发展。成都平原地区逐步疏解成都市非核心产业功能，加快推动产业升级，建设高质量发展引领区和公园城市先行区，在生态环境质量改善等方面走在全省前列。川南地区加快优化产业结构，有序承接产业转移，促进资源能源高效开发，打造长江上游绿色发展示范区。川东北地区加快推动钢铁、建材、天然气化工等传统产业绿色转型，全面推进乡村振兴，联合打造省际交界区域绿色发展引领区。攀西地区推进安宁河谷综合开发，加强生态修复，提升能源资源的绿色供给能力，加快现代农业示范基地、国家战略资源创新开发试验区、全国重要清洁能源基地建设。川西北地区坚持

生态优先，提升生态安全屏障功能，大力发展生态经济，建设国家生态文明建设示范区。

引导构建与生态环境相适应的产业空间布局。合理规划布局重点产业，将资源环境承载力、环境风险可接受度等作为各产业规划布局的约束性条件。支持现有钢铁、水泥、焦化等废气排放量大的产业向有刚性需求、具有资源优势、环境容量允许的地区转移布局。支持现有造纸、纺织印染、电镀、酿造等高耗水产业向水资源丰富、水环境容量允许、基础设施完善的地区转移布局。支持符合环保、能效等标准要求的高载能行业向清洁能源优势地区集中。引导高耗能、高排放企业搬迁改造和退城入园。推进长江经济带产业布局优化和绿色转型发展，禁止在长江干支流岸线一千米范围内新建、扩建化工园区和化工项目。在黄河流域生态敏感脆弱区禁止新建对生态系统有严重影响的高耗水、高污染或高耗能项目。

（二）推动生产方式绿色转型

推动落后产能退出。严格控制新、改、扩建高耗能、高排放项目，新建高耗能、高排放项目应按相关要求落实区域削减。严格执行钢铁、水泥、平板玻璃、电解铝等行业产能置换政策。强化落后产能退出机制，对能耗、环保、安全、技术达不到标准，生产不合格或淘汰类产品的企业和产能，依法予以关闭淘汰，推动重污染企业搬迁入园或依法关闭。对长江及重要支流沿线存在重大环境安全隐患的生产企业，加快推进就地改造、异地迁建、关闭退出。开展差别化环境管理，对能耗、物耗、污染物排放等指标提出最严格管控要求，倒逼竞争乏力的产能退出。

推动传统行业绿色化改造。全面推进钢铁、化工、冶金、建材、轻工、食品等传统领域企业实施全要素、全流程清洁化、循环化、低碳化改造，将智能化、绿色化融入研发、设计、生产销售过程，不断提升资源能源利用效率，有效削减污染物排放。积极构建绿色产业链供应链。以钢铁、造纸、食品等行业为重点，推进产品绿色化、低碳化升级，增加绿色产品供给能力，提升其市场占比。完善四川省清洁生产审核实施办法，在"双超双有高耗能"行业实施强制性清洁生产审核。到2025年，全省钢铁、水泥、电解铝、白酒、造纸等行业企业的清洁生产水平达到国内先进水平。

推动开发区绿色化改造。推进传统产业集群和开发区整合，提升绿色化水平。持续推进园区循环化改造，合理延伸产业链条，推动形成产业循环耦合，推动企业间废弃物、余热余压、废水等有效利用，到 2025 年，75% 的国家级园区和 50% 的省级园区完成循环化改造。推动园区基础设施绿色化改造，探索"绿岛"等环境治理模式，鼓励建设园区共享的环保公共基础设施或集中工艺设施。鼓励开展工业绿色低碳微电网建设。推进绿色低碳开发区建设，鼓励省级及以上开发区开展近零碳排放方案编制工作，推进建设一批近零碳排放开发区。推进中国（四川）自由贸易试验区绿色化改造。探索行业、开发区和企业集群清洁生产审核试点。

大力发展绿色环保产业。支持新能源、动力电池、新能源汽车、大数据等绿色低碳优势产业高质量发展，着力打造在全国有影响力、对四川发展有支撑力的绿色低碳优势产业集群。推动节能环保产业重大技术装备产业化、本土化，促进节能环保产业与 5G、物联网、人工智能等产业深度融合，推动产业升级。支持环保产业链上下游整合，积极发展环境服务综合体。扶持劳动密集型环保产业健康发展。加快培育环保产业集群，通过引资引智、兼并重组等方式，形成一批龙头企业。加快信息服务业绿色转型，推进数据中心等新型基础设施建设和改造，建立绿色运营维护体系。推动成都平原地区建设以环保技术研发、环保装备制造、节能环保等为特色的环保产业基地，攀西、川南地区建设以资源综合利用为特色的环保产业基地。

全方位构建绿色农业。大力发展绿色低碳循环农业，构建绿色、现代、高效的农业投入、生产方式和循环体系，支持有条件的地区开展国家农业绿色发展先行区建设，推广使用节水灌溉技术。推进化肥农药减量化行动，推广水产健康养殖模式。鼓励引导发展高标准规模化生态养殖，加快推进绿色种养循环农业。健全病死畜禽无害化处理体系。禁止生产、销售、使用国家明令禁止或者不符合强制性国家标准的农膜，鼓励和支持生产、使用全生物降解农膜。以县为单位整体推进秸秆综合利用，鼓励秸秆产业化跨区域发展，到 2025 年，建成较为完善的秸秆收储运用体系，秸秆综合利用率保持在 90% 以上。立足资源优势打造各具特色的农业全产业链，推动农村一、二、三产业低碳、协调、融合发展。

构建现代绿色运输体系。支持构建以高速铁路和城际铁路为主体的大容量快速客运体系，逐步减少公路客运量。推进运输方式绿色转型，鼓励大宗货物运输"公转铁、公转水"，明显提升大宗货物绿色运输方式比例。推进铁水、公铁、公水等多式联运工程建设，打造大容量、高效率的沿江货运通道，加快内河航运、港口、货运码头、园区铁路专用线等建设。到2025年，大宗货物年运量150万吨以上的大型工矿企业、新建物流园区铁路专用线接入比例力争达到85%。推动机场实施绿色智能化改造工程，加快重点流域港口岸电设施建设和船舶岸电设施改造。支持长江干线应用LNG（液化天然气）动力船舶，长江干流的泸州港、宜宾港基本实现铁路进港。推进城市绿色货运配送示范工程。支持物流园区低碳化、绿色化建设。

（三）推动能源利用方式绿色转型

优化能源供给结构。加快推进国家清洁能源示范省建设。科学有序开发水电，加快发展风电、太阳能发电，推动水电与风电、太阳能发电协同互补。统筹推进以金沙江上游、金沙江下游、雅砻江流域、大渡河中上游流域为重点的风光水一体化可再生能源综合开发基地建设。加快发展分布式可再生能源。因地制宜推进生物质、沼气发电及生物天然气等清洁能源发展。合理布局新增一批燃气发电项目，满足电网支撑需要。加强电力系统调节能力建设及灵活性改造，优化输送通道布局，提升清洁能源消纳和储存能力，加大清洁能源的本地消纳。有序建设氢能设施，加快构建成渝氢走廊及成都氢能产业生态圈，开展氢能技术攻关，推动制氢产业发展。到2025年，建成光伏、风电发电装机容量各1000万千瓦以上，非化石能源消费总量比重达到42%左右。

推动国家天然气（页岩气）千亿立方米级产能基地绿色化发展。加快天然气输气管道和储备设施建设。以川中安岳及川东北高含硫天然气、川西致密气、川南页岩气等气田为重点，强化气田开发的环境管理，推动甲烷减排和回收利用，提高废弃油基泥浆、含油钻屑及其他钻采废物资源化利用和安全处置，强化地下水污染防治，重视废水回注过程中的环境风险控制。鼓励非常规天然气清洁开发、污染治理等技术的研究和应用，加快制定符合区域实际的非常规天然气开采的环境政策、标准及污染防治技术规范。促进天然气资源综合利用，支持天然气主产地高质量发展绿色精细化工产业。

控制煤炭消费总量。推动煤炭减量替代。有序淘汰煤电落后产能，原则上不再新增自备燃煤机组，支持自备燃煤机组实施清洁能源替代，加快现役煤电机组节能升级和灵活性改造。推动煤炭等化石能源清洁高效利用。推动煤化工企业绿色低碳改造，加强环保治理和资源综合利用。加强煤层气（煤矿瓦斯）综合利用。鼓励氢能、生物燃料等替代能源在钢铁、水泥、化工等行业的应用，提升工业终端用能电气化水平，加强工业余热利用。加快推进天然气管网、电网等设施建设，有力保障"煤改气""煤改电"等替代工程。到 2025 年，实现全省煤炭消费量达峰。

（四）推动生活方式绿色转型

完善绿色消费政策。制定绿色消费财政鼓励政策。探索实行绿色消费积分制度，打造绿色消费场景，鼓励绿色低碳产品消费。实施"电动四川"行动计划，完善新能源汽车消费政策，推动公共机构带头使用新能源汽车。完善绿色低碳产品标准体系，提升绿色低碳产品标识公众认可度。充分发挥标准与认证的引领性作用，提高绿色产品有效供给。严格执行政府对节能环保产品的优先采购和强制采购制度，扩大政府绿色采购范围，健全标准体系和执行机制，提高政府绿色采购规模。

开展绿色生活创建。倡导绿色生活理念，引导公众形成低碳节约的生活方式。推行光盘行动，鼓励餐厅使用可降解的打包盒，在餐厅、酒店、商店等限制使用一次性用品。倡导公共交通、自行车、步行等绿色出行方式。强化环保意识，倡导个人和家庭养成资源回收利用习惯，自觉进行垃圾分类。规范快递业、共享经济等新业态环保行为，限制商品过度包装。推进城市绿色货运配送示范工程。大力推广绿色建筑，鼓励使用节能、节水等绿色家庭用具。深入开展绿色生活创建行动。

加快绿色生活配套设施建设。构建方便快捷的城市公共交通网络体系，加强出行停车与公共交通有效衔接，完善城市步行和自行车交通系统建设。以公共停车区、居住小区、高速公路服务区等为重点，加快电动汽车充电桩、换电站等设施建设，基本形成电动车充电网络体系。推进社区基础设施绿色化，完善水、电、气、路等配套基础设施，采用节能照明、节水器具，合理布局建设公共绿地。

探索建立布局合理、管理规范的废旧物品回收设施体系。统一垃圾分类技术标准，加快垃圾分类设施的规范化建设。到 2025 年，城区常住人口在 100 万人以上城市公共交通机动化出行分担率不低于 65%；城区常住人口在 100 万人及以下城市，建立地面公交骨干通道，因地制宜打造优越的步行和自行车出行环境。

其中的低碳绿色重大工程包括：

重点行业、园区绿色转型升级工程。全面推行钢铁、化工、轻工、冶金、建材、食品等传统领域的企业清洁化、循环化、低碳化改造。实施广安新桥化工园区、广元经济技术开发区、达州经济技术开发区、攀枝花钒钛高新区（钒钛新城）等开发区循环化、绿色化改造。推进长安静脉产业园、自贡循环经济产业园、泸州长江经济开发区循环经济产业园、宜宾市资源循环利用基地等循环园区建设。加快自贡高新技术产业开发区等绿色产业示范基地建设。

绿色农业工程。在都江堰、玉溪河、前进渠等大中型灌区实施农业节水工程。以 100 个商品猪战略保障基地县为重点，实施规模化畜禽养殖场（小区）标准化改造和建设工程。以成都平原和川南、川东北丘陵地区为重点，建设一批秸秆综合利用工程，促进秸秆资源肥料化、燃料化、原料化、饲料化和基料化。推进成都青白江区、自贡荣县、泸州泸县等国家农业绿色发展先行区建设。

现代绿色交通工程。推动长江干线扩能提升，有序实施嘉陵江、岷江、渠江航道梯级建设和航道整治。开展岷江绿色生态航道示范建设。实施泸州、宜宾 LNG 加注码头工程。推进成都天府国际机场"空铁公"、成都国际铁路港、中国西部汽车物流等多式联运示范工程。

清洁能源及节能工程。推动建设攀枝花、甘孜、阿坝、凉山等地风光水一体化可再生能源综合开发基地。推进金沙江、雅砻江、大渡河"三江"水电基地建设。推进分布式风光能源开发，鼓励盆周山区和川西地区有序建设风电项目。实施攀枝花、泸州、内江等地煤化工企业节能升级改造工程。推进大中型煤矿智能化改造。

五、极应对气候变化，建设西部地区低碳发展高地

启动实施二氧化碳排放达峰行动，开展低碳发展试点示范，有序适应气候变化，协同推进减污降碳和生态保护修复，推动应对气候变化工作迈上新台阶。

（一）加快实施碳排放达峰行动

组织开展碳排放达峰行动。科学研判未来碳排放态势，开展二氧化碳排放达峰时间表、路线图和施工图研究，推动重点区域、重点领域、重点企业提出二氧化碳排放达峰总体目标、阶段性任务、重要举措和保障措施。坚持全省一盘棋，调整优化产业结构、能源结构、交通结构、用地结构，积极探索符合战略定位、发展阶段、产业特征、能源结构和资源禀赋的绿色低碳转型路径，持续降低碳排放强度。按照国家部署要求，加快建立全省统一规范的碳排放统计核算体系，探索实施以碳强度控制为主、碳排放总量控制为辅的制度，夯实碳达峰基础。

逐步加强重点领域碳排放控制。开展重点行业、重点领域碳达峰、碳中和基础研究，科学编制能源、工业、城乡建设、交通和农业农村等重点行业、重点领域碳达峰方案。稳妥推进燃料替代、原料替代、总量控制、结构优化、能效提升、科技创新、数字赋能、管理提效等。推动工业全方位、全区域、全周期绿色低碳发展。指导推动钢铁、有色、建材、化工等重点行业编制达峰行动方案。引导国有企业发挥带头示范作用，研究制定专项行动方案，优化投资结构和产业布局，逐步降低单位产品二氧化碳排放量。支持有条件的重点行业、重点企业率先达到碳排放峰值，鼓励符合要求的城市和园区参与国家碳达峰试点建设。推动区域碳排放差异化控制。推动各市（州）以国务院批准设立的开发区、国家可持续发展实验区、国家生态工业示范园区等为重点区域，以产业优化、用能调整、循环发展、技术创新、平台建设、项目示范等为重点任务，编制碳达峰行动方案，明确减污降碳路径，分阶段、有步骤推动碳达峰。鼓励成都、广元建设国家低碳示范城市，鼓励有条件的地区探索四川省碳中和先行区建设路径。

（二）有效控制温室气体排放

稳步降低二氧化碳排放强度。有序开展钒钛钢铁、建材、石化、火电等行业绿色化、循环化、低碳化改造，控制生产过程中的二氧化碳排放，加快发展电弧炉短流程炼钢，探索开展水泥、钢铁、化工等制造业原料、燃料替代。鼓励碳捕集利用与封存、氢冶金等前沿技术研发示范。积极参与全国碳排放权交易，提升企业碳排放和碳资产管理能力。大力推广新能源汽车，加强交通运输领域排放控制。到2025年，营运车辆、船舶单位运输周转量二氧化碳排放分别下降4%、5%。推广绿色建筑和装配式建筑，促进可再生能源建筑应用，推动既有建筑绿色改造，引领超低能耗建筑、零碳建筑发展。到2025年，城镇新建建筑全面执行绿色建筑标准。

控制非二氧化碳温室气体排放。完善温室气体排放统计核算体系，常态化编制省、市（州）温室气体清单，开展国家碳监测试点。探索实施控制甲烷排放行动，开展化石能源开发过程甲烷泄漏检测与修复，减少天然气（页岩气）勘探开发过程中的甲烷放空，加快煤层气高效抽采和梯级利用。鼓励实施硝酸生产过程氧化亚氮排放消减工程，支持一氯二氟甲烷生产线稳定运营三氟甲烷销毁装置，推广铝电解生产过程全氟碳化物减排技术，加强电力设备六氟化硫回收处理和再利用。控制农田和畜禽养殖甲烷和氧化亚氮排放，加强污水处理和垃圾填埋甲烷排放控制及回收利用。提升生态系统碳汇能力。加快建设覆盖森林、草原、湿地等生态系统的碳汇监测网络，评估森林、草原、湿地、土壤、冻土、农田等生态系统活动在碳减排增汇中的作用。抓好宜林荒山、荒坡、荒丘、荒滩造林和退耕还林，加强长江廊道、黄河上游水源涵养区、秦巴山区、乌蒙山区、河流源头等区域绿化，加强沙化、干热河谷、石漠化等脆弱地区生态修复，有机融合山水林田湖草沙冰的自然生态系统。严格落实禁牧休牧轮牧、草畜平衡等基本草原保护制度，科学保育川西北泥炭地。完善林草碳汇项目开发机制，探索林农和牧民小规模林草资源价值实现路径，开发乡村林草碳汇产品，促进林草碳汇交易和消纳。

（三）有序适应气候变化影响

开展气候变化风险监测评估。开展气候变化观测和温室气体背景浓度监测，建立气候长序列历史数据库。以冰冻圈和高原生态系统为重点开展气候监测网布局建设。推动参与青藏高原综合科学考察研究，加强全球气候变暖对大熊猫国家公园、川西北泥炭地、干热河谷、川藏铁路沿线、盆地沿江低洼地区等承受力脆弱地区影响的观测和评估。研究生态脆弱区、生态屏障区、边缘过渡区、重点经济区基于气候变化与极端天气气候事件的敏感性和脆弱性，开展气候变化与极端天气气候事件对能源、水利、产业、建筑、交通、生态环境和人体健康等重点行业和重点领域的影响评估研究，评估极端天气气候带来的重大工程建设与运行风险。

积极应对极端天气气候事件。加强高温热浪、持续干旱、极端暴雨、低温冻害等极端天气气候事件及其诱发灾害的监测预警预报，完善相关灾害风险区划和应急预案。完善输变电设施抗风、抗压、抗冰冻应急预案，增强夏、冬季用电高峰电力供应保障及调峰能力，加快布局抽水蓄能、清洁调峰项目。积极应对热岛效应和城市内涝，建设海绵城市和综合管廊。到2025年，力争城市建成区50%以上面积达到海绵城市建设要求。加强极端天气气候健康风险和流行性疾病监测预警，提高脆弱人群防护能力。

逐步提升重点领域适应能力。试行重大工程气候可行性论证，制定适应气候变化行动方案。因地制宜探索城市低影响开发模式，推广气候友好型技术应用，建设气候适应型城市。加强文物和自然遗产保护，提高灾害防御能力。调整优化农作物品种结构，培育和推广高光效、耐高温、耐旱和抗逆作物品种。根据气候变化趋势逐步调整作物品种布局和种植制度，适度提高复种指数。根据气温、降水变化合理调整与配置造林树种和林种，增加耐火、耐旱（湿）、抗病虫、抗极温等树种造林比例，合理配置造林树种和造林密度，优化林分结构，提高乡土树种和混交林比例，健全森林草原火情监测即报系统。

（四）强化应对气候变化支撑

探索低碳试点示范路径。以低碳能源、低碳产业、低碳建筑、低碳交通和低碳生活方式为重点，选择不同发展阶段、排放水平和资源禀赋的地区，因地制宜探索低碳市（州）、县（市、区）建设路径。按照减源、增汇和替代三条路径，开展近零碳排放区试点。支持重点城市争创空气质量达标与碳排放达峰"双达"试点示范，推进能源、钢铁、建材、化工、交通等行业开展协同减污降碳试点。开展电力、钢铁、有色、建材、石化、化工等重点行业温室气体排放与排污许可管理衔接试点。支持具备条件的地区申报国家应对气候变化投融资、减污降碳协同、适应气候变化等试点示范。

实施碳资产能力提升行动。研究制定碳排放交易管理配套政策制度，加强重点排放单位温室气体排放监测核算、数据报送、核查审核、配额分配和履约监管，规范开展碳资产委托管理。推动基于项目的温室气体自愿减排交易活动，实施碳排放权交易抵消机制。探索创新良性循环的碳普惠机制，强化碳普惠支撑体系建设，加快构建人人参与、全民共享的低碳生活圈。以大型会议、展览、赛事等为重点，实施大型活动碳中和，丰富公众低碳生活场景。鼓励和支持中国（四川）自由贸易试验区开展出口产品低碳认证，提高企业应对新型贸易壁垒能力，提升出口产品绿色竞争力。

强化科学技术引领支撑。打造应对气候变化高端创新平台，建设天府永兴实验室、碳中和技术创新中心。强化应对气候变化基础研究，推动气候变化事实、驱动机制、关键反馈过程等领域攻关。加快先进太阳能发电、风力发电、新一代核能、一体化燃料电池、智能电网、绿色氢能、新型储能、锂离子电池、钒电池、页岩气开发、煤炭清洁高效开采利用等适用、前沿技术研发，推动二氧化碳捕集利用和封存、中低温地热发电、浅层地温能高效利用等技术集成创新。推动大数据、区块链、云计算等数字技术赋能应对气候变化，提高信息化、数字化、智能化水平。建立低碳技术遴选、示范和推广机制，促进低碳技术产业化发展。

六、深化大气污染协同控制，持续改善环境空气质量

坚持源头治理、综合施策，深化工业源、移动源、面源治理，协同治理 $PM_{2.5}$ 和臭氧污染，强化多污染物协同控制和区域协同治理，还老百姓更多"蓝天白云、繁星闪烁"。

（一）深化工业源污染防治

强化重点行业污染治理。加快火电、钢铁、水泥、焦化及燃煤工业锅炉超低排放改造。推进平板玻璃、陶瓷、铁合金、有色等重点行业深度治理。深化工业炉窑大气污染综合治理，基本完成使用高污染燃料的燃料类工业炉窑清洁能源替代。全面淘汰 10 蒸吨 / 小时及以下燃煤锅炉，县级及以上城市

建成区原则上不再新建 35 蒸吨 / 小时以下的燃煤锅炉，65 蒸吨 / 小时及以上燃煤锅炉（含电力）全面实现超低排放改造，加快推进燃气锅炉低氮燃烧改造。推动取消石油化工、平板玻璃、建筑陶瓷等行业非必要烟气旁路。强化治理设施运行监管，确保按照超低排放限值及相关标准要求运行，减少非正常工况排放。持续推进川西北地区城镇清洁能源供暖。强化钢铁、水泥、矿山等行业无组织排放整治。

加强开发区污染治理。逐步推进"一园一策"废气治理，完成省级及以上园区"一园一策"废气治理方案编制。对有条件的园区，鼓励建设废气集中处置设施、抑尘喷洒工程中心、集中喷涂工程中心、溶剂回收中心等基础设施。推进园区集中供热，支持开发区燃气热电联产项目规划建设。强化园区大气监测监控能力，建立健全覆盖污染源和环境质量的园区大气自动监测监控体系，提升园区大气环境管理水平。

控制挥发性有机物（VOCs）排放。严格控制 VOCs 排放总量，新建 VOCs 项目应实施等量或倍量替代。强化 VOCs 源头削减，以工业涂装、家具制造、包装印刷等行业为重点，大力推进低（无）VOCs 含量原辅材料替代。严格控制生产和使用高 VOCs 含量溶剂型涂料、油墨、胶黏剂、清洗剂等建设项目。强化 VOCs 综合治理，以石化、化工、工业涂装、包装印刷、电子、纺织印染、制鞋、家具制造、油品储运销等行业为重点，提升废气收集率、治污设施同步运行率和去除率，科学合理选择治理工艺，推进设施设备提标升级改造。强化无组织排放管控，加大含 VOCs 物料储存、转移和输送、设备与管线组件泄漏、敞开液面逸散等管控力度，开展泄漏检测与修复工作。强化企业 VOCs 排放达标监管，实施季节性调控。完善挥发性有机物产品标准体系，建立低挥发性有机物含量产品标识制度。

（二）推进移动源污染防治

推动车船升级优化。推进机动车、船舶及油品标准升级。采取经济激励、科学划定限行区域、强化监管等方式，大力推进老旧车船提前淘汰更新，到 2025 年，基本淘汰国三及以下柴油货车，鼓励成都平原地区淘汰国四及以下营运柴油货车，基本淘汰不具备油气回收条件的运输船舶，鼓励 20 年以上的老旧内河船舶提前淘汰。制定鼓励新能源车船使用的差异化政策措施，推动新能源汽车发展，推广新能源船舶，提高轮渡船、旅游船、港作船舶等使用新能源比例，到 2025 年，新能源汽车销售占比达到 20% 以上。加大新能源汽车在城市公交、出租汽车、城市配送、邮政快递、机场、铁路货场、重点区域港口等领域应用，到 2025 年，地级以上城市清洁能源汽车在公共领域使用率显著提升，设区的市城市公交车基本实现新能源化。

严格机动车环保管理。强化新生产机动车环保达标监管，加强机动车排污监控信息化建设和应用。加快推进建设国家环境保护机动车污染控制与模拟重点实验室。综合运用现场抽检和遥感监测等手段强化机动车排气路检，加大机动车集中停放地、维修地的尾气排放监督抽检力度。加强日货运量超过 20 车（中重型货车）的重点用车单位监管。完善在用汽车排放检测与强制维护制度（I/M 制度），推动成都市在用车排气污染物检测提前执行汽油车污染物排放限值 b（GB 18285—2018）标准。持续推进加油站、储油库油气回收治理，定期开展加油站、储油库和油罐车油气回收治理设施运行维护情况监督检查。加强移动源监管能力建设。

加强非道路移动机械整治。推广使用新能源和清洁能源非道路移动机械。加快老旧非道路移动机械更新淘汰，基本淘汰国一及以下排放标准或使用 15 年以上的工程机械，具备条件的允许更换国三及以上排放标准的发动机。加大非道路移动机械监管力度，划定非道路移动机械低排放控制区，将县级及以上城市建成区纳入禁止使用高排放非道路移动机械区域。完善非道路移动机械编码登记工作，推进工程机械安装精准定位系统和实时排放监控装置，加快监控信息化建设。

提升船舶及港口污染防治能力。实施更严格的船舶排放标准，严禁不达标船舶进入市场。逐步提升船舶燃油质量，推动船舶改造加装尾气污染治理装备。船舶在运输、装卸散发有毒有害气体或者粉尘物质等货物时，应当采取密闭或者其他防护措施。加强脱硫脱硝技术在船舶尾气处理上的研究与应用。开展港口油气回收治理、干散货码头粉尘治理、装卸载扬尘等专项治理。

（三）深化面源污染治理

加强扬尘污染治理。完善文明施工和绿色施工管理工作制度，积极探索将建设工程施工工地扬尘排污纳入环境税范围。全面落实建筑施工"六个百分百"，重要工地实现视频监控、PM_{10} 在线监测全覆盖。加强铁路、公路、港口等货物运输管理，采取有效的封闭措施减少扬尘污染，无法封闭的应建设防风抑尘设施。逐步提高道路机械化清扫率，鼓励在有条件的地方开展"5G+AI"人工智能清扫作业试点示范。到 2025 年，地级及以上城市建成区道路机械化清扫率达到 80%，县城达到 70%，成都平原地区地级及以上城市达到 85%。

严控餐饮油烟污染。优化城市餐饮产业发展及空间布局，避免餐饮油烟对居住、医疗卫生、文化教育、行政办公等环境敏感区的影响。城市建成区产生油烟的餐饮服务单位应当全部安装油烟净化装置并保持正常运行和定期维护。推动成都和有条件的地区实施治理设施第三方运维管理、运行状态监控。推进城市餐饮服务业油烟综合管理信息化建设和应用，强化餐饮服务企业油烟排放规范化整治。加强居民家庭油烟排放环保宣传，推广使用高效净化型家用吸油烟机。

加强农业面源污染控制。严格秸秆露天焚烧管控，建立全覆盖网格化监管体系，加强"定点、定时、定人、定责"管控，加强卫星遥感、高清视频监控、无人机等手段应用，提高秸秆焚烧火点监测精准度。重点针对种植业、养殖业开展大气氨排放摸底调查，建立完善大气氨源排放清单。引导农民开展种养结合，实现畜禽粪肥还田利用，减少化肥施用，减少氨排放量。加强养殖业氨排放治理，加大低蛋白饲料品种的研发与推广，推广封闭式粪便存储和处理系统，鼓励高效含氨气体处理技术的研发及运用。

（四）强化污染物协同治理

协同控制 $PM_{2.5}$ 和臭氧污染。实施城市空气质量达标管理，已达标城市推进空气质量持续改善，未达标城市编制实施空气质量限期达标规划。以春夏季臭氧和秋冬季 $PM_{2.5}$ 污染为重点控制时段、以不达标城市为重点控制区域，开展 $PM_{2.5}$ 和臭氧污染协同控制研究，强化政策工具包制定与应用。以成都平原、川南、川东北地区为重点区域，强化大气污染联防联控，探索区域协同治理路径。构建省—市—县三级重污染天气应急预案体系，提升污染天气应急应对能力。实施重点行业企业绩效分级管理，全面推行差异化减排，鼓励错时生产、错季作业，监督错峰生产落到实处。

协同控制消耗臭氧层物质（ODS）和氢氟碳化物（HFCs）。严格落实淘汰 ODS 和 HFCs 的有关制度及方案。加强 ODS 和 HFCs 的生产、使用以及销售监管，鼓励、支持替代品和替代技术开发与应用，坚决打击消耗臭氧层物质非法生产、非法贸易活动。提升 ODS 和 HFCs 监测技术水平，建立 ODS 和 HFCs 监测网，健全 HFCs 监测和数据核查机制，组织开展监测和评估工作。研发和推广气候友好型制冷技术，支持实施 HFCs 削减示范工程，降低三氟甲烷（HFC-23）副产率，提高 HFC-23 回收利用水平。

创新强化有毒有害气体治理。研究制定有毒有害气体污染防治管理办法。开展重点区域铅、汞、锡、苯、芘、二噁英等有毒有害大气污染物调查监测，定期对垃圾焚烧发电厂开展二噁英监督性监测，实施重点行业二噁英减排工程。加强履行国际汞公约能力建设，调查评估重点行业大气汞排放控制现状与履约差距，开展履约行业大气汞污染防治技术的筛选与示范。鼓励开展有毒有害气体污染治理技术研究，完善健康影响评价机制。强化环境人体健康及生态风险预测预报能力，研究设立环境空气质量健康指数。

七、系统推进"三水"共治，巩固提升水环境质量

坚持污染减排和生态扩容两手发力，强化河湖长制，统筹水资源利用、水环境治理和水生态保护，持续推进美丽河湖保护与建设，还老百姓更多"岸绿水清、河畅湖美"。

（一）加强水资源保护利用

落实水资源刚性约束制度。坚持以水定城、以水定地、以水定人、以水定产，严格建设项目水资源论证和取水许可，对取用水总量已达到或超过控制指标的地区暂停审批新增取水。全面落实国家节水行动方案和四川省节水行动实施方案，推动用水方式由粗放向节约集约转变。实施水资源消耗总量和强度双控行动，强化农业节水增效、工业节水减排、城镇节水降损，加大非常规水源利用，加强节水型灌区、企业（园区）、公共机构、学校和居民小区建设，健全节水激励机制。完善国家—省—市三级重点用水单位监控名录，强化节水全过程监督，严格控制高耗水项目建设。到 2025 年，全省用水总量控制在 330 亿立方米以内，万元国内生产总值用水量、万元工业增加

值用水量较 2020 年下降幅度完成国家下达目标任务。

推进水资源优化配置和调度。加快推进重点水资源调度工程，完善"五横六纵"骨架水网，增强跨区域、跨流域水资源调配能力。制定长江（金沙江）、雅砻江、黄河、赤水河、琼江等重要江河流域水资源调度方案，制定岷江、沱江、嘉陵江、安宁河等重要江河流域年度水量分配方案和调度计划。加强水资源统一调度管理，强化流域水库和水电站联合调度，建立覆盖水生态、防洪抗旱、蓄水保供、饮水、灌溉、工业、发电、航运等工作协调机制。保障河流基本生态流量，加强小水电清理整顿，长江经济带原则上不再新建小水电，对不符合生态保护要求的，进行分类整改或逐步退出。加强生态流量监督性监测，完善监测预警机制，强化保障措施，落实监督责任，有效保障生态流量。到 2025 年，重点河湖生态流量保障目标达 90% 以上。

加大非常规水源利用。积极建设再生水调储设施，采取水库调蓄、河湖拦蓄、坑塘水窖存蓄和以河代库等方式，增强再生水调配能力。推动工业废水资源化利用，推进用水系统集成优化，实现串联用水、分质用水、一水多用和梯级利用。在重点缺水城市统筹开展非常规水回用与内涝治理，加大非常规水源利用，将再生水、雨水集蓄利用等纳入水资源统一配置，适度超前规划布局再生水输配设施，实现更广空间、领域上的综合利用。成都、资阳、自贡等应将市政再生水作为地区园区工业生产用水的重要来源。到 2025 年，地级及以上缺水城市再生水利用率达到 25% 以上。

（二）强化水环境污染治理

强化工业污水综合整治。深入实施工业企业污水处理设施升级改造，重点开展电子信息、造纸、印染、化工、酿造等行业废水专项治理，全面实现工业废水达标排放。对涉及重金属、高盐和高浓度难降解废水的企业，强化分质、分类预处理，提高企业与末端处理设施的联动监控能力，确保末端污水处理设施安全稳定运行。

推动电镀行业集中集聚发展，实施一批电镀废水"零排放"试点工程。开展开发区污水集中处理设施升级改造和污水管网排查整治，完善园区及企业雨污分流系统，推动初期雨水收集处理，鼓励有条件的园区实施"一企一管、明管输送、实时监测"。推进现有企业和园区开展以节水为重点的绿色高质量转型升级和循环化改造，加快节水及水循环利用设施建设，促进企业间串联用水、分质用水、一水多用和循环利用，鼓励岷江、沱江及长江干流流域省级及以上园区积极开展节水标杆园区创建。

提升城镇污水治理水平。推进城镇"污水零排区"建设，以岷江、沱江、川渝跨界河流等流域内城镇以及污水处理率较低的城镇为重点，统筹城镇发展规划，按照因地制宜、适度超前的原则，加快推进污水处理设施及管网建设，地级及以上城市基本消除生活污水直排。重点围绕城中村、老旧城区、城乡接合部、建制镇等开展污水管网覆盖情况排查及建设。统筹开展老旧破损管网改造修复，因地制宜开展合流制排水系统雨污分流改造。持续推进县级及以上城市和建制镇污水处理提标增效工程。因地制宜建设城镇污水处理设施尾水生态湿地，进一步净化排水水质。巩固地级以上城市建成区黑臭水体治理成果，开展县级及以上城市建成区黑臭水体整治，有条件的地区统筹城乡，全域推动黑臭水体整治。到 2022 年，全省县级及以上城市建成区基本实现污水收集管网全覆盖。到 2025 年，全省城市生活污水集中收集率比2020 年提高 5 个百分点以上，建制镇污水处理率明显提升，县城污水处理率达到 95% 以上。

加强农业污染防治。编制四川省农业面源污染治理与监督指导实施方案。识别农业面源优先治理区域，统筹推进农业面源污染治理工程，在四川盆地、安宁河谷、黄河流域等开展一批农业面源污染治理示范试点工程。在种植业面源污染突出区域加强农田尾水生态化循环利用、农田氮磷生态拦截沟渠建设。大力开展农村水环境综合整治，推进长江及其重要支流和黄河流域河道"四乱"问题整治常态化、规范化，并不断向中小河流、农村河湖延伸，退还河湖水域生态空间。加强养殖污染综合防治，推进畜禽养殖粪污资源综合利用，开展畜牧业绿色示范县（市、区）创建。到 2025 年，规模化畜禽养殖场（小区）粪污处理设施配套率达到 95%，畜禽粪污综合利用率达到 80%以上。积极推广新型稻渔综合种养、大水面生态养殖，在水产养殖主产区推进养殖尾水综合治理。

加大农村生活污水治理力度。编制实施农村生活污水治理专项规划，统筹农村生活污水治理。以乡政府驻地、饮用水水源保护区、黑臭水体集中区域等为重点，梯次推进农村生活污水治理，因地制宜推动农村厕所革命与生活污水治理有效衔接，推进污水管网建设向农村地区延伸，到2025年，75%的行政村农村生活污水得到有效治理。开展已建成农村生活污水处理设施运行情况调查评估，加强农村生活污水处理设施长效化运行维护，制定出台运行维护管理办法，实现日处理20吨及以上农村生活污水处理设施出水水质监测全覆盖。统筹实施农村黑臭水体及水系综合整治，有序推进农村黑臭水体治理，到2025年，纳入国家监管的农村黑臭水体治理率达到40%左右。

强化入河排污口排查整治。落实"查、测、溯、治"要求，摸清全省入河排污口底数，掌握入河排污口水量、污染物种类和水质，明确入河排污口责任主体，按照"三个一批"原则分类有序推进入河排污口整治。实行入河排污口整治销号制度，严格落实"一口一策"整治要求，明确整治目标和时限要求，统一规范排污口设置，有效管控入河污染物排放。推动落实地方政府属地管理责任和行业主管部门的监管职责，逐步建立"权责清晰、管理规范、监管到位"的入河排污口长效管理机制。2023年底前，完成所有入河排污口规范化整治，形成管理体系比较完备、技术体系较为科学的入河排污口设置及监督管理体系。

加强港口码头和船舶污染防治。推进沿长江港口散货码头清洁化改造。加快推进港口船舶污染物接收转运、化学品船舶洗舱站等环境基础设施建设，提升港口船舶污染物接收转运处置能力。加快完善运输船舶生活污水存储设备或处理设施，重点推进现有100总吨以下船舶污染防治设施加装改造，在邛海、泸沽湖、黑龙滩、白龙湖等重要湖库封闭水域率先实行船舶污水零排放。加强船舶污染防治，定期对船舶防污文书、污染物储存容器，以及船舶垃圾、油污水等污染物产生和交付处理情况进行监督检查。强化水上危化品运输安全环保监管和船舶溢油漏油风险防范。

（三）开展水生态保护修复

水岸协同推进河湖生态保护修复。严格河湖生态缓冲带管理，强化岸线用途管制和节约集约利用，恢复河湖岸线生态功能，深化美丽岸线建设。以各流域上游地区及泸沽湖等为重点，加强水源涵养区封育保护，开展涵养林建设，提升水源涵养功能。以岷江、沱江、嘉陵江等流域为重点，实施沿线河湖岸线修复、滨岸缓冲带生态修复、河口湿地修复、河湖水域生态修复等水生态保护修复工程,减轻人类生产活动和自然过程对湖泊(河流)干扰破坏,恢复河湖生态系统结构和功能。有序推进团结水库、永宁水库、涪江右岸引水、攀枝花水资源配置、土公庙水库等大中型项目前期论证工作,具备条件的适时开工,逐步改善长江流域河湖连通状况,保障河湖生态流量,维护河湖水系生态功能。

保护水生生物提升水生态系统质量。严格落实长江"十年禁渔"要求。针对不同重点流域开展天然生境恢复、生境替代保护、水生植物资源保护、"三场"保护与修复等工程,改善和修复水生生物生境。开展水生生物洄游通道恢复、微生境修复等措施,加强珍稀鱼类国家、省级自然保护区建设,修复珍稀、濒危、特有等重要水生生物栖息地。加强长江干支流河漫滩、洲滩、湖泊、库湾、岸线、河口滩涂等生物多样性保护与恢复。实施长江上游圆口铜鱼、厚颌鲂、岩原鲤、齐口裂腹鱼等珍稀特有鱼类增殖放流任务。统筹推进重点流域水生态调查,在长江流域的岷江、沱江、嘉陵江、雅砻江,黄河流域的黑河、白河等主要河流开展水生生物完整性评价。

(四)加强饮用水水源地保护

巩固提升县级及以上饮用水水源地保护水平。全面优化饮用水水源布局和供水格局,科学合理开展保护区范围划定,持续推进水源地规范化建设。加强饮用水水源地保护,对水质不达标或存在环境问题的饮用水水源地开展整治。建立跨行政区水源地保护联防联控机制,协同开展红旗水库、老鹰水库等跨界饮用水水源地保护。提升饮用水水源地水质监测和预警能力,开展集中式饮用水水源监测和环境状况调查评估,定期向社会公开饮用水安全状况。加快城镇应急备用水源建设,强化日常管理,提高城市供水系统防御突发事件的能力。到2025年,县级及以上城市饮用水源水质达标率达100%。

加快推进农村集中式饮用水水源地保护。完成乡镇及以下集中式饮用水水源保护区划定。持续推进乡镇及以下集中式饮用水水源地规范化整治,完成水源地标志标牌、隔离防护等基础设施建设。全面清理整改乡镇及以下饮用水水源环境问题,深化面源污染防治,开展不达标水源地整治。逐步建立和完善农村饮用水安全保障体系,重点提高乡镇及"千吨万人"集中式饮用水水源地风险防范能力。强化农村饮用水水源环境监管，规范开展监测监控，完善乡镇及以下集中式饮用水水源名录和档案管理。

（五）深化地下水污染防治

全面开展地下水环境状况调查评估。继续实施地下水环境调查评估与能力建设项目。对长江流域沿河湖垃圾填埋场、加油站、铅锌矿区、尾矿库、危险废物处置场、化工园区和化工项目等地下水重点污染源及周边地下水环境风险隐患开展调查评估。到 2022 年，完成 25 个省级及其他类别的化工园区地下水环境状况调查评估，围绕集中式地下水型饮用水水源和地下水污染源布设不少于 2600 个环境监测点位，初步摸清地下水污染分布及环境风险情况，建立健全全省地下水污染基础数据库及优先管控名录。

系统开展地下水污染协同防治。加强地表水、地下水污染协同防治，加快城镇污水管网更新改造，强化再生水灌溉的科学化、规范化管理。强化土壤、地下水污染协同防治，在土壤污染风险管控中，充分考虑地下水影响与污染防控，做到统筹安排、同步考虑、同步落实。加强区域与场地地下水污染协同防治，以"双源"（地下水型集中式饮用水水源和重点污染源）为重点，明确地下水保护区、防控区及污染治理区范围，提出切实可行的地下水污染分区防治措施。推进地下水污染防治试点项目建设，选择典型污染源，逐步开展防控修复治理试点，形成一批具有示范性、可推广性的地下水污染防治项目。

（六）推进美丽河湖保护与建设。

加强湖库生态环境治理。严格控制开发建设活动，保护修复湖泊自然生态环境，维护湖库和重要水源地生态安全。对水质已达到或优于Ⅲ类的湖泊、水库，坚持保护优先和自然恢复为主的方针，建设环湖库防护林带、生态隔离带，补齐基础设施短板，进一步提升水土保持与水源涵养能力。对不达标湖库，开展富营养化水体综合整治，实施河湖滨岸生态拦截、内源治理、人工湿地水质净化工程，构建结构合理、功能稳定的沿湖生态系统。

加强重点河流生态环境治理。对岷江、沱江及川渝跨界流域等开展综合治理工程，提升沿线城镇污水收集与处理能力，加快实施一批成熟度高、效益明显的人工湿地、河流缓冲带等项目。加强金沙江、雅砻江、安宁河等流域水土保持治理力度，实施岸线生态修复，着力增加植被覆盖度。对长江干流、赤水河、渠江、周公河等涉及国、省级水生生物保护区、水产种质资源保护区的流域，开展流域生态修复，改善珍稀特有鱼类栖息环境。构建黄河、雅砻江高寒草原沼泽生态保护管理体系，实施湿地修复综合治理工程。对城市景观水体，结合公园城市、绿道等建设沿河生态走廊，实施生态河滨带、岸线整治、入河湿地等工程，构建城市水环境良性生态循环系统。

强化美丽河湖示范引领。强化河湖长制，分解美丽河湖保护与建设任务要求，制定四川省美丽河湖评价标准，加强涉水空间管控，持续推动美丽河湖建设及试点。深度挖掘美丽河湖文化底蕴，综合植入地方特色文化要素，使河湖生态保护工程与水文化相结合，将美丽河湖建设成为传承地方民俗风情的新形式、彰显地方历史文化的新载体。

（七）重点推进清水绿岸工程

水资源调度工程。强力推进引大济岷、长征渠引水两个特大型工程，加快建设向家坝灌区一期、亭子口灌区一期、大桥水库灌区二期等重大水利工程，积极推进向家坝灌区二期、罐子坝水库、毗河供水二期等重大工程前期工作。

城镇水污染防治工程。在长江干流、岷江、沱江等流域实施城镇污水处理厂提标改造工程。对九曲河、蒲江河、姚市河、釜溪河、铜钵河、小阳化河等小流域实施人工湿地水质净化工程，对污水处理厂尾水进行深度处理。在成都、自贡、资阳、眉山等区域实施一批中水回用工程。

工业污染深度治理工程。开展电子信息、造纸、印染、化工、酿造等行业废水深度治理。对成都彭州、眉山东坡、资阳乐至等泡菜主产区高盐废水集中处理设施实施改造。推进天邛产业园区、西南航空港组团工业集中发展区、绵竹市物流园、四川（赤水河）古蔺酱香酒谷生态产业园区等工业集中区污水处理设施建设工程。加快自贡沿滩高新技术产业园区、眉山高新技术产业园区、广安经济技术开发区等重点园区中水回用工程建设。

农村水环境治理工程。持续开展农村生活污水治理"千村示范工程"建设，完成个行政村污水收集与治理。开展农业面源污染综合治理示范试点工程。在成都、广安、眉山、资阳等地区，实施一批农田退水和地表径流净化工程。

完成条农村黑臭水体整治。对成都简阳、内江隆昌、内江市中区、自贡富顺、绵阳盐亭、南充营山、眉山东坡、乐山市中区、乐山井研等水产养殖重点县（区），实施水产养殖尾水综合治理工程。

饮用水水源保护工程。开展自贡、巴中等市（州）饮用水水源地标识设立及防护隔离工程建设。开展红旗水库、老鹰水库等跨界饮用水水源地保护工程。实施自贡、泸州、宜宾、广安、巴中乡镇及以下饮用水水源地保护区规范化整治、修复项目。开展乡镇不达标集中式饮用水水源地综合整治工程。开展成都市第三水源建设，开展绵阳、广安、达州等市级备用饮用水水源地建设工程，开展眉山仁寿、内江资中、攀枝花仁和等县级备用饮用水水源地建设工程。

推进美丽河湖工程。提升雅砻江、金沙江、大渡河、青衣江等良好水体水源涵养能力，实施补齐基础设施短板工程。对汉源湖、泸沽湖、邛海、白鹤滩等重要湖泊开展天然湿地保护与修复、环湖库防护林带、生态隔离带、生态景观林带等工程。对鲁班湖、三岔湖、苌弘湖、雁南湖、凤凰湖、升钟湖等实施环境整治工程。对川渝跨界流域，以及岷江、沱江、嘉陵江、赤水河等重点流域开展综合治理工程。对金沙江、安宁河实施水土流失整治、植被恢复、生物多样性保护等工程。对长江干流、渠江、天全河、周公河等实施河湖水域生态修复工程。实施锦江、府河、绛溪河、金马河、金鱼溪、鱼子溪等小流域水综合治理工程。

八、扎实推进净土减废行动，保持土壤环境总体稳定

强化土壤污染源头防控，深化土壤风险管控，突出重金属污染防治，强化固体废物分类处置，提升固废综合利用水平，确保老百姓"吃得放心、住得安心"。

（一）推进土壤污染源头防控

加强空间布局管控。强化规划环评刚性约束，严格空间管控，合理规划土地用途，强化涉及土壤污染建设项目布局论证，鼓励土壤污染重点工业企业集聚发展，探索土壤环境承载能力分析。禁止在居民区、学校、医院、疗养院和养老院等单位周边新、改、扩建可能造成土壤污染的建设项目，禁止

在永久基本农田集中区域新建可能造成土壤污染的建设项目。

防范新增土壤污染。严格重点行业企业准入，规范新、改、扩建项目土壤环境调查，落实涉及有毒有害物质土壤污染防治要求。持续推进耕地周边涉镉等重金属行业企业排查整治，动态更新污染源排查整治清单。强化农田灌溉水监管，以都江堰等大中型灌区为重点，开展农田灌溉用水水质监测，确保农田灌溉用水达到水质标准。推进耕地土壤污染成因分析，明确主要污染来源，实施污染源整治，阻断污染途径。

强化重点污染源监管。深化重点行业企业用地详查成果运用，动态更新并完善土壤污染重点监管单位名录。落实重点监管单位主体责任，将重点监管单位的土壤污染防治义务纳入排污许可管理，定期开展土壤污染重点监管单位自行监测和监督性监测。加强土壤污染隐患排查，重点监管单位应按规定开展重点场所和重点设施设备土壤污染隐患排查，制定并实施污染隐患区域整改方案，鼓励土壤污染重点监管单位实施管道化、密闭化等防渗漏改造。加强矿山开采污染监管，严控矿产开发过程中的环境污染。

（二）强化土壤污染风险管控

深化土壤污染调查评估。推进重金属高背景区土壤环境质量调查，以攀西、川南和川东北等区域为重点推进补充调查，全面摸清全省农用地土壤环境质量家底。开展受污染耕地加密调查，实施农用地土壤环境质量、农产品协同调查，动态更新风险管控范围。推进开发区、油库、加油站、废弃矿山及尾矿库、集中式饮用水水源地、垃圾填埋场和焚烧厂等敏感区域土壤环境质量调查，查清土壤环境风险。开展73行业以外典型企业用地调查评估，推进超标在产企业详细调查和风险评估。

加强农用地土壤污染风险管控。深入推进农用地分类管理，动态调整土壤环境质量类别，加强粮食收储和流通环节监管，杜绝重金属超标粮食进入口粮市场。坚持最严格的耕地保护制度，加大优先保护类耕地保护力度，确保其面积不减少、土壤环境质量不下降。加强严格管控类耕地监管，依法划定特定农产品禁止生产区，严禁种植食用农产品。持续推进受污染农用地安全利用，严格落实受污染耕地安全利用方案，推广应用品种替代、水肥调控、土壤调理等技术，探索建立耕地安全利用技术库和农产品种植负面清单，加强安全利用试点示范县（市、区）创建，到2025年，受污染耕地安全利用率达93%。开展受污染耕地治理修复和酸化土壤治理试点，分期分批推进土壤生态环境长期观测研究基地建设。

推进建设用地风险管控。持续更新疑似污染地块、污染地块、建设用地土壤污染风险管控和修复名录，推进土壤污染风险管控地方标准制定。严格污染地块准入管理，依法开展建设用地土壤污染状况调查和风险评估，禁止未达到土壤污染风险管控、修复目标的地块开工建设任何与风险管控、修复无关的项目。合理规划地块用途和开发使用时序，在国土空间等相关规划提交审议前应完成相关地块土壤污染状况调查和风险评估。探索在产企业边生产边管控的土壤污染风险管控模式。推广绿色修复理念，强化修复过程二次污染防控，健全土壤修复地块的后期管理和评估机制。加强未利用地环境监管。严守生态安全底线，对划入生态保

护红线内的未利用地，要严格按照法律法规和相关规划，实行强制性保护。依法严查向滩涂、湿地、沼泽地等非法排污、倾倒有毒有害物质的环境违法行为。加强对矿山等矿产资源开采活动影响区域内未利用地的环境监管。未利用地拟开垦为耕地或建设用地的，应当进行土壤污染状况调查，确认符合用地功能要求后再开发利用。

开展长江黄河上游土壤污染风险管控区建设。立足"联、控、治、建"建设思路，整合科研技术力量，突出源头控制，完善风险管控和治理体系，建立可推广、可复制的四川土壤风险管控模式。推进工矿企业土壤环境管理及响应系统建设。加强土壤环境风险分区管理，开展龙泉驿、西昌等15个土壤风险分区管控试点区建设。加强土壤污染防治科技研发攻关，突出信息化建设，探索土壤环境背景值、土壤环境容量和土壤生态效应等基础研究，推进土壤污染治理修复成套设备和适用技术研发。

（三）持续推进重金属污染防治

强化重金属污染防控。严格涉重金属企业和园区环境准入管理，新、改、扩建涉重金属重点行业建设项目实施等量替代或减量替代。持续调整产业结构并优化布局，加快推进环境敏感区和城市建成区涉重金属企业搬迁和关闭。推进铅酸电池、电镀、有色金属冶炼等行业园区的建设，引导涉重金属企业

入园，推进园区环保基础设施建设。开展涉铊企业排查整治行动。加强涉重金属企业监管，将涉重金属行业企业纳入大气、水污染物重点排污单位名录。提升重金属污染防控水平，强化重点区域分类防控，继续加大成都新都、德阳什邡、凉山西昌等区域综合治理力度，加强雅安汉源、石棉，凉山会东、会理、甘洛重金属排放控制。加大历史遗留重金属污染治理，推进安宁河流域重金属环境综合整治。

加强重点行业重金属污染治理。强化清洁生产水平和污染物排放强度等指标约束，以优化布局、结构调整、升级改造和深度治理等为主要手段，推动实施一批重金属减排工程，持续减少重金属污染物排放。加大有色金属冶炼、无机酸制造等行业生产工艺提升改造力度，加快锌冶炼企业竖罐炼锌设备替代改造，积极推进铜冶炼企业开展转炉吹炼工艺提升改造。实施铅、锌、铜冶炼行业企业提标改造，耕地周边企业严格执行颗粒物等重点大气污染物特别排放限值。加强有色、钢铁、硫酸、磷肥等行业企业废水总铊治理。

（四）强化固体废弃物分类处置

建立固废信息清单。深入推进固体废物申报登记制度，落实工业企业污染防治的主体责任，建立并动态更新固体废物重点监管点位清单。开展主要固体废物（危险废物）贮存场所排查，建立"一库一档"。探索开展固体废物（危险废物）"二维码"数字信息登记管理制度。开展危险废物申报登记试点，摸清危险废物产生、转移、贮存、利用和处置情况，推动建立危险废物"三个清单"，持续推进危险废物规范化环境管理评估工作。

加强源头减量。推进工业减废行动，延伸重点行业产业链，鼓励固体废物产生量大的企业开展清洁生产，减少固体废物产生量。促进建筑垃圾源头减量，大力发展装配式混凝土结构和钢结构建筑，提高建筑废弃物就地消化能力。严格生活垃圾分类管控，推进生活垃圾中有害垃圾收集与处置，加强餐厨垃圾资源化利用。全面排查矿区无序堆存的历史遗留废物，制定整治方案，逐步消除存量。推动"无废城市"建设试点，到2025年，力争建成"无废城市"5个。鼓励有条件的园区和企业加强资源耦合和循环利用，创建"无废园区"和"无废企业"。

提高综合利用水平。构建资源循环型产业体系，提升工业固体废物综合利用技术，提高资源利用效率，在自贡、宜宾等地开展页岩气废油基岩屑、压裂返排液资源化利用试点，加强废旧动力电池、钒钛磁铁矿冶炼废渣、磷石膏、电解锰渣等复杂难利用工业固体废物规模化利用技术研发，鼓励大中型企业、各类开发区自行配套建设综合利用项目进行消纳，到 2025 年，新增大宗固体废物综合利用率达到 60%。推进危险废物综合利用设施建设，加快废铅蓄电池、含铅废物、含汞废物等综合利用设施建设，逐步形成"市场调控、类别齐全、区域协调、资源共享"的综合利用格局。

保障处置能力建设。持续推进工业固体废物、生活垃圾、建筑垃圾、农业废弃物等固体废物处置设施建设，加强城市建成区生活垃圾日清运量超过 300 吨的地区生活垃圾焚烧处理设施建设，逐步提高污泥无害化水平，到 2025 年，城市生活垃圾焚烧处理能力占比达到 60%，城市污泥无害化处置率达到 90% 以上。将危险废物集中处置、医疗废物处置设施纳入公共基础设施统筹建设，支持大型企业内部共享危险废物利用处置设施，推进自贡、广安等市水泥窑协同处置项目建设，到 2022 年，全省危险废物处置能力与处置需求总体匹配。规范中小微企业和社会源危险废物收集、贮存设施建设，到 2023 年，各市（州）危险废物规范收集率达到 90% 以上。加强医疗废物分类管理，补齐地区医疗废物处置短板，到 2022 年，县级及以上城市建成区医疗废物无害化处置率达到 99% 以上。

（五）重点推进净土无废工程

土壤环境质量调查评估工程。开展"涉源"受污染农用地加密调查，以攀西、川南、川西北等矿产资源开发集中区为重点，实施土壤环境质量调查评估。在自贡、攀枝花、德阳、宜宾、雅安、凉山等区域开展关闭搬迁地块土壤污染状况调查及风险评估工程。开展赤水河流域历史遗留矿山矿区及其周边土壤环境质量调查评估。

受污染土壤安全利用工程。以凉山会东、会理、冕宁，雅安石棉、汉源等区域铅锌采选冶炼行业等关闭和拟关闭的矿山矿区等为重点，开展典型矿区的生态治理修复试点工作。全面推进安宁河流域等重点区域历史遗留废弃矿山生态修复工程。以赤水河流域历史遗留矿山矿区为重点，开展土壤污染源头风险管控或生态治理修复试点工程。在成都、攀枝花、德阳、宜宾等地实施工矿企业土壤污染修复、风险管控工程。开展重点区域耕地土壤重金属污染成因排查和农用地安全利用示范建设。开展重度污染耕地种植结构调整或土地利用规划调整工作。推进土壤生态环境长期观测研究基地建设。推进重点开发区开展水气土协调预警体系建设。

重金属污染防治工程。持续开展全省重点监管企业重金属减排工程。持续推进甘洛县铅酸蓄电池集中发展区、四川汉源工业园区、四川石棉工业园区等园区环保基础设施建设。

固体废物综合利用工程。加快实施内江、乐山、广安、巴中等地垃圾焚烧发电项目。在德阳、内江、绵阳开展磷石膏综合利用试点，支持攀枝花、乐山、雅安、凉山等地开展冶炼渣、尾矿综合利用试点，在攀枝花、德阳、广元、雅安、凉山等地推进大宗固体废物综合利用基地、工业资源综合利用基地建设项目。在成都、德阳、广元、乐山、南充等地开展国家级及省级资源循环利用基地建设。采取联建共享方式建设生活垃圾焚烧发电设施。在自贡、攀枝花、泸州、乐山等地新建一批高标准管理规范的工业固体废物填埋场。在攀枝花、绵阳、宜宾等地实施粉煤灰、煤矸石资源化利用项目。

危废及医废处置能力建设工程。积极推进自贡、广安等市水泥窑协同处置项目建设。新建成12个危险废物集中处置项目和10个医疗废物处置中心，为25个偏远县配建移动式医疗废物处置设施。按照"五区协同"原则，分片区配建移动式医疗废物移动处置设施，全面提升全省危险废物处置能力和医疗废物应急处置水平。

第二节　保障措施

坚持以习近平生态文明思想武装头脑、指导实践、推动工作，强化主体责任，形成工作合力，确保完成全省"十四五"生态环境保护各项目标任务。

一、明确任务分工

加强规划实施的组织领导，建立省级部门推进规划落实的分工协作机制，强化指导、协调和监督，确保规划顺利实施。各级政府要对本辖区生态环境质量负总责，根据本规划确定的目标指标和主要任务，结合本地实际，制定实施本地区的生态环境保护"十四五"规划，分解落实规划目标和任务，建立生态环境保护目标责任制，做到责任到位、措施到位、投入到位，确保规划目标顺利实现。

二、加大投入力度

按照财政事权与支出责任划分，将生态环境保护资金列入同级财政预算。各级政府要把生态环境作为财政支出的重点领域，把生态环境资金投入作为基础性、战略性投入予以重点保障。理顺财政资金拨付与规划实施的协调关系，保障财政预算资金与规划年度资金需求同向协调。提升财政资金分配精准度和效率，优先投向规划确定的重大任务和重点工程项目。发挥财政资金撬动作用，借助市场化手段配置资金，按照"利益共享、风险共担"的模式，激励引导社会资本加大投入。

三、强化公众参与

充分利用报纸、电视、网络、社交平台和数字媒介等各类媒体，加大对规划的宣传力度，定期公布环境质量、项目建设、资金投入等规划实施信息，确保规划实施情况及时公开。充分发挥公众和新闻媒体等社会力量的监督作用，强化环保志愿者作用，建立规划实施公众反馈和监督机制。

四、严格评估考核

实施规划年度调度机制，完善规划实施的考核评估机制。将规划目标和主要任务纳入各地各有关部门（单位）政绩考核评价体系。2023 年、2026 年，分别开展规划执行情况的中期评估、终期考核。

参考文献

[1] 西土瓦 . 绿色低碳，高质量发展的底色 [J]. 上海质量，2021（08）.

[2] 刘源，刘家俊 . 绿色发展理念下海南低碳消费思考 [J]. 合作经济与科技，2020（03）.

[3] 曾小平 . 开封市低碳绿色发展水平评价研究与分析 [J]. 经济研究导刊，2020（17）.

[4] 莫神星 . 以低碳消费机制推进绿色发展论略 [J]. 贵州大学学报（社会科学版），2018（04）.

[5] 何曼瑜 . 碳中和将从根本上重建中国经济 [J]. 国家电网，2021（05）.

[6] 徐拥军 ."双碳"战略下区域低碳产业发展之路 [J]. 张江科技评论，2022（01）.

[7] 丁姗姗，王丽梅 . 低碳经济：中国实现绿色发展的根本途径 [J]. 产业创新研究，2018（04）.

[8] 李萍 . 浅析德国低碳经济转型对中国绿色发展的启示——从财政和金融的视角 [J]. 中国商论，2016（29）.

[9] 张志勇 . 绿色发展背景下低碳消费的国际借鉴及对策研究——以山东省为例 [J]. 商业经济研究，2018（11）.

[10] 邹浩 . 实现绿色发展的低碳经济之路 [J]. 学术交流，2016（03）.

[11] 祝岛 . 加快完善生态制度 [N]. 昆明日报，2019-05-24（004）.

[12] 匙亮，孙艺嘉 . 先行先试，推进绿色发展的"威海探索"[N]. 威海日报，2021-11-16（001）.

[13] 范珍 . 守护绿水青山绘就美好画卷 [N]. 山西日报，2021-10-24（010）.

[14] 苗大鹏 . 绿色发展的时代意涵 [N]. 中国社会科学报，2022-01-27（006）.

[15] 杨承训 . 为绿色发展注入强劲科技动能 [N]. 人民日报，2021-07-20（009）.

[15] 王芳 . 扬优成势，打造绿色发展高地 [N]. 陇南日报，2021-12-23（001）.

[16] 殷琪惠，沈秋平 . 绿色发展意正浓 [N]. 江西日报，2022-04-13（001）.

[17] 绿梁旭东 . 色发展扮靓抚顺大地 [N]. 抚顺日报，2022-03-31（001）.

[18] 起伍梦尧 . 笔东盟绿色发展新篇章 [N]. 中国电力报，2021-12-02（002）.

[19] 赵剑波，史丹，邓洲 . 高质量发展的内涵研究 [J]. 经济与管理研究，2019（11）.

[20] 程钰，王晶晶，王亚平，任建兰 . 中国绿色发展时空演变轨迹与影响机理研究 [J]. 地理研究，2019（11）.

[21] 黄睿，王坤，黄震方，陆玉麒 . 绩效视角下区域旅游发展格局的时空动态及耦合关系——以泛长江三角洲为例 [J]. 地理研究，2018（05）.

[22] 李巍，韩佩杰，赵雪雁 . 基于能值分析的生态脆弱区旅游业可持续发展研究——以甘南藏族自治州为例 [J]. 生态学报，2018（16）.

[23] 杨桂山，徐昔保 . 长江经济带"共抓大保护、不搞大开发"的基础与策略 [J]. 中国科学院院刊，2020（08）.

[24] 张金月，张永庆 . 高铁开通对工业绿色全要素生产率的影响——以长江经济带 11 个省份为例 [J]. 地域研究与开发，2020（04）.

[25] 吕一铮，田金平，陈吕军 . 推进中国工业园区绿色发展实现产业生态化的实践与启示 [J]. 中国环境管理，2020（03）.

[26] 赵若楠，马中，乔琦，昌敦虎，张玥，谢明辉，郭静 . 中国工业园区绿色发展政策对比分析及对策研究 [J]. 环境科学研究，2020（02）.

[26] 白柠瑞，闫强明，郝超鹏，曲扶摇 . 长江经济带高质量发展问题探究 [J]. 宏观经济管理，2020（01）.

[27] 杜真，陈吕军，田金平 . 我国工业园区生态化轨迹及政策变迁 [J]. 中国环境管理，2019（06）.

[28] 田金平，李星，陈虹，程永伟，陈吕军 . 精细化工园区绿色发展研究：以杭州湾上虞经济技术开发区为例 [J]. 中国环境管理，2019（06）.

[29] 徐宜雪，崔长颢，陈坤，唐艳冬. 工业园区绿色发展国际经验及对我国的启示 [J]. 环境保护，2019（21）.

[30] 叶菡韵，田金平，陈吕军. 精细化工园区工艺过程 VOCs 产生量核算方法 [J]. 环境科学，2020（03）.

[31] 马晔，田金平，陈吕军. 工业园区水管理创新研究 [J]. 中国环境管理，2019（04）.

[32] 付保宗. 加快构建长江经济带现代化产业体系 [J]. 宏观经济管理，2019（05）.

[33] 田金平，臧娜，许杨，陈吕军. 国家级经济技术开发区绿色发展指数研究 [J]. 生态学报，2018（19）.

[34] 罗锦程，张藜藜. 打好污染防治组合拳推动四川生态环境高水平保护和经济高质量发展——访第十三届全国人民代表大会代表、四川省生态环境厅厅长于会文 [J]. 环境保护，2019，47（06）：28-32.

[35] 马捷. 强化绿色发展理念创新生态建设路径 [N]. 四川日报，2018-05-25（006）.

[36] 赵佳骏. 关于加快四川省高效生态农业发展的思考与建议 [J]. 四川农业科技，2018（05）：63-64.

[37] 雷舒砚，徐邓耀，李峥荣，程娟，徐荣悦. 四川省新型城镇化与生态环境耦合协调分析 [J]. 安徽农学通报，2017，23（16）：11-12+42.

[38] 赵剑，陈章，蔡臣. 基于容量耦合理论的四川省经济发展与农村生态环境耦合度评价 [J]. 四川农业科技，2015（08）：5-8.

[39] 张秋劲，杨琳，廖翀，徐亮. 四川省国家重点生态功能区县域生态环境质量考核环境监测管理初探 [J]. 四川环境，2014，33（06）：23-26.

[40] 张玉玲，张捷，张宏磊，程绍文，咎梅，马金海，孙景荣，郭永锐. 文化与自然灾害对四川居民保护旅游地生态环境行为的影响 [J]. 生态学报，2014，34（17）：5103-5113.

[41] 覃建雄，张培，陈兴. 四川省旅游度假区成因分类、空间布局与开发模型研究 [J]. 中国人口·资源与环境，2013，23（S2）：205-211.

[42] 李慧. 推进四川生态文明建设研究 [J]. 四川行政学院学报，2012（04）：101-104.

[43] 刘建林，唐宇，夏明忠，邵继荣，李晓江，赵钢，蔡光泽，罗强．四川野生荞麦种质资源的保护研究 [J].西昌学院学报（自然科学版），2012，26（01）：1-7.

[33] 张顺兵，刘容，郑德胜．兴文林业，创建绿色生态四川的主力军——四川省兴文县林业建设成就掠影 [J]. 中国林业经济，2011（05）：2+63-64.

[44] 陈享莉，丁桑岚，李智．基于灰色关联投影的四川省生态环境质量定量研究 [J].资源开发与市场，2010，26（04）：312-314.

[45] 万李红，程云鹤，余乾．长江经济带绿色发展水平研究 [J].中国环境管理干部学院学报，2019，29（02）：52-55.

[46] 陈希勇，胡晓兰．绿色发展视角下四川县域特色资源开发利用初探 [J].西部经济管理论坛，2018，29（02）：6-10+32.

[47] 徐晗，谢忠庭．四川绿色发展区域特征分析 [J].四川省情，2018（05）：24-26.

[48] 李雪．四川省绿色发展水平评价与时空分异研究 [D].四川师范大学，2018.

[49] 卢锦根，周森葭，潘兴扬．雅安论道：四川县域绿色发展路径 [J].当代县域经济，2018（02）：8-11.

[50] 程都．四川遂宁市绿色发展方式及借鉴 [J].沈阳工业大学学报（社会科学版），2018，11（02）：105-111.

[51] 峰行．"节能减排降碳"促"四川绿色发展" [J].资源与人居环境，2016（11）：30-33.

[52] 王一宏．四川：创新财政政策机制大力推进绿色发展 [J].中国财政，2017（20）：35-36.

[53] 刘俊岐．以绿色发展观助推四川高质量发展 [N].四川日报，2018-06-07（006）.

[54] 张波，温旭新．我国工业绿色低碳发展水平的省际测度及比较 [J].经济问题，2018（05）：68-74.

[55] 魏和清，李颖．我国绿色发展指数的空间分布及地区差异探析——基于探索性空间数据分析法 [J].当代财经，2018（10）：3-13.